纺织服装高等教育"十三五"部委级规划教材

纺织科学与工程一流学科建设教材

微纳米纺织品与检测

Micro-Nano Textiles and Testing

覃小红 主编

张弘楠 阳玉球 吴德群 副主编

东华大学出版社

·上海·

内 容 提 要

本书综合了纳米技术在纺织领域的应用机理、纳米效应形成工艺、制备过程、微纳米功能纺织品的应用及检测等方面的重要研究成果,主要讲述微纳米技术及其在微纳米纤维、微纳米织物等领域的应用及功能性微纳米纤维、微纳米纺织品的检测技术,并对微纳米技术、微纳米材料及微纳米纤维的分类和制备、纺纱和织造及后整理过程中的纳米效应形成机理、纳米纺织品的结构形态和性能与检测方法,以及功能性微纳米纺织品的设计进行系统介绍,使读者能够了解并掌握微纳米技术及微纳米纺织品的相关知识。

全书共 13 章,内容涉及纺织、材料、检测等多个领域,可作为高等院校相关专业的本科生和研究生的教材或参考书,也可供纳米技术领域的科研人员及工程技术人员学习参考。

图书在版编目(CIP)数据

微纳米纺织品与检测/覃小红主编. —上海:东华
大学出版社,2019.1
　ISBN 978-7-5669-1283-1

　I.①微… Ⅱ.①覃… Ⅲ.①纳米材料-应用-纺
织品-检测　Ⅳ.①TS107

中国版本图书馆 CIP 数据核字(2017)第 232275 号

责任编辑:张　静
封面设计:魏依东

出　　　版:东华大学出版社(上海市延安西路 1882 号,200051)
本 社 网 址:http://dhupress.dhu.edu.cn
天猫旗舰店:http://dhdx.tmall.com
营 销 中 心:021-62193056　62373056　62379558
印　　　刷:苏州望电印刷有限公司
开　　　本:787 mm×1 092 mm　1/16
印　　　张:12.25
字　　　数:306 千字
版　　　次:2019 年 1 月第 1 版
印　　　次:2019 年 1 月第 1 次印刷
书　　　号:ISBN 978-7-5669-1283-1
定　　　价:49.00 元

前　　言

纺织产业是关系我国国计民生的支柱产业。目前,传统的纺织产业已不能满足现代产业用、服用纺织品的最新要求,也无法适应国际纺织品市场的激烈竞争。随着现代科学技术的发展和进步,化工、信息、生物、纳米技术等对新型纺织产品的开发与应用产生了显著的影响。

纳米纺织品是 20 世纪 80 年代开始发展的新材料,它在纺织品原有结构物性和功能性的基础上加入了纳米技术的内容,因而其研究与开发孕育着新一代的技术革命。近年来,微纳米功能纺织品已成为人们关注的热点问题,具备抗紫外、抗静电、防辐射、抗菌抗病毒、药物保健和防水防污功能的纺织品及生态纺织品、纺织复合材料等多种与人类生活、健康密切相关的微纳米功能纺织品不断涌现并快速发展。在此背景下,微纳米功能纺织品的制备技术、技术标准、测试评价等也在传统纺织品的基础上得到了飞速发展。

本书以微纳米功能纺织品的制备和检测为主题,将纳米技术在纺织领域的应用、纳米效应形成工艺、制备过程、功能型微纳米纤维和纺织品的应用及检测和评价等结合在一起详细论述,并着重阐述微纳米技术及其在微纳米纤维、微纳米织物等领域的应用及功能性微纳米纤维、微纳米纺织品的检测技术。在抗紫外、抗静电、远红外、抗菌抗病毒、自清洁、色光性、生物医用、防水防污、生态及静电纺纳米纤维等纺织品方面,对功能性微纳米纺织品的制备、应用、测试和评价进行系统描述。

本书作者均从事多年的微纳米纺织品、静电纺纳米纤维纺织品、化学纤维纳米纺织品、功能纺织品、生态纺织品及纺织品检测的教学与研究工作,经共同商讨而完成此书的编写,旨在对功能性微纳米纺织品及检测进行系统、全面的描述,为相关领域的教学和研发工作贡献微薄的力量。由于微纳米纺织技术发展迅速,加上编者水平有限,书中难免存在不足与疏漏,敬请读者批评指正。

编　者
2018 年 7 月

目　　录

第一章
微纳米技术与微纳米纺织品简介

1.1　定义与发展史

　　如果将人类所研究的物质世界对象用长度单位加以描述，可以得到人类智力所延伸到的物质世界的范围。人类认识的客观世界主要有两个层次：一是以人的肉眼可见的物体为下限，上至无限大的宇宙天体的宏观领域（Macroscopical Domain）；二是以分子、原子为最大起点，下至无限的微观领域（Microcosmic Domain）。然而，在宏观领域和微观领域之间，还存在一块近年才引起人们极大兴趣和待开拓的"处女地"，即所谓的介观领域。在介观领域，当某些物质尺寸小至 1～100 nm 时，其量子效应、物质的局域性、巨大的表面及界面效应，使物质的很多性能发生质变，呈现出许多既不同于宏观物体也不同于单个孤立原子的奇异现象，从而开辟了人类认识世界的新层次。这标志着人类的科学技术进入了一个新时代，即纳米科技时代[1]。

　　微纳米指接近纳米尺度，即几十纳米或几百纳米，介于微观尺度与纳米尺度之间[2]，处于介观尺度。

　　自然界中早就存在纳米微粒（Nano-particle，NP）和纳米固体（Nano-solid）。例如，天体的陨石碎片、人和兽类的牙齿等，都是由纳米微粒构成的。

　　早在一千多年前，人们就利用燃烧蜡烛收集到的碳黑作为墨的原料并用于着色的染料，这就是最早的纳米材料。我国古代铜镜表面的防锈层，经检验证实其为纳米氧化锡颗粒构成的一层薄膜。但当时的人们并不知道这些是由人的肉眼看不到的纳米颗粒构成的[3]。

　　最早提出纳米尺度的科学和技术问题的是著名物理学家、诺贝尔奖获得者理查德·费曼（Richard Feynman）。1959 年，他在加州理工学院出席美国物理学会年会时发表了著名的演讲《物质底层大有空间》，提出了以"由下而上的方法（Bottom Up）"，从单个分子甚至原子开始进行组装，以达到设计要求，并预言，如果人类能够在原子/分子尺度上进行材料加工、装置制备，将有许多激动人心的新发现。此外，他还指出，人们需要新型的微型化仪器操纵纳米结构并测定其性质，那时，化学将变成根据人们意志逐个地准确放置原子的问题。

　　19 世纪 60 年代，随着胶体化学（Colloid Chemistry）的建立，科学家们开始了针对直径为 1～100 nm 的粒子系统即胶体（Colloid）的研究。但是，当时的化学家们没有意识到在这个尺寸范围人们可以认识世界的一个新层次，只是从化学角度将其作为宏观体系的中间环节进行研究。

　　1962 年，久保（Kubo）及其合作者针对金属超微粒子进行研究，提出了著名的久保理论,也就是超微颗粒的量子限制理论或量子限域理论,推动了实验物理学家对纳米微粒进行探索。

20世纪70年代末至80年代初,科学家们对一些纳米微粒的结构、形态和特性进行了比较系统的研究。久保理论日臻完善,在利用量子尺寸效应解释超微颗粒的某些特性时获得成功。

20世纪80年代初,扫描隧道显微镜(Scanning Tunneling Microscopy,STM)、原子力显微镜(Atomic Force Microscopy,AFM)等微观测量、表征和操纵技术的发明,对纳米科技的发展起到了积极的推动作用。

1990年7月,第一届国际科学技术会议与第五届国际扫描隧道显微学会议同时在美国巴尔的摩举办,《纳米技术》与《纳米生物学》这两种国际性专业期刊也相继问世。从此,一门崭新的科学技术——纳米科技得到了科技界的广泛关注。尤其是近年来,"纳米"在许多地方成为家喻户晓的名词。上至国家总统,高瞻远瞩,从战略高度予以关注;下至平民百姓,在商店中常会遇到"纳米冰箱""纳米洗衣机"等生活用品;股民们跟着庄家的"纳米概念"起伏,或激动或顿足;科技专家们则获得大量研究经费,拟定各种研究课题,有关纳米科技的论著如雨后春笋。

美国IBM公司首席科学家阿姆斯壮(John Armstrong)预测:"正像20世纪70年代微电子技术产生了信息革命一样,纳米科学技术将成为下一世纪信息时代的核心。"我国著名科学家钱学森也预言:"纳米和纳米以下的结构是下一阶段科技发展的一个重点,也是一次技术革命,从而将是21世纪的又一次产业革命。"无疑,纳米新科技将成为21世纪科学的前沿和主导科学[4-5]。

1.1.1 纳米的定义

纳米(符号为"nm"),如同厘米、分米和米一样,是长度的度量单位。1 nm等于10^{-9} m,大体上相当于10个氢原子紧密地排列在一起所具有的长度。以具体的物质为例,人们往往用"细如发丝"形容纤细的东西,其实人的头发直径一般为$20\sim50\ \mu m$,相当于20 000~50 000根直径为1 nm的纤维并列而形成的长度。单个细菌用肉眼看不到,用显微镜测出其直径约为$5\ \mu m$,相当于5 000 nm。

1.1.2 纳米材料的分类与发展历史

广义上,纳米材料是指在三维空间中至少有一维处于纳米尺度(1~100 nm)或由它们作为基本单元构成的宏观材料。纳米材料是纳米科技的主要基础,它和纳米化学、纳米电子学、纳米生物学、纳米检测与表征等组成纳米科技最基本的内容,显示出丰富的层次与学科交叉特征。

1.1.2.1 分类

纳米材料可从维数、组成相数、导电性能等不同角度进行分类,在纳米科学研究中通常按维数分类[6]。纳米材料按维数划分可以分为三类:

(1)零维,指空间中三维尺度均为纳米尺度,如纳米颗粒、原子团簇等。

(2)一维,指空间中有二维处于纳米尺度,如纳米丝(Nano-silk)、纳米棒(Nano-rod)、纳米管(Nano-tube)等,或统称为纳米纤维。

（3）二维，指空间中有一维为纳米尺度，如超薄膜（Ultrathin Membrane）、多层膜（Multilayer Membrane）、超晶格（Superlattice）等，由静电纺丝法制得的纳米纤维所组成的无纺布就是一个实例。

零维、一维和二维的纳米材料往往具有量子性质，所以分别有量子点（Quantum Dot）、量子线（Quantum Wire）和量子阱（Quantum Well）之称。从几何角度分，纳米材料还包括横向结构尺寸小于 100 nm 的物体、纳米微粒与常规材料的复合体、粗糙度小于 100 nm 的表面、纳米微粒与多孔介质的组装体系等由零维、一维、二维中的一种或多种纳米材料组成的三维材料。图 1-1 所示为纳米材料的分类。

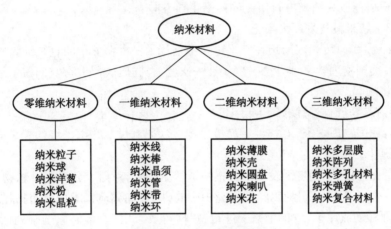

图 1-1　纳米材料的分类

金属材料、无机非金属材料和有机材料（尤其是高分子材料），都可以制成零维、一维和二维的纳米材料。目前，研究和生产最多的纳米材料是零维的，即纳米微粒，例如纳米银粉、纳米碳酸钙等。由单相纳米微粒构成的固体材料，称为纳米相材料（Nano-phase Material）。由不同纳米材料或纳米材料与其他非纳米固体材料相结合，可以形成名目繁多的纳米复合材料（Nano Composite Material）。

1.1.2.2　发展历史

第一阶段（1990 年以前）：主要在实验室探索利用各种手段制备各种材料的纳米颗粒粉体，合成块体（包括薄膜），研究评估表征的方法，探索纳米材料不同于常规材料的特殊性能。对纳米颗粒和纳米块体材料结构的研究，在 20 世纪 80 年代末期曾形成热潮，研究对象一般局限在单一材料和单相材料——纳米晶、纳米相材料。

第二阶段（1990～1994 年）：人们关注的热点是如何利用纳米材料奇特的物理、化学和力学性能。纳米复合材料通常采用纳米微粒与纳米微粒复合（0-0 复合），复合纳米薄膜（0-2 复合）及纳米微粒与常规块体复合（0-3 复合）。纳米复合材料的合成及物性的探索一度成为纳米材料研究的主导方向。

第三阶段（1994 年以来）：纳米组装体系（人工组装合成的纳米结构材料体系），即以纳米颗粒、纳米线或纳米管做基本单元，在一维、二维和三维空间组装排列成具有纳米结构的材料体系（Nano-structured Assembling System），成为纳米材料研究的新热点。例如，纳米阵列体系、介孔组装体系、薄膜嵌镶体系等，纳米颗粒、纳米线、纳米管可以有序或无序地排列。国际上把这类材料称为纳米组装材料体系或纳米尺度的图案材料。

第一阶段(纳米晶、纳米相材料)和第二阶段(纳米复合材料)的研究在某种程度上带有一定的随机性,第三阶段(纳米组装材料体系)的研究则强调人们的意愿,通过设计、组装,创造新的材料体系,有目的地使材料体系具有人们所希望的特性。

费曼曾预言"如果有一天人们能按照自己的意愿排列原子和分子……,那将创造什么样的奇迹"。就像目前利用 STM 操纵原子一样,通过人工把纳米微粒整齐排列,就是实现费曼预言、创造新奇迹的起点。

美国加州大学劳伦斯伯克利国家实验室的科学家在英国《自然》(*Nature*)杂志上发表论文,指出纳米尺度的图案材料是现代材料化学和物理学的重要前沿课题。可见,纳米结构的组装体系很可能成为纳米材料研究的前沿主导方向[7]。

1.1.2.3　纳米科技发展大事记

1905 年 4 月 15 日:爱因斯坦在博士论文中估计了一个糖分子的直径约为 1 nm。

1959 年:美国物理学家理查德·费曼在一次题为《物质底层大有空间》的演讲中首次预测纳米技术将崛起。

1982 年:扫描隧道显微镜(STM)问世。

1984 年:德国物理学家 H. 格兰特教授小组成功研制尺寸在纳米级的黑色金属粉末,纳米固体材料诞生。

1986 年:比尼格、罗勒尔因发明了扫描隧道显微镜,与卢斯卡分享诺贝尔物理学奖。

1989 年:美国 IBM 公司阿尔马登研究中心的科学家依格勒,成功地用扫描隧道显微镜在镍晶体表面移动氙原子,对单个原子进行重排,写成了由 35 个氙原子排列而成的"IBM"三个字母。

1990 年:"第一届纳米科学与技术讨论会"在美国举行,标志着一个将微观基础理论研究与当代高科技紧密结合的新型学科——纳米科技正式诞生。

1991 年:日本电气筑波研究所的饭岛澄男发现了碳纳米管,它是由石墨碳原子层弯曲而成的碳管,直径一般为几个纳米到几十纳米,管壁厚度仅为几纳米。

1996 年:因发现了 C_{60},克鲁托、斯莫利和柯尔荣获诺贝尔化学奖。

2000 年 1 月:美国启动"国家纳米计划"(NNI)。

2000 年 8 月:美国郎讯科技公司在英国《自然》杂志上报道,用 DNA 制造出一种纳米级的镊子。美国康奈尔大学的科学家研制出世界上第一种只能用显微镜才能看到的微型医疗设备——可进入人体细胞的纳米"直升机"。

2001 年 6 月:美国伯克利大学和劳伦斯·伯支利国家实验室的研究人员在纳米线上制造出世界上最小的激光器——纳米激光器。

2001 年 11 月:美国郎讯科技公司用单一的有机分子制造出世界上最小的"纳米晶体管"。

2001 年 12 月 20 日:美国《科学》(*Science*)杂志公布了该杂志评出的 2001 年世界十大科技突破,其中纳米科技领域获得多项重大成果,名列前茅。

2004 年 5 月 15～16 日:2004 年首届全国纳米科技前沿论坛"在北京展览馆开幕,作为国家科技部主办的第一届全国纳米材料产品展示会的亮点,这是首次在科技部主导下召开的以"科技与投资牵手纳米企业,共同促进纳米科技产业化"为主题的全国性纳米产业化论坛。

2007 年:继"2005 中国国际纳米科学技术会议(China NANO 2005)"在北京成功举办之后,由国家纳米科技指导协调委员会主办、国家纳米科学中心承办的"2007 中国国际纳米科学技术会议(China NANO 2007)"于 6 月 4 日再次在北京召开。

2015 年 6 月 26~28 日:第十届中美华人纳米论坛在武汉举行。该论坛由中美华人纳米论坛组委会主办,*Nano Research* 期刊协办,武汉理工大学、加州大学洛杉矶分校、武汉大学承办,会议主题为"纳米科学与技术及其应用"[8]。

1.1.3 纳米科技

纳米科技研究的尺度范围:1~100 nm。

纳米科技的基本涵义:在纳米尺度(1~100 nm)范围内认识和改造自然,通过直接操纵和安排原子、分子,创造新物质。

定义 1:纳米科技是在纳米尺度(1~100 nm)研究物质(包括原子、分子的操纵)的特性和相互作用,以及可能的实际应用中多学科交叉的科学和技术问题。

定义 2:纳米科技是研究尺度为 1~100 nm 的原子、分子和其他物质的运动和变化的学科,同时在这一尺度范围对原子、分子进行操纵和加工。

定义 3:纳米科技是利用单个原子、分子制造物质的科学技术。1 nm 约等于 3~4 个原子排列而成的宽度。因此,纳米科技实际上是分子生产,是用编好程序的"机械臂",将一个个原子或分子"组装"成产品。其关键是运用原子和分子的已知化学特性,单个操纵原子或分子并把它们放到真正需要的地方,生产所需的结构。

纳米科技的焦点是可识别的任何化学稳定结构都能被生产出来,最终目标是人类能够按照自己的意愿直接操纵单个原子,制造具有特定功能的产品。

纳米科技的研究内容主要包括四个方面[9]:

① 创造和制备优异性能的纳米材料;

② 设计和制备各种纳米器件和装置;

③ 探测与分析纳米区域的性质和现象;

④ 以原子、分子为起点,设计和制造具有特殊功能的产品。

纳米科技使人类认识和改造物质世界的手段和能力延伸到原子和分子水平,它的最终目标是利用物质在纳米尺度表现出来的特性,直接以原子、分子构筑和制造具有特定功能的产品,实现生产方式的飞跃。因而,纳米科技将对人类产生深远的影响[10]。

美国《商业周刊》将纳米科技列为 21 世纪可能取得重要突破的三个领域之一(其他两个分别为生命科学和生物技术及从外星球获得能源)。从 1999 年开始,美国政府决定把纳米科技研究列入 21 世纪前十年的 11 个关键领域之一。日本政府宣布将纳米技术列为新五年科技基本计划的研发重点,并实行"官产学"联合攻关,加速这一高新技术的开发。德国政府宣布将纳米科技列为 21 世纪科研创新的战略领域。英国贸工部公布《国家科学与创新白皮书》,宣布增加 2.5 亿英镑预算,以加强包括纳米科技在内的四大领域的研究;联合国的 19 家著名研究机构建立了专门的纳米技术研究网。

纳米科技涉及物理学、化学、材料学、生物学和电子学等领域,并引发和派生了纳米物理学、纳米化学、纳米材料学、纳米生物学和纳米医学等前沿科学,以及纳米材料、纳米器件、纳米测量与纳米加工等密切相关又自成体系的领域。

1.1.3.1 纳米物理学

纳米物理学是深入揭示物质在纳米空间的物理过程和物质表征的新型科学。它以纳米固体为研究对象,对其结构的奇异性、光学性质、特殊的导电机理等重要物理问题进行研究,以开发物质的潜在信息和结构潜力,并对电子技术产生重大影响。目前,纳米物理学已派生出纳米电子学(Nano-electronics)、纳米光学(Nano-optics)、纳米电磁学(Nano-electromagnetics)和纳米光电子学(Nano-optelectronics)等分支学科。其中,纳米电子学和纳米光电子学是纳米物理学最重要的组成部分。

（1）纳米电子学

纳米电子学是微电子技术向纵深发展的直接结果,其研究内容主要包括纳米结构的光性质与电性质、纳米电子材料的表征、原子操纵和原子组装,以及利用电子的量子效应原理制作量子器件(纳米器件)。纳米电子学的核心任务是解决微电子学及微电子器件进入深亚微米、纳米领域后遇到的各种技术问题、材料问题及理论问题,并致力于发展基于全新物理原理的新一代纳米器件。

（2）纳米光电子学

纳米光电子学是在纳米半导体材料的基础上发展起来的,是纳米电子学发展的方向。纳米光电子学是研究纳米结构中电子与光子的相互作用及其器件的一门高技术学科。光电子技术与纳米电子技术相结合而产生了纳米光电子技术。半导体硅不能发光,但采用纳米技术后,它能发出耀眼的蓝光,这开拓出一门崭新的学科——纳米光电子学[11]。

1.1.3.2　纳米化学

纳米化学是研究与纳米体系相关的化学问题的一门学科,其研究对象主要包括合成纳米体系的化学方法,以及纳米体系由于量子效应而产生的化学特性。在以往,化学家们主要通过改变物质的化学组成和化学结构,使物质具有人们所需要的特性,现在的研究兴趣开始转向由几十个、几百个、几千个原子或分子组成的聚集体的化学行为,关注它们与具有同样组成的块体材料的化学行为的差异[3]。

1.1.3.3　纳米材料学

纳米材料学是研究纳米材料的设计、制备、性能和应用的一门纳米应用科学。在纳米尺度下,物质中电子的波动性及原子的相互作用将受到尺寸的影响。如纳米尺度的结构材料,能在不改变物质化学成分的情况下,通过调节其纳米尺寸可控制材料的基本性质,如熔点、磁性、电容甚至颜色等。

1.1.3.4　纳米生物学

纳米生物学是在纳米尺度应用生物学原理研究生物体内部各种细胞的结构和功能,研究细胞内部、细胞内外之间及整个生物体的物质、能量和信息交换的一门学科,主要内容包括:研究生物大分子的精细结构及其与功能的联系;研究 DNA 遗传信息,并获取生命信息;利用 STM 获得细胞膜和细胞器表面的结构信息;用纳米传感器获得各种系列化反应的化学信息和电化学信息;研究仿生学和纳米生物机器人;等等[3]。

1.1.3.5　纳米医学

纳米医学[11]是人们在分子水平上研究和认识生命的现象和过程,创造并利用纳米装置和纳米器件防病治病,改善包括人类的整个生命系统的一门学科。纳米医学的最终目标是在分子水平上进行生命疾病的诊断、治疗及防治。

纳米医学将纳米科技的原理和方法应用于医学,其范畴主要包括两个方面:①应用纳米科技发展更加灵敏和快速的医学诊断技术及更加有效的治疗方法;②利用纳米技术在更微观的层面上理解生命活动的过程和机理。

分子生物学(Molecular Biology)是从分子水平研究生物大分子的结构与功能,从而阐明生命现象本质的科学。纳米医学则是在分子水平上,利用分子工具和人体的分子知识,创造并利用纳米装置和纳米结构防病治病,改善包括人类的整个生命系统。例如,修复畸变的基因,扼杀刚刚萌芽的癌细胞,捕捉侵入人体的细菌和病毒等。纳米医学包括纳米药物(Nano-drug)、药物输运(Drug Transfer)、生物芯片(Bio-chip)和纳米生物传感器(Nano-biosenser)等,其中纳米药物和生物芯片在纳米医学中占有重要地位。

生物芯片是 20 世纪 90 年代发展起来的集现代生物技术、信息技术、微电子技术和微机电技术为一体的高新技术。它主要是指通过微加工和微电子技术,在固体芯片表面构建微型生物化学分析系统,实现对生命机体的生物组分进行准确、快速、大信息量的检测。目前常见的生物芯片分为三大类:基因芯片、蛋白芯片和芯片实验室等。生物芯片的主要特点是高通量、微型化和自动化,检测效率是传统检测手段的成百倍甚至上千倍。生物芯片可直接应用于临床诊断、药物开发和人类遗传诊断,将其植入人体后可使人们随时随地享受医疗,而且可在动态检测中发现疾病的先兆信息,使早期诊断和预防成为可能[12]。

1.1.3.6 纳米加工

纳米加工是指达到纳米级精度、尺度和效率的加工方法或工艺技术。它是为了适应微电子及纳米电子技术、微机械电子系统的发展而迅速发展起来的一门加工技术。纳米加工将待加工器件表面的一个个原子或分子作为加工对象,因而纳米加工的物理实质是切断原子或分子间的结合,实现原子或分子的去除或增添。但各种物质是以共价键、金属键、离子键等形式结合而成的,要切断原子间的结合,需提供很大的能量密度。纳米加工主要包括原子和分子操纵、纳米光刻和纳米压痕等技术[13]。

1.1.3.7 纳米器件

纳米器件是指特征尺寸在 1～100 nm 的器件,包括纳米电子器件、纳米光电器件、分子器件和分子机器。纳米器件的工作原理和特性与传统意义上的微电子器件有根本性的不同:微电子器件中的电子输运适合玻耳兹曼方程,而纳米器件中的电子运动遵循量子力学原理;微电子器件中的电子更多地表现出粒子性,而纳米器件中的电子更多地表现出波动性,其中量子效应起重要作用。在半导体行业,14 nm CPU 芯片已经替代 28 nm 的,已成为主流手机的处理器;英特尔显卡处理器芯片尺寸在 2015 年已经达到 22 nm,功耗低,效率高[14]。

1.2 微纳米材料的特性

纳米微粒是由有限数量的原子或分子组成,保持原来物质的化学性质,处于亚稳状态的原子团或分子团。当物质的线度减小时,其表面原子数的相对比例增大,使单个原子的表面能迅速增大;到纳米尺度时,这种形态的变化反馈到物质结构和性能上,就会显示出奇异的效应。因此,纳米材料具有四种最基本的特性。

1.2.1 小尺寸效应

小尺寸效应又称体积效应[15],即当纳米材料中的微粒尺寸小到与光波波长或德布罗意波波长、超导态的相干长度等物理特征相当或更小时,晶体周期性的边界条件被破坏,非晶态纳米微粒的颗粒表面层附近的原子密度减小,使得材料的声、光、电、磁、热、力学等特性改变而出现新的特性。或者说,小尺寸效应是指当纳米材料的组成相的尺寸(如晶粒的尺寸、第二相粒子的尺寸)减小时,纳米材料的性能发生变化,当组成相的尺寸小到与某一临界尺寸相当时,材料的性能发生明显的变化或突变。例如,纳米材料的光吸收明显增大,并产生吸收峰的等离子共振频移;非导电材料的导电性出现;磁有序态向磁无序态转化;超导相向正常相转变;金属熔点明显降低;等等。

这些特性的发现,使人们可改变以往的金属冶炼工艺,通过改变颗粒大小,控制材料吸收波长的位移,制得具有一定吸收频宽的纳米吸波材料,用于电磁波屏蔽、防射线辐射、隐形飞机等领域;还可利用小尺寸效应设计许多具有优越特性的器件等。

1.2.2 表面与界面效应

纳米材料的表面效应[16]是指纳米粒子的表面原子数与总原子数之比随粒径变小而急剧增大所引起的性质变化。

纳米材料由于其组成材料的纳米粒子尺寸小,微粒表面所占的原子数目远远多于相同质量的非纳米材料的粒子表面所占的原子数目。随着微粒子的粒径变小,其表面所占原子数目呈几何级数增加。表面原子数占总原子数的比例和粒径之间的关系如图 1-2 所示[17]。例如:微粒子的粒径从 20 nm 减小至 1 nm,其表面原子数占原子总数的比例急剧增加,达到90%以上,原子几乎全部集中到纳米粒子的表面。由于纳米粒子表面原子数增多,表面原子配位数不足和表面能高,使得这些原子易与其他原子结合而稳定下来,因而具有很高的化学活性。

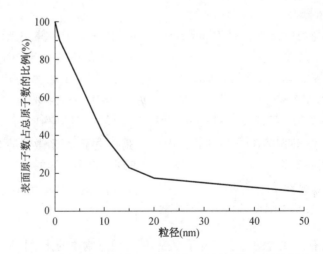

图 1-2　表面原子数占总原子数的比例和粒径之间的关系

利用表面效应,人们可以在许多方面使用纳米材料,提高材料的利用率并开发纳米材料的新用途,例如提高催化剂的效率、吸波材料的吸波率、涂料的遮盖率、杀菌剂的效率等。

纳米晶体材料中含有大量的晶界。例如,对于尺寸为 5 nm 的晶粒,大约有 50%的原子处于晶粒最表面的一层平面(即原子平面)和第二层平面内;对于晶粒尺寸为 10 nm、晶界宽

1 nm的材料,大约有 25% 的原子位于晶界;对于尺寸为 20 nm 的晶粒,大约有 10% 的原子位于晶界。由于大量的原子存在于晶界,以及局部的原子结构不同于大块晶体材料,界面的自由能增加,同时材料的宏观性能(如机械变形)发生变化。

1.2.3 量子尺寸效应

在纳米材料中,微粒尺寸达到与光波波长或其他相干波长等物理特征尺寸相当或更小时,金属费米能级[18](对于一个由费米子组成的微观体系,每个费米子都处在各自的量子能态上)附近的电子能级由准连续变为离散并使能隙变宽的现象,叫作纳米材料的量子尺寸效应。

这一效应使纳米银与普通银的性质完全不同,普通银为良导体,而纳米银在粒径小于 20 nm 时为绝缘体。同样,纳米材料的这一性质可解释 SiO_2 场为什么从绝缘体变为导体。

量子尺寸效应是指电子的能量被量子化,使电子的运动受到约束。量子效应的判据是能隙是否变宽。对于金属纳米材料,由于费米面[即绝对零度下,电子在波矢空间(k 空间)分布(填充)而形成的体积的表面]附近的能隙很小,只有当材料颗粒或晶粒非常小时(约几纳米),才会产生明显的量子尺寸效应。对于半导体材料,出现量子尺寸效应的尺寸比金属粒子的尺寸大得多。

1.2.4 量子隧道效应

纳米材料中的粒子所具有的穿过势垒的能力,叫作量子隧道效应[19-20]。宏观物理量在量子相干器件中的隧道效应叫宏观隧道效应。例如磁化强度,具有铁磁性的磁铁,其粒子尺寸达到纳米级时,即由铁磁性变为顺磁性或软磁性。这一效应确定了现代微电子器件进一步微型化的极限,限定了磁盘等进行信息存储的最短时间。因此,它的研究对基础研究及实际应用都具有重要意义。

以上四种效应体现了纳米材料的基本特性。此外,纳米材料还具有基于这些基本特性的其他特性,例如纳米材料的介电限域效应,即纳米微粒分散在异质介质中,当介质的折射率和微粒的折射率相差很大时,会产生折射率边界,这导致微粒表面与内部的场强比入射场强明显增加的现象。表面缺陷,即纳米材料表面局部物理或化学性质不均匀的区域,是原子活性较高的部位。量子隧穿效应是一种量子特性,是指电子、纳米微粒等能够穿过它们本来无法通过的"墙壁"的现象。这些特性使纳米材料表现出许多奇异的物理、化学性质,出现很多从未出现的"反常现象"。纳米材料由于其尺寸变小而呈现的特性,给广大科技工作者带来了广阔的想象空间和无限地创造世界的可能。

1.3 微纳米材料的应用

1.3.1 在催化方面的应用

纳米粒子的尺寸小,其比表面积大,表面的键态和电子态与粒子内部不同,表面光滑程度变差,形成了凹凸不平的原子台阶,增加了化学反应的接触面,原子配位不足导致表面的活性位置增加,故而具备了作为催化剂的基本条件,其催化活性和选择性加大,产物收率增高。纳米粒子作为催化剂,可大大提高反应效率,控制反应速度,甚至使原来不能进行的反应发生,反应速度比一般催化剂提高 10～15 倍。纳米粒子对光解水制氢和一些有机合成反应也有明显的光催化活性。国际上将纳米粒子催化剂称为第四代催化剂。金属纳米催化剂主要是贵金属(如 Pt 和 Ag)及非贵金属(如 Ni 和 Fe)等,其中贵金属纳米催化剂可用于高分子高聚物氢化反应。纳米 TiO_2 既有较高的光催化活性,又耐酸碱,对光稳定,无毒且便宜易得,是制备负载型光催化剂的最佳选择。Ni 或 Cu-Zn 化合物的纳米颗粒是某些有机化合物的氢化反应极好的催化剂,可代替昂贵的铂或钮催化剂,采用纳米 Ni 作为火箭固体燃料的催化剂可使燃烧率提高 100 倍。使用纳米微粒作为催化剂,提高反应效率、优化反应路径、加快反应速度、降低反应温度和光催化降解等方面的研究,是未来催化科学不可忽视的重要研究课题,很可能给催化剂在工业中的应用带来革命性的变革[21]。

1.3.2 在涂料方面的应用

纳米材料由于其表面和结构的特殊性,具有一般材料难以获得的优异性能,显示出强大的生命力。表面涂层技术是当今世界关注的热点之一。纳米材料为表面涂层提供了良好的机遇,使得材料的功能化具有极大的可能。借助传统的涂层技术,添加纳米材料,可获得纳米复合体系涂层,实现功能的飞跃,使传统涂层功能得以改进。

在涂料中加入纳米颗粒(如纳米 TiO_2、SiO_2 和 ZnO 等),可进一步提高其防护能力,实现防紫外线照射、耐大气侵害、抗降解、变色等功能。将纳米抗菌粉用于涂料制得纳米杀菌涂料,用于涂覆建材产品,如卫生洁具、室内空间、用具、医院手术间和病房的墙面、地面等,可起到杀菌、保洁作用。在标牌上使用纳米材料涂层,可利用其光学特性,达到储存太阳能、节约能源的目的。在外墙建筑涂料中添加 SiO_2 和 TiO_2 等纳米粒子,可提高耐气候性,减少光的透射和热的传递,产生隔热、阻燃等效果。在汽车面漆中添加 TiO_2,可提高汽车涂料的耐老化性等,特别是金红石型超细 TiO_2,可起到效应颜料的作用,与其他片状效应颜料(如铝粉颜料或珠光颜料)共用,会产生伴有乳光的随角异色性,可用于豪华轿车面漆,这是目前纳米 TiO_2 的最大用途,也是国外纳米材料在涂料中应用最成功的例子之一。

利用纳米材料对红外线的吸收作用,将其涂覆于织物表面制成军服,不但可以提高军服的保暖性,而且可以提高士兵夜间行动的保密性。将红外反射材料组成的多层纳米复合膜涂覆于有灯丝的灯泡罩内壁,透光率好,而且对红外线具有很强的反射能力,可以起到节约电能的作用。国外利用纳米级羰基铁粉、镍粉、铁氧体粉末,成功地配制成军事隐身涂料,涂覆于飞机、军舰、导弹、潜艇等武器装备,使其具备隐身功能。纳米 SiO_2 添加至紫外光固化涂料中,可提高涂料的硬度及其耐刮擦性等。比如,采用聚硅氧烷、锐钛型纳米级 TiO_2,再用填料和溶剂复合可制得大气环保涂料,能将大气中的氮氧化物转化成硝酸,可涂覆在高速公路、桥梁、建筑物和广告牌的表面,或在需要的地方专门设置净化面板等。纳米 SiO_2 是一种抗紫外线辐射材料,将其加入涂料中,可使涂料的抗老化性能、光洁度及强度成倍增加[22]。

1.3.3 在传感器中的应用

纳米微粒具有比表面积大、表面活性高及其与气体的相互作用强等特性,对周围环境的变化十分敏感,光、温度、湿度、气氛、压强等发生微小变化,都会引起其表面活性界面的离子价态和电子迁移发生变化。这正好满足传感器所要求的灵敏度高、响应速度快及检测范围广等功能,是纳米粒子最具有前途的应用领域之一。目前,科学家已发现多种纳米材料对某些特定物质具有敏感反应,如气体传感器用的纳米二氧化锡膜、三氧化二铁及氧化锆纳米颗粒,红外传感器用的沉积在基板上的金纳米颗粒,以及由纳米颗粒与介孔固体组装成的湿敏传感器等。随着碳纳米管和氧化物纳米线、纳米带的发现,出现了一批用一维纳米材料制作的高灵敏度、高稳定性的气敏传感器原型。以一维纳米材料制备的气敏传感器与颗粒膜传感器相比,除了具有各自的优点外,前者还有材料不易团聚、不易污染、使用寿命长等优点,有望在实际应用中取代后者[23]。

1.4 微纳米技术与纳米纺织品

18世纪的工业革命是以纺织工业的兴起为主要标志的,而纳米技术被誉为可能是18世纪工业革命以来改革产品生产方式的重大技术。纳米技术与纺织品的结合,必然会给纺织工业带来新的振兴和飞跃。20世纪80年代开始,随着纳米科技的兴起,在纺织品原有结构物性和功能性的基础上加入纳米技术的内容,一种新型纺织品——纳米纺织品孕育而生,其研究与开发孕育着新一代的技术革命。

纳米纺织品可以分为广义纳米纺织品和狭义纳米纺织品。广义纳米纺织品是所有包含纳米尺度物质的纺织品的统称,包括由聚合物合成或纺丝过程中添加各种纳米粒子而制成的材料加工而成的纺织品,也包括在后整理工艺中加入纳米粒子加工而成的纺织品,还包括通过特殊的加工手段形成纳米尺度表面形貌等具有特殊功能的纺织品。狭义纳米纺织品主要指采用细度在纳米尺度(1~100 nm)的纤维制成的纺织品。纳米纺织品还可以根据其功能分为抗紫外纳米纺织品、远红外纳米纺织品、抗菌除臭纳米纺织品、防水拒油纳米纺织品等。

1.4.1 广义纳米纺织品

随着现代科技和人们生活水平的提高,多种多样采用纳米粉体材料进行改性的功能化纤被提到开发和产业化的日程上,如拒水拒油纤维、吸水吸湿纤维、变色纤维、耐热纤维、芳香纤维、磁性纤维、储能纤维、发光纤维、导电纤维、防辐射纤维和阻燃纤维等。采用纳米材料对天然纤维和天然纤维/化纤混纺织物进行的抗紫外线/抗红外线(即凉爽化整理)、远红外反射、保健、抗菌、除臭、抗静电、阻燃等功能性后整理,一定能够在纺织工业领域开拓出繁花似锦、美不胜收的新天地。

采用纳米材料进行整理的工艺正在进行开发,主要方法根据织物的用途不同而分为浸轧法和涂层法等,其关键是根据棉或棉/化纤织物的特性和整理目的,选择相应的分散剂、增稠剂、稳定剂、柔软剂等助剂及合理的成浆工艺、浆料稳定技术等。

用纳米材料对天然纤维和天然/化纤混纺织物进行功能化整理,是一项从原材料、工艺、设备到市场都处于开拓阶段的事业。近年来,随着功能性纺织产品市场需求的不断增加,纳米功能材料的应用逐渐进入纺织工业的多个领域,在特殊功能纺织品、改善产品的舒适性、形成优异的人体防护等方面,都具有广泛的应用。

1.4.1.1 抗紫外化纤及天然纤维/化纤织物的应用

抗紫外纺织品的加工方法有纯纺、混纺等,主要用制 T 恤衫、衬衫、运动衫、罩衫、制服、职业服、游泳衣和童装等,也用作帽子和面罩,在工业和装饰布方面的应用有广告用布、户外装饰布、各类遮阳伞、窗帘、运输篷布和各类帐篷布。在我国大多数地区,夏季主要穿着单薄服装,可利用纳米粉体的抗紫外线功能开发抗紫外织物,用于生产满足妇女、老人、儿童、野外工作者、高温作业人员及室外活动时需要的抗紫外服装及产业用品。

利用某些物质对光线具有较强的屏蔽防护作用,如 MgO、ZnO、TiO_2、SiO_2、$CaCO_3$、高岭土、碳黑、金属等,制成超细粉体,使微粒尺寸与光波波长相当或更小,由于小尺寸效应导致其光吸收作用显著增强,而且纳米粉体的比表面积大、表面能高,与高分子材料共混时很容易与后者相结合,再加上化纤纺丝设备对共混材料的粒度要求,决定了纳米粉体是光防护、光屏蔽、光反射等功能化纤在共混制备时的优选材料。为了保证纳米粉体与纤维良好结合,又能够生产出便于印染而呈现缤纷色彩的织物,一般选用金属氧化物粉体。这类粉体表现出特殊的光学性质,如通常使用氧化锌作为紫外线屏蔽剂,因为其禁带宽度为 3.2 eV,可以吸收波长为 388 nm 的紫外线;氧化锌的粒度为 10 nm 时,它的禁带宽度增加到 4.5 eV以上,可以较好地吸收 280~320 nm 波长的紫外线。大量研究证明,含纳米粒子的纤维能够较好地吸收 UVB 和 UVA 波段的紫外线,屏蔽率可达到 95% 以上。

抗紫外化纤的品种很多,从国内外研制和生产的品种来看,涉及涤纶、腈纶、尼龙和丙纶等,大批量地开发并生产了抗紫外涤纶、丙纶等产品,所织成的纺织品的紫外线屏蔽率一般高于 95%。对于棉、毛、丝、麻等天然纤维,尤其是其中用量最大的棉纤维而言,采用纳米材料进行后整理是正在开发的新技术,现以赋予其抗紫外线功能的整理为例。棉织物具有种种优点,是人们在夏秋季节首选的穿着面料。但是从抗紫外线的角度看,棉织物对 UVA 和UVB 波段的紫外线都有较高的透过率,这种缺点在棉/化纤混纺纤维中也有表现,不仅影响纯棉织物在夏秋季节的穿着,也导致涤/棉、丙/棉、锦/棉混纺织物的抗紫外线性能较弱,必须设法加以弥补。通常采用后整理的方法[24]。

1.4.1.2 远红外功能纳米材料与远红外整理织物

远红外功能纤维是一种具有远红外吸收和反射功能的化纤,所织成的织物能够吸收人体发射的热量,并向人体辐射一定波长的远红外线(包括最易被人体吸收的4~14 μm 波长的远红外线),可使人体皮下组织中的血流量增加,起到促进血液循环的作用;同时,反射并返还部分人体辐射的红外线,减少热量损失。应用纳米材料对棉、毛、羊绒及天然纤维/化纤混纺材料进行远红外后整理,可赋予纺织品相同的功能,使纤维及其织物的保温性能较常规织物有所提高,据测定,织物的保暖率可提高 12% 以上。

远红外功能整理使用的纳米材料是在远红外加热使用的陶瓷粉体上开发出来的,所以经常被称为远红外陶瓷粉,根据应用的化纤品种和性能要求的不同,通常包括三氧化二铝、氧化镁、二氧化硅、氧化锌、三氧化二锑等。除了采用直接制备或二次粉碎的方法控制其粒度外,同时对其进行表面改性等处理,确保这类粉体与纺织品的分散、相容性及功能化纤的可纺性[25]。

1.4.1.3 抗菌和除臭纺织品

属于原生生物界的微生物,大多数对人类无害,可用于工业加工、农业生产及促进人类健康的生化制药等领域。但数量有限的有害细菌和病毒,时刻威胁着人类。据统计:1995

年全世界因细菌传染造成的死亡人数为 1 700 万,占死亡总人数的 32.7%。抗菌始终是人们美化生活、保障健康的重要任务,高新科技是实现这一目标的工具。对人体汗液等代谢物起作用而滋生繁殖的"臭味菌"有表皮葡萄球菌,常见于内衣、内裤;导致外衣裤异味的菌类一般是杆菌孢子和少量表皮葡萄球菌;袜子和鞋衬织物的材料最好能抑制皮肤丝状真菌和指间毛菌。纳米材料的除臭功能还表现在消除人类周围的臭体物质,这些物质通常包括两大类,即硫基化合物类(硫化氢、甲硫醇和乙硫醇)和氮基化合物(氨和胺类化合物)。

通常所说的抗菌包括抑制、杀灭、消除细菌分泌的毒素。抗菌化纤和抗菌后整理织物的除臭功能表现为:①抗菌作用,即防止皮肤感染、消除病菌分泌的毒素及将汗液等转化为臭味物质的细菌;②净化作用,即除去令人不愉快的臭味[26]。

1.4.1.4 纳米拒水、拒油、防污纺织品

拒水、拒油、防污整理是表面的化学加工,主要选择具有特殊化学结构的试剂,以改变纤维表面层的组成,并能牢固附着于纤维或与纤维发生化学结合,形成具有低表面能的新表面层,使织物的临界表面张力远远小于水或油类等液体的表面张力。利用纳米材料进行拒水、拒油、防污整理,与传统的有机氟类材料相比,在效果、安全性等方面都具有显著的优越性。因此,纳米拒水、拒油、防污纺织品的开发与应用,已成为纳米纺织技术的代表性工作。

拒水、拒油整理的目的是阻止水和油对织物润湿,利用织物毛细管的附加压力,阻止液态水和油透过,但仍然保持织物的透气透湿性能。整理后,纤维对水的不浸润性是织物获得拒水性能的根本原因,并且使得水滴在织物表面只能以小水珠的状态存在,降低了水压引起的对织物孔洞的渗透。拒水、拒油整理织物首先用于生产军服、防护服,现广泛用于制作运动服、旅行包、旅行装和帐篷等。根据自然界中某些低表面能材料的现象,如以荷叶仿生技术研究为基础,纺织品要达到优良的拒水性能,必须具备以下条件:①纤维表面有一层憎水的薄膜;②水滴不易润湿织物表面。一般来说,要求材料具有低表面能和适当的表面粗糙度。

纳米材料技术应用于拒水、拒油整理,基于"荷叶效应"原理。荷叶表面并不是非常光滑的,在显微镜下,荷叶的表面具有双微观结构,一方面是由细胞组成的乳瘤形成的表面微观结构,另一方面是由表面蜡晶体形成的毛茸纳米结构。乳瘤的直径为 $5\sim15\ \mu m$,高度为 $1\sim20\ \mu m$。荷叶效应的主要秘密在于它的微观结构,这是一种类似海绵或鸟巢的孔状组织结构,经空气填充在裂隙中,防止了水或污物吸附于固体。通过对水珠表面与荷叶表面的接触部位做连线式切面研究,显示其表面接触角决定其疏水抗污能力。确切地说,接触角越大,疏水抗污性越强,水珠更趋于球状。比如:人的皮肤是接触角达到 90°的疏水表面;鸟的羽毛和荷叶都具有超强的疏水性,其接触角分别为 150°和 170°。对织物进行处理,使纤维表面形成特殊的几何形状互补的(如凸与凹相间)界面纳米结构,低凹的表面可以吸附气体分子并将其稳定附着,所以在宏观织物表面形成一层稳定的气体薄膜,使得油或水无法与织物表面直接接触,从而使材料表面呈现出超常规的双疏性。这时,水滴或油滴与界面的接触角趋于最大值,实现了织物的超疏水、超疏油功能[27]。

纳米拒水、拒油纺织品具有以下特点:

①拒水性:防雨效果及拒水溶性污垢;②优良的拒油污性,油、水及污垢都不易渗透进入纤维,因此污垢极易清洗,布面可长时间保持清洁,减少洗涤次数,不会改变织物原有的性能、颜色和手感;③防污性:灰尘及污物可轻易抖落或刷去,使织物保持清洁;④优良的透气

性:穿着舒适,无异样感觉。

1.4.2 狭义纳米纺织品

狭义纳米纺织品主要由纳米纤维构成。当直径从微米缩小至亚微米或纳米时,许多纤维与相应的宏观材料相比,表现出一系列的特殊性质,比如具有非常大的比表面积、超疏水或超亲水性及优越的力学性能。当纤维直径在几百纳米时,也表现出一定的纳米材料特性,所以有时将直径为几百纳米的纤维称为纳米纤维。

按获取方式分,纳米纤维可分为天然纳米纤维和人造纳米纤维。天然纳米纤维由生物体直接产生。人造纳米纤维的制备方法比较多,如自组装法、模板法、海岛纺丝法及静电纺丝法等。

1.4.2.1 天然纳米纤维纺织品

天然纳米纤维的典型代表是蜘蛛丝。蜘蛛丝的主要成分是蛋白质,是一种具有超高强度、弹性和韧性的天然纳米纤维,同时也是一种具有分形几何学结构的神奇纤维。

早在 18 世纪,就出现了人类利用蜘蛛丝的记载。二战期间,蜘蛛丝曾广泛用作显微镜、望远镜、枪炮的瞄准系统等光学装置的十字准线。进入 20 世纪 80 年代,蜘蛛丝以其高强度、高弹性、高断裂功、低密度、良好的耐温及耐紫外线性能、良好的生物相容性等优异性能,引起了各国材料、生物和化学等众多领域的研究人员的极大兴趣。

蜘蛛丝的表面光滑,无任何特征标记,不像蚕丝表面有丝胶蛋白质层。利用扫描电镜观察液氮冷冻后的蜘蛛丝的横切面及拉伸脆性断裂后的断面,可知蜘蛛丝几乎为圆形断面,断裂面的外层和内层结构一致,所以可认为蜘蛛丝是无丝胶纤维[28]。

利用低压高分辨率扫描电镜,Mahoney 等观察了蜘蛛丝弯曲成圈时的形态结构。根据计算,当纤维的弯曲曲率达到纤维直径的数量级时,纤维弯曲部分的表面应力(纤维弯曲外径的拉伸和弯曲内径的压缩)约为最大应力值上限的 40%,这时纤维弯曲内外径部分未发现破坏现象。相同状态下的聚乙烯、Kevlar 和碳纤维的形态结构,都无法与蜘蛛丝相比。Mahoney 等用原子力显微镜对刮擦受损后的蜘蛛丝表面进行研究,发现纤维外层的纵向和横向都存在大量的起伏变化,其变化尺寸分别为(113±20) nm 和(98±13) nm;表面纵向还有丝拉出时留下的不连续标记和痕迹,而且其深度沿纤维纵向发生变化。观察经离子刻蚀处理后的蜘蛛丝形态结构,可以看到一系列粒径在 20~50 nm 的粒子沿纤维轴向平行排列部分,其被认为是具有较强内聚力的结晶区域。

用原子力显微镜进一步对刮擦后的蜘蛛丝的内部形态进行研究,发现径向的表面结构起伏可能是蜘蛛丝纤维内存在微原纤结构的证据。这与 Kitagawa 等的扫描电子显微镜(SEM)的研究结果一致,许多直径约 100 nm 的微原纤存在于纤维中,甚至在外层较深的范围内也可发现。

蜘蛛丝以其优异的性能、独特的内部结构,启发了人们对材料设计与材料创新的思路。随着基因工程技术及生物材料技术的迅猛发展,大规模地开发和利用蜘蛛丝这一愿望的实现,已经排上日程。

2002 年,加拿大 Nexia 生物技术公司(NXB)与美国陆军战士生物化学指挥部(SBCCOM)的科学家合作,利用蜘蛛基因制备了重组的蜘蛛丝蛋白质,并利用这种蛋白质与水体系完成了环境友好纺丝过程,本质上更接近天然蜘蛛丝的蛋白质组成和纺丝过程,生

产出世界上首例"人造蜘蛛丝"。这种人造蜘蛛丝的商品名定为 BioSteel®，一方面强调这种
生物大分子材料的强韧性胜于钢；另一方面暗示其生产过程与炼钢一样，没有溶剂污染环
境。这一重大成果是人类对高性能纤维进行"绿色"生产的一个里程碑，是生物学家、化学家
和工程师协作的成果。

蜘蛛丝有十分优良的综合性能。因此，获取蜘蛛丝蛋白质或类似的蛋白质，再进行纺
丝，制备人造蜘蛛丝，一直是材料科学家的梦想。一种最简单的方式是和养蚕一样，建立"农
场"饲养大量蜘蛛。但是，蜘蛛的天性是占地为牢，极富侵略性，需要较大的"领地"。因此，
建立蜘蛛农场生产蜘蛛丝蛋白质是不经济的。于是，科学家们构想出第二种方法，即利用转
基因技术，在细菌、酵母或植物等生物体内注入蜘蛛的部分基因，制备与蜘蛛丝相似的蛋白
质。然而，由于种种原因，这种方法迄今没有成功，主要是因为制成的蛋白质的水溶性很小，
只能溶于甲酸，而且需加入六氟异丙醇为稀释剂，不能用水作为溶剂进行进一步加工。
Nexia 公司的科学家试验的第三种方法，基于一种"细胞文化"，他们采用金色圆网织蛛和十
字圆蛛作为基因的来源，对哺乳动物的两种细胞进行转基因处理。当蜘蛛丝产生较大的延
伸时，所有的分子链承受几乎完全相等的应力，从而具有高强度、高伸长的性能。

1.4.2.2　人造纳米纤维纺织品

人造纳米纤维通常由聚合物制备而成，制备方法有拉伸、模板聚合、相分离、自组织和静电
纺丝等。拉伸工艺类似于纤维工业中的干法纺丝，能制得很长的单根纳米纤维长丝。可是，只
有那些能够承受巨大的应力牵引而发生形变的黏弹性材料才可能被拉伸成纳米纤维。模板聚
合利用纳米多孔膜作为模板来制备纳米纤维或中空纳米纤维，其主要特点是可纺制不同原料，
如导电聚合物、金属、半导体、碳素纳米管和原纤维，但是该方法不能像静电纺丝法那样制备
连续的纳米纤维。相分离过程包括溶解、凝胶化，以及用不同的溶剂萃取、冷凝和干燥，最终
得到纳米多孔泡沫，但是该方法需要花费相当长的时间使固体聚合物转化成纳米多孔泡沫。
自组织是将已有的组分自发地组装成一种预想的图案和功能的过程，与相分离方法相似，自
组装过程非常耗时。静电纺丝是目前唯一能够直接、连续地制备聚合物纳米纤维的方法。

静电纤维制造(Electrostatic Fiber Production)是得到纳米纤维最重要的基本方法。这
一技术的核心，是使带电荷的高分子溶液或熔体在外电场中流动、变形，然后经溶剂蒸发或
熔体冷却而固化，得到纤维状物质。因而，这一过程又称为静电纺丝(Electrostatic Spinning)，
或简称电纺(Electrospinning)。

静电纺丝是使聚合物溶液或熔体带上几千伏至上万伏的高压静电，带电液滴在电场力
作用下形成 Taylor 锥[29-30]；当电场力足够大时，电场力可在 Taylor 锥的锥尖克服溶液表面
张力，形成喷射细流；带电的聚合物射流在电场力、黏滞阻力、表面张力等作用下被拉伸细
化，同时带电射流在电场中由于存在表面电荷而发生弯曲；细流在喷射过程中经溶剂蒸发或
固化，最终落在接收装置上，形成类似无纺布的纳米纤维网。

静电纺丝技术已应用于几十种不同的聚合物，包括传统技术生产的合成纤维如聚酯、聚
酰胺、聚乙烯醇等柔性高分子物的静电纺丝，又包括聚氨酯、丁二烯、苯乙烯嵌段共聚物
(SBS)等弹性体的静电纺丝，以及聚对苯二甲酰对苯二胺等液晶态的刚性高分子物的静电
纺丝。此外，包括蚕丝、蜘蛛丝在内的蛋白质和核酸等生物大分子也进行了静电纺丝。
表 1-1 列出了一些已报道的可进行溶液纺丝的聚合物，以及所采用的溶剂和制得的纳米纤
维的直径范围。

表 1-1　常用于静电纺的聚合物及溶剂

聚合物(＋表示共混；/表示共聚)	溶剂	直径(nm)
聚乙二醇	水	50～5 000
聚乙二醇＋聚苯胺共混	—	950～2 100
聚乙二醇＋聚丙烯腈共混	—	—
尼龙	甲酸	—
聚酰亚胺	苯酚	—
脱氧核糖核酸	水	—
聚芳酰胺	硫酸	—
蛋白质	水	300～1 500
重组蛋白质	水	—
Ⅰ型胶原	水	200～3 000
弹性多肽	—	50～80
小牛胸腺 Na-DNA	水	50
聚乳酸	二甲基甲酰胺	—
羟基乙酸/乙醇酸共聚物	氯仿	—
乙烯/乙酸乙烯酯共聚物		100
聚氨酯	二甲基甲酰胺	—
聚甲基丙烯酸酯-顺式-聚丙烯腈	甲苯-二甲基甲酰胺	—
聚羟基乙酸	二甲基甲酰胺	150
聚丙交酯＋聚乙烯基吡咯烷酮	二甲基甲酰胺	300
间亚苯基间苯二酰胺	间苯酚	100～500
聚苯并咪唑	硫酸	—
聚乙烯醇	水	—
聚对苯二甲酸乙二酯	三氟乙酸＋二氯甲烷	40～50
聚对苯二甲酸乙二酯	—	—
聚对苯二甲酰对苯二胺	硫酸	100
乳酸/羟基乙酸共聚物	—	—
苯乙烯-丁二烯-苯乙烯三嵌段	二甲基乙酰胺	—
尼龙 6,尼龙 66	甲酸	—
尼龙 4,尼龙 6	甲酸	—
聚丙烯腈	二甲基甲(乙)酰胺	100～1 000
聚苯胺	硫酸	50
聚硅氧烷	—	1 000～4 000

聚合物(＋表示共混;/表示共聚)	溶剂	直径(nm)
聚乙烯醇吡咯烷酮	水	50～150
尼龙6	甲酸＋异丙醇	800～2 000
丁二烯橡胶(添加光引发剂和交联剂)	四氢呋喃	—
聚乙烯醇＋醋酸镁溶胶	水	50～150
聚砜	嘧啶	800～2 000
聚碳酸酯	二甲基甲酰胺	
聚氧乙烯	蒸馏水,氯仿,乙醇,丙酮	
胶原质蛋白＋聚氧乙烯混合	盐酸	
聚苯胺＋聚苯乙烯混合	氯仿	
纤维素	二甲基乙酰胺＋氯化锂	
聚亚胺酯添加铁酸盐	二甲基乙酰胺	—

此外,聚乙烯、聚丙烯、聚酯等聚合物能在高温条件下进行熔体静电纺。和聚合物溶液纺丝装置不同,在聚合物熔体纺丝装置中,储液管、带电荷的熔体、喷丝通道和接收装置都必须密闭,处于真空状态。

静电纺丝制备的纳米纤维网,具有高孔洞性、高表面积、高透湿性等特点,可用于过滤材料、阻隔及分离膜、生物医用材料、服装材料及功能性材料等。

1.4.3　分形纤维纺织品

分形学是 Mandelbrot 于 1975 年提出的一门与混沌学密切相关的学科。分形是指对一类有伸缩对称性的客体,用不同的放大倍数进行观察,会看到相似的形貌。显然,这是一类有自相似性的客体,其形态很难用欧几米德几何学描述。分形学的出现,引起人们对古老的自相似天文观重新思考,同时促进人们重新认识近代科学描述世界的特征尺度,使自然现象中的自相似性进入科学研究的视野。分形学中的自相似性也成为一个科学概念。事实上,要全面地描述宏观、介观、微观世界和自然图景,就离不开分形和自相似性。分形(Fractal)、混沌(Chaos)和耗散(Dissipation)三大理论都属于 20 世纪的重大科学发现,它们分别是数学(几何学)、物理学和物理化学的革命性进展。分形理论应用的典型实例是亚马逊森林中一只蝴蝶的翅膀的扇动,经自相似放大后,导致了加利福尼亚州的龙卷风。

除了在共混纺丝液中添加纳米粒子制造的功能性纤维,以及采用静电纺丝法制备纳米尺寸的超微细纤维外,还有一种纳米纤维,就是分形纤维,这是一类重要的有特殊纳米结构的纤维。

分形纤维是在纳米尺度存在的一种超微分形结构单元,经 3～4 个数量级的自相似放大后,形成宏观纤维的超微扭曲分形结构。大自然中的天然纤维基本都具有这类结构,而合成纤维无此结构。当前,各国纤维学者都在努力研究和开发分形合成纤维,以期从本质上赶超天然纤维,这是 21 世纪纤维科学的前沿课题,是材料科学、生物科学、信息科学交叉开发研究的高技术课题,我国已率先有所突破。国际上有不少学者在探索提取蚕丝和羊毛中的蛋白形状基因,并设法植入化学纤维(如再生纤维素纤维或合成纤维)。这一研究虽有难度,但有重要的理论意义和实际价值。

一般来说,纤维结构可分为大分子结构、超分子结构、形态结构三个层次,而纤维性能的根源在于其大分子结构。天然纤维的纳米分形结构单元处于原子簇与宏观物体交界的过渡区域,它是靠近原子簇的起始结构单元,是形态结构的基础,它决定了纤维的宏观结构和性能。

天然纤维是大自然中复杂的真实物体,属于分形学描述的对象。实际上,从纳米尺度开始就有分形结构单元,经过不对称的自相似伸缩放大,成为宏观的具有超微结构的纤维。

羊毛纤维具有与合成纤维截然不同的内部自相似结构。具有整数一维、二维或三维的合成纤维结构,无法摆脱死板、僵化的痕迹,缺乏自然的活力,或者说缺乏"生命合成的组织结构",只有固定的组织结构。合成纤维只有在开发出分形结构即局部形态和整体形态相似后,才能真正贴近自然,并显现出与大自然和谐的活力。

棉和蚕丝也是同样情况。蚕丝从直径为 1 nm 的原纤开始,经过原纤束,通过四层丝胶放大,到吐出蚕丝(其直径为 40 μm),大约 0.8 mm 完成一个自旋扭曲。蚕丝自旋扭曲的自相似源头也是丝肮原纤束中的原纤,蚕丝的宏观扭曲分形维数在羊毛和棉之间,因此蚕丝比较滑爽、飘柔。

分形结构使上述三种天然纤维的色彩比较柔和,具有天然风韵,没有合成纤维镜面反射般的极光。

目前的合成纤维基本为横、平、竖、直的均一结构,无纳米尺寸的分形结构单元,纤维整体也不是分形结构。例如涤纶,其结晶均为三斜晶系,无结晶变体。长期以来,合成纤维的改性和仿真仅从性能上而未从本质上实现,其形态结构仍然徘徊在欧氏几何学[34](即平面和三维空间中常见的几何,基于点线面假设)范围内。可以预计,在 21 世纪,分形结构的合成纤维必定有所发展,由此带来的影响是不可估量的。

欧美和日本已开始注意纤维的分形结构的研究,称 21 世纪的梦幻技术是制造分形结构的新合纤。这一新技术、新概念在纺织界引起震动。长期的理论探索研究已有趋于一致的推断:分形理论的应用必将是利用高科技改造传统纺织产业的新的突破口。目前,美国、日本等国触及的是纤维和织物表面的凹凸构造的自相似性与大自然色、光的对应关系,其特殊的色、光效果已引起人们的浓厚兴趣,但均一、呆板的合纤结构尚未触及。在中国纺织界,从科技工作者对分形理论应用的研究和认识层面看,虽仍处于酝酿期,但分形结构涤纶的开发,经过长时间的努力以及与生命科学的交叉,从纳米结构开始,经自相似放大,已取得工业化的重大进展[31-33]。

1.5　总结

微纳米技术具有巨大的潜能,可望取代现有大多数技术,创造新的工业,并在能源、环境、通信、计算、医药、空间探索、国家安全和基于材料的任何领域改变基础的科学模型。

本书的第二章将对纳米材料制备技术给予更全面的讲解,第三章将对微纳米纺织材料基本的表征技术进行介绍,第四章到第十一章将介绍微纳米技术在纺织品中的各种具体应用,第十二章介绍微纳米生态纺织品的相关知识,第十三章具体介绍制备连续微纳米纤维的方法——静电纺丝的相关原理、技术及微纳米纤维的应用。

参考文献

［1］乌云其木格,肖景林. 量子点中极化子的内部激发态性质[J]. 发光学报,2007(1):28-34.

［2］张海庆,吴萍. 纳米技术与纳米材料[J]. 天津冶金,2001(4):20-22.

［3］崔薇. 生物大分子控制合成多种形貌硫化物纳米材料[D]. 长春:长春理工大学,2011.

［4］张中太,林元华,唐子龙,等. 纳米材料及其技术的应用前景[J]. 材料工程,2000(3):42-48.

［5］张崇才,赵志伟. 纳米技术及其应用前景[J]. 材料导报,2004,18(F04):19-21.

［6］张国山. 纳米科技发展研究[D]. 武汉:武汉科技大学,2009.

［7］管飞. 纳米粉体材料的制备、表征及其应用[D]. 兰州:西北师范大学,2002.

［8］毛志国,邹晓兵,王新新,等. 电爆金属丝产生纳米粉体[J]. 强激光与粒子束,2010(3):691-695.

［9］何丹农. 纳米材料技术的应用[J]. 工程研究——跨学科视野中的工程,2011(4):343-351.

［10］彭申懿. 纳米科学技术的发展和未来[J]. 今日科技,2005(8):47-49.

［11］朱吉牧. 基于原子力显微镜的纳米加工技术及软件系统研究[D]. 杭州:浙江大学,2005.

［12］梁慧锋. 纳米材料在生物工程中的应用[J]. 河北化工,2010(7):28-30.

［13］崔铮. 微纳米加工技术及其应用综述[J]. 物理,2006(1):34-39.

［14］孙玮,张晋江,赵健伟. 纳米器件的分子动力学模拟[J]. 物理化学学报,2013,29(9):1931-1936.

［15］肖育江. 半导体金属硫化物、硒化物纳米材料的制备和表征[D]. 长沙:中南大学,2010.

［16］高春华. 纳米材料的基本效应及其应用[J]. 江苏理工大学学报(自然科学版),2001(6):45-49.

［17］张池明. 超微粒子的化学特性[J]. 化学通报,1993(8):20-23.

［18］李昱材,张国英,魏丹,等. 金属电极电位与费米能级的对应关系[J]. 沈阳师范大学学报(自然科学版),2007,25(1):25-28.

［19］王立新,周洁. 电磁场中带电粒子的量子遂穿效应[J]. 电子技术,2015,44(1):21-23.

［20］余保龙,吴晓春,等. 介电限域效应对SnO_2纳米微粒光学特性的影响[J]. 物理化学学报,1994(2):103-106.

［21］张心亚,沈慧芳,黄洪,等. 纳米粒子材料的表面改性及其应用研究进展[J]. 材料工程,2005(10):58-63.

［22］侯青顺,张剑秋,张宝华. 纳米材料在涂料中的应用[J]. 山东化工,2002(6):17-20.

［23］赵玉岭. 纳米材料性质及应用[J]. 煤炭技术,2009,28(8):149-151.

［24］余旺苗,陈旭炜. 纳米材料及其在纺织工业中的应用[J]. 东华大学学报(自然科学版),2001(6):123-127.

［25］俞行,王靖. 纳米材料及其在功能化纤和针织新产品中的应用[J]. 针织工业,2000(5):22-26.

［26］俞行,刘艾平. 纺织专用功能纳米材料及其应用[J]. 纺织科学研究,2001(3):1-9.

［27］姚连珍,杨文芳,梁庆忠. 仿生技术在纺织品中的应用[J]. 染整技术,2013(12):29-33.

［28］黄献聪,施楣梧. 蜘蛛丝的力学性能及其应用取向[J]. 纺织导报,2004(3):32-38.

［29］张海庆,吴萍. 纳米技术与纳米材料[M]. 北京:国防工业出版社,2000.

［30］李山山,何素文,胡祖明,等. 静电纺丝的研究进展[J]. 合成纤维工业,2009(4):44-47.

［31］高绪珊,庄毅. 天然纤维的分形结构和分形结构纤维的开发[J]. 合成纤维工业,2000,23(4):35-38.

［32］杨树,于伟东,潘宁. 纤维集合体的分形结构与其吸声性能的关系[J]. 东华大学学报(自然科学版),2011,37(5):559-564.

［33］张建华,张丽. 浅谈纤维的分形结构及其开发[J]. 济南纺织化纤科技,2002(1):18-20.

［34］萨日娜.《几何学原础》与欧氏几何学在日本明治初期的传播[J]. 西北大学学报(自然科学版),2010,40(4):737-741.

第二章
微纳米材料的制备技术及应用

微纳米科学与技术是 20 世纪 90 年代发展起来的前沿性、交叉性的新兴学科。

微纳米技术被认为是 21 世纪最重要的科学技术，它将引起一场新的工业革命。微米和纳米均是长度单位。一微米为百万分之一米，即 1 μm＝10^{-6} m；一纳米为十亿分之一米，即 1 nm＝10^{-9} m。常说的微米尺度指 1～100 μm，纳米尺度指 1～100 nm。一般来说，微纳米技术研究的尺度范围指 100 nm～1 μm[1]。

微纳米技术是新兴的交叉学科，也是科学研究与发展的重点之一。微纳米技术最普遍的定义是，在微纳米尺度对物质进行控制，创造并使用新的材料、装置和系统，由于微纳米结构的微尺度效应，呈现全新的物理、化学、生物学等方面的性质和现象。因此，微纳米技术的目标也是研究和开发这些性质并有效地制造和使用这些结构。

按照维数，微纳米材料可分为四类：

(1) 零维，指在三维空间中三维尺度均在微纳米级，如微纳米颗粒等。

(2) 一维，指在三维空间中有两维处于微纳米尺度，如微纳米丝、微纳米棒和微纳米管。

(3) 二维，指在三维空间中有一维在微纳米尺度，如超薄膜、多层膜等。

(4) 三维，指微纳米块体材料，如微纳米晶、微纳米陶瓷材料和微纳米结构材料等。

2.1 零维微纳米材料的制备技术

零维微纳米材料即微纳米颗粒材料，这是研究较早、制备技术相对成熟的微纳米材料。多种微纳米粉体材料的制备技术已进入工业化阶段。

微纳米粉体材料种类繁多，包括微纳米金属粉体、合金粉体，微纳米氧化物粉体，微纳米氮化物、碳化物、硼化物粉体及各种复合纳米粉体材料。微纳米零维材料的制备技术多种多样，且随着科学技术的发展不断涌现。这里重点介绍其中的几种方法，主要包括气体蒸发法、溅射法、微波合成法、水热合成法和激光法。

2.1.1 气体蒸发法

气体蒸发法是在低压的氩(Ar)、氦(He)等惰性气体中加热金属(包括部分化合物)，使其蒸气在纯净的惰性气体中冷凝，获得微纳米颗粒，其原理如图 2-1 所示。坩埚内是源物质，通过加热器逐渐加热蒸发，产生气化原子并与惰性气体原子碰撞，迅速损失能量而冷却。冷却过程在蒸气中造成的局域过饱和，导致均匀的成核过程，最后形成微纳米粒子[2]。

气体蒸发法中，可通过调节惰性气体的压力、蒸发物质的分压(蒸发温度或速率)和惰性气体的温度来控制粒径。研究表明，蒸发速率增加(相当于蒸发源温度升高)或源物质蒸气

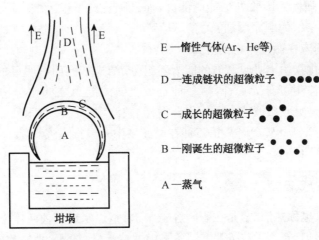

E —惰性气体(Ar、He等)

D —连成链状的超微粒子 ●●●●●

C —成长的超微粒子

B —刚诞生的超微粒子

A —蒸气

坩埚

熔化的金属、合金或离子化合物、氧化物

图 2-1　气体蒸发法制备微纳米粒子原理

压力增加,粒径变大;惰性气体压力增大或采用大原子质量的惰性气体,也导致粒径增大。

2.1.2　溅射法

两块金属板分别作为阳极和阴极,其中阴极是蒸发用的材料(靶材)。在两极间冲入氩气($40\sim250$ Pa),向两极间施加电压($0.3\sim1.5$ kV)。由于两极间的辉光放电,Ar 离子冲击阴极即靶材表面,靶材蒸发形成的蒸气在附着面上沉积,形成微纳米粉,其粒径与电压、电流、气体压力有关,也与靶材的表面积有关。图 2-2 所示为溅射法制备微纳米粉的原理。

溅射法制备微纳米粉的优点:

(1) 可制备多种微纳米金属粉。

(2) 可制备各种化合物微纳米粉。

(3) 生产微纳米粉的量可控。

(4) 可制备微纳米颗粒薄膜。

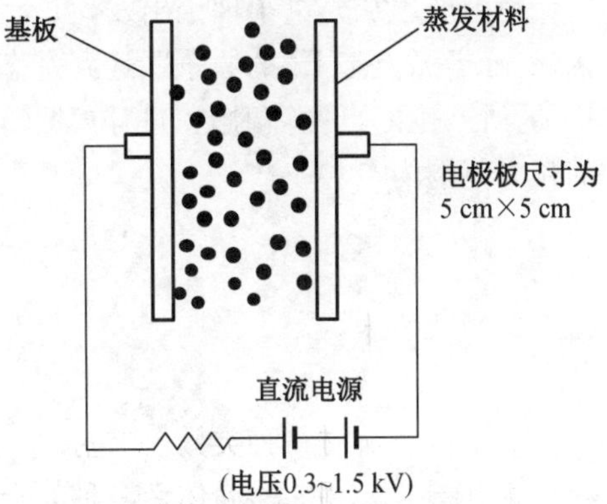

基板　　蒸发材料

电极板尺寸为
5 cm×5 cm

直流电源

(电压0.3~1.5 kV)

图 2-2　溅射法制备微纳米粉的原理

2.1.3　微波合成法

微波加热不同于常规加热。常规加热是由外部热源通过热辐射由表及里地传导加热。微波加热是材料在电磁场中由介质损耗而引起的自体加热,材料吸收微波,并将微波的电磁能转变为热能,能量通过空间或媒质以电磁波形式传播。微波加热过程与物质内部分子的极化有密切关系[3]。

2.1.3.1　液体在微波场中的行为

液体在微波场中的行为与其自身的极性有密切关系,从介电物理学的观点看,这与物质的偶极子在电场中的极化过程密切相关,极化过程可用介电常数表示。极性有机物吸收微波的能力强,非极性有机物几乎不吸收微波。水具有永久偶极,在体系内部直接引起微波能发生损耗。水溶液中的金属阳离子会降低体系的介电性能,减弱体系吸收微波的能力,而阴离子的存在则增强体系吸收外场能的能力,而且随着离子半径增大而增强,例如按 OH^-、Cl^-、NO_3^-、Br^-、I^- 的顺序增加。

2.1.3.2 粉末在微波场中的行为

各种金属氧化物粉末吸收微波的能力随组分、结构不同而有明显的差异。金属氧化物按其与微波场的作用可分为三种:第一种是吸收微波能力强的化合物,如 Ni_2O_3、MnO_2、SnO_2 等;第二种是吸收微波能力弱的化合物,但微波辐射一段时间后会表现出很快的升温特性,如 Fe_2O_3、CrO_3、V_2O_5 等;第三种在微波场中升温很慢或者基本不升温,它们不吸收微波,如 TiO_2、Al_2O_3 等。

2.1.4 水热合成法

水热合成法(也称热液法)是在密闭容器中进行,以水或其他液体为介质,在加温($100\sim374\ ℃$)和高压(小于 15 MPa)条件下制备零维微纳米材料的一种方法[4]。

水热合成法来自地球科学。1845 年,Schafhautlyi 以硅酸为原料,在水热条件下制备了石英晶体。以后,地质学家们采用水热法制得了许多矿物,到 1900 年已制备出 80 多种矿物。1900 年以后,Morey 和他的同事开始相平衡研究,建立了水热合成理论,在此基础上开展单晶生长和陶瓷粉末的水热合成研究,并取得了重要进展。水热法制备水晶已实现工业化[5]。

无机物薄膜、微孔材料、微纳米粉体材料的水热合成研究也实现了大规模生产。

2.1.5 激光法

爱因斯坦从光量子理论出发,引入了两个极为重要的概念:受激辐射和自发辐射。简单描述:处于激发态 E_2 的原子跃迁到基态 E_1 并释放能量的过程。原子的自发辐射是完全随机的,所产生的自发辐射光的相位、偏转态、传播方向是杂乱无章的,光能量分布在一个很宽的频率范围内[6-8]。

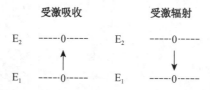

如果原子系统受到外来能量的作用,处于 E_1 的原子会吸收光子跃迁到 E_2 上,这一过程称为受激吸收。原子受激吸收概率与外来光的频率有关,并且对外来光有严格的频率选择性。

受激辐射是受激吸收的逆过程,原子受激辐射是处于高能级的 E_2 上的原子跃迁到 E_1 能级上,此时原子发射出一个与外来光子一模一样的光子。

根据经典辐射理论,原子受激辐射过程可以认为是原子中的电子在外来光辐射场作用下进行的强迫振荡过程,电子振动时所发出的光的频率、相位、偏转及传播方向都应与外来光相同,也就是说原子受激辐射发出的光与外来的引起受激辐射的光有相同的频率、相位、偏转和传播方向。在同一个外来光辐射场作用下,如果有大量的原子产生受激辐射,则产生的光子具有相同的量子状态。通过受激辐射,可以实现同态光子数放大,这是激光器的原理[9-10]。

在一个体系内,自发辐射、受激吸收和受激辐射是同时出现的,只能从技术上考虑如何实现受激辐射而产生激光。若使受激辐射起主要作用而产生激光，必须具备三个前提条件：

（1）要有提供放大作用的增益介质作为激光工作物质，其激活粒子（原子、分子或离子）有适合产生受激辐射的激发态结构。

（2）要有外界激励源，使激光上下能级之间产生集居数反转。

（3）要有激光谐振腔，使受激辐射的光能够在谐振腔内维持振荡。集居数反转就是粒子数反转，只有在非热平衡状态下，才有可能产生。这是形成激光的内在依据[11]。

2.1.5.1　激光物理气相沉积（LPVD）

激光物理气相沉积是激光束作用于靶材，粒子从其表面被激发出来，沉积到基体上形成粒子或薄膜。目前已制备了 Al_2O_3、ZrO_2、SiC、BN、$BaTiO_3$ 和 YBa_2CuO_{7-x} 等微纳米材料[12]。

在合适的激光参数和操作下，半导体、绝缘材料和金属陶瓷材料都可以作为靶材，而且成分复杂的膜可以十分简单地按一定的化学配比沉积到基体上。

2.1.5.2　激光蒸发冷凝法

此法以激光束与材料交互作用，导致材料蒸发并快速冷凝，形成微纳米粒子。这种方法可以制备金属、合金、金属氧化物和陶瓷材料的微纳米粒子。用功率 1 kW 的 Nd∶YAG 激光器制备的纳米氧化铝产量可达 10 g/h，产品纯净，可用作气体传感器和催化剂。CO_2 脉冲激光蒸发法制备碳纳米管是将石墨与 CO/Ni 催化剂的复合材料作为靶材，制备温度范围在 250～1 200 ℃，在 1 100～1 200 ℃时碳纳米管的收率可达 60%[13]。

2.1.5.3　激光化学气相沉积（LCVD）

LCVD 是通过激光激活而使常规 CVD 技术得到强化而产生的。LCVD 要求反应气体有高的吸收截面，同时基体对激光透明，可制备微纳米膜材料。

2.1.5.4　激光诱导低压化学气相分解法

采用此法分解 C_2H_4 和 $C_2H_4/H_2/SiH_4$ 的混合物，可以制备金刚石粉，在通氮气、基体温度为 30～500 ℃、电压 200～200 V 的条件下可得到金刚石薄膜。

2.2　一维微纳米材料制备技术

一维微纳米材料主要指微纳米管、微纳米棒和微纳米丝等。目前已经合成的一维微纳米材料有碳纳米管、微纳米棒、微纳米丝和同轴纳米电缆等。碳纳米管结构如图 2-3 所示。

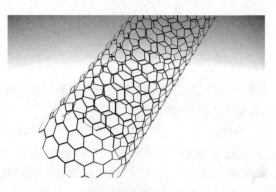

图 2-3　碳纳米管结构（IBM @research）

碳纳米管(NT)是管状的纳米级石墨晶体，是由单层或多层石墨片围绕中心轴按一定的螺旋角卷曲而成的无缝纳米级管。每层纳米管是由 1 个碳原子通过 sp^2 杂化与周围 3 个碳原子完全键合构成的六边形平面组成的圆柱面，其平面六角晶胞的边长为 0.246 nm，最短的碳—碳键键长 0.142 nm[14]。

NT 有多壁纳米管(MWNT)和单壁碳纳米管(SWNT)两种。多壁碳纳米管的层间接近 ABAB······堆积，层数在 2～50，层间距离约(0.34±0.01)nm。典型的 MWNT 直径为 0.75～3 nm，长度为 1～50 nm。SWNT 的长径比很高，可以达到 100～1 000，最高可以达到 10 000。

NT 的制备方法主要有电弧法、催化法、微孔模板法和等离子体法等。

2.2.1　石墨电弧法

石墨电弧法是 Iijima 首次发现 NT 时所采用的方法，现已成为 NT 的经典制备方法，其装置如图 2-4 所示。

石墨电弧法制备 NT 的原理：石墨电极在电弧产生的高温下蒸发，在阴极上沉积纳米管。传统的石墨棒直流电弧放电法是在反应室内用粗大的石墨棒做阴极，细石墨棒做阳极，将反应室密封、抽真空，然后冲入一定量的惰性气体和氢气。通电后，先将两个电极靠近以便拉起电弧，然后保持电弧稳定。放电使阳极石墨棒不断损耗(物质损耗)，同时在阴极上沉积一层含有 NT 的产物。此方法的关键工艺参数：气体种类及气压、电弧电流、阴极冷却速度等。一般高气压、低电流有利于 NT 的形成和高产率。实验表明，石墨电弧法制备的 NT，层数多，缺陷多，杂质浓度高且产量低。因此，许多研究者对反应室内的气体、石墨棒结构及电极组成材料进行改进，取得了满意的效果。

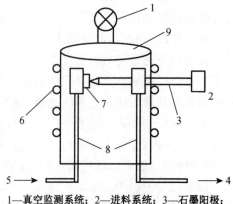

1—真空监测系统；2—进料系统；3—石墨阳极；4—真空泵；5—惰性气体；6—水冷系统；7—石墨阴极；8—水冷循环系统；9—真空室

图 2-4　石墨电弧法制备 NT 装置

2.2.2　催化电弧法

催化电弧法是在石墨电弧法的基础上发展起来的，在阳极中掺杂不同的金属催化剂(如 Fe、Co、Ni 等)，利用两极弧光放电制备 NT。催化电弧法的研究，是为了解决单壁碳纳米管的制备问题，因为传统的电弧法只能制备多壁碳纳米管。

2.2.3　碳氢化合物催化分解法

采用含有碳源的气体或蒸汽流经金属催化剂表面，分解后生成碳纳米管的方法，称为碳氢化合物催化分解法，其制备工艺比较成熟。

碳氢化合物催化分解法制备 NT 的装置如图 2-5 所示。将均匀撒有 Co/硅胶催化剂的石英舟放在石墨载台上，然后放入水平石英管中(直径 40 mm，长度 1 200 mm)。反应在常压条件下进行，反应前用真空泵抽真空并冲入氩气，接通电源对系统加热，达到预设温度后，将 $C_2H_4/H_2/Ar$ 混合气体导入反应系统，在催化剂作用下，乙炔分解生成 NT。

与电弧法相比,碳氢化合物催化分解法制备的 NT 长度达 $50~\mu m$,产量大,生产方法简单,便于控制,重复性好。同电弧法一样,碳氢化合物催化分解法制备的产品中存在几种不同的质点,如无定形碳、碳纤维、纳米级石墨微粒和 NT,而且 NT 表面常常吸附无定形碳,给随后的纯化和表征带来不利。使用金属催化剂的缺点是除去载体困难。因此,Feigney 等提出

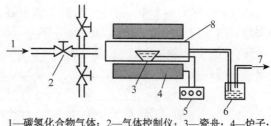

1—碳氢化合物气体;2—气体控制仪;3—瓷舟;4—炉子;
5—温度控制仪;6—洗瓶;7—交换气体;8—反应器

图 2-5　碳氢化合物催化分解法制备 NT 装置

了一种碳氢化合物原位催化分解法,制备的 NT 表面基本不存在无定形碳,所用的催化剂是由金属和金属氧化物形成的固溶体粉末。在反应过程中,均匀分布在表面相或体相中的铁离子被还原成具有催化活性的金属微粒和 NT 的生成是同时进行的。

由于 NT 的直径很大程度上依赖于催化剂颗粒的直径,通过催化剂种类与粒度的选择及工艺条件的控制,可获得纯度较高、尺寸分布较均匀的 NT,碳氢化合物催化分解工艺适用于工业大批量生产。它的缺点是 NT 存在较多的结晶缺陷,常常发生弯曲和变形,石墨化程度较差,这对 NT 的力学性能及物理性能有不良的影响。因此,对此法制备的 NT 进行后处理,如高温退火处理,可消除部分缺陷,使管变直,石墨化程度提高。催化分解法生产 NT 可能比电弧法发展得更快。

2.2.4　微孔模板法

制备高取向度的 NT 阵列是纳米材料界追求的目标之一。Ajayan 等采用聚合物与 NT 形成复合物,然后使用切割的方法获得了具有一定取向的 NT。De 等采用多孔膜过滤的方法得到了取向排列的 NT 阵列。Tang 等利用内径为 0.73 nm 的微孔 $AlPO_4$ 晶体作为模板,在真空(13.3 MPa)和一定温度(350~450 ℃)条件下,由三丙基胺在 $AlPO_4$ 微孔裂解后于 500~800 ℃条件下生成 SWNT,其最小直径为 0.3 nm。但该法制备的 SWNT 只能稳定地存在于晶体微孔中,离开晶体就不稳定。以溶胶-凝胶法制备的 SiO_2 为模板,可制备取向性好、分布离散的 NT 列阵。

2.2.5　其他方法

包括液氮放电法、热解聚合物法、低温固态热解法(LTSP)、离子(电子束)辐射法、等离子喷射分解沉积法、激光蒸发气相沉积法、固体酸催化裂解法等。

2.3　二维微纳米材料的制备技术

微纳米颗粒在二维空间有序排列,形成二维的阵列体系,通常称为微纳米薄膜材料。微纳米薄膜材料包括颗粒膜、微纳米级的多层膜、微纳米晶态薄膜和微纳米非晶态薄膜。从结构上讲可以分为两类,一类由微纳米粒子组成,另一类是纳米粒子间有较多孔隙或无序原子的微纳米复合薄膜[15]。微纳米复合薄膜是近年飞速发展并有广泛应用前景的材料。使用的微纳米粒子可以是金属、半导体、绝缘体、有机高分子等材料,复合薄膜的基材可以是不同

于微纳米粒子的任何材料,形成一系列微纳米复合薄膜,如金属/绝缘体、半导体/绝缘体、金属/半导体、金属/高分子和半导体/高分子等。微纳米薄膜材料的制备技术可分为物理法和化学法,如图 2-6 和图 2-7 所示。

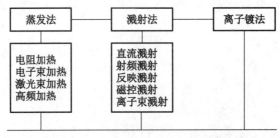

图 2-6　物理法制备微纳米薄膜

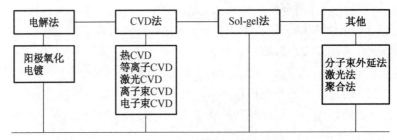

图 2-7　化学法制备微纳米薄膜

本节重点介绍溅射法、溶胶-凝胶法(Sol-gel 法)和 CVD 法等。

2.3.1　溅射法

溅射法是利用直流或高频电场使惰性气体发生电离,产生辉光放电形成等离子体,其高速轰击靶材,将靶材上的原子、分子溅射出来,然后沉积到基板上形成薄膜。溅射法理论上可以方便地制备各种微纳米薄膜材料,是应用较广的方法[16-18]。

2.3.1.1　高频溅射法

图 2-8 所示为高频溅射装置。高频电源采用高频振荡器产生,通过匹配箱连接在靶上,常用的高频电源频率为 13.56 MHz,每平方厘米靶面上的功率为 10 W。在高频溅射中,不需要从阴极发射大量电子来维持放电过程,只要有高频电场存在,电子就可以从外电场中吸收能量而产生振荡运动,电子和气体粒子的碰撞概率大大增加,气体的电离度也大大增加。这样,气体的着火点和维持辉光放电所需的电压都有所降低,使高频溅射放电能在较高的真空度下进行。二级直流溅射常在 1 Pa 左右的气压下进行,而高频溅射可在 0.1 Pa 甚至更低的气压下进行。利用高频溅射可以溅射绝缘材料,这是因为放电时电子的迁移率较大,电子比较容易移动,既能到达靶面也能到达基板及其他接地部位。但是,正离子的质量比电子大,较难移动。于是,电子积存在由绝缘体制成的靶面上,等于自动加上了负电压。正离子在靶面上负电位的强烈吸引下,运动到靶面并对绝缘体的靶产生溅射作用,在基板上形成绝缘体薄膜。因此,利用高频溅射法制造导电薄膜时,一般要在靶的接线端串联 100~300 pF 的电容器,使靶面上能积累起电子产生负电场而得以溅射。

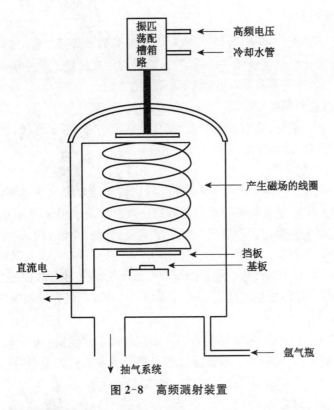

图 2-8　高频溅射装置

图中标注：
振荡匹配槽路箱
高频电压
冷却水管
产生磁场的线圈
挡板
基板
直流电
氩气瓶
抽气系统

2.3.1.2　反应性溅射法

在直流溅射或射频溅射的基础上，如果利用反应气体放电，使等离子体中的活性物质与溅射粒子进行化学反应而生成化合物薄膜，叫作反应性溅射。这种方法特别适合沉积氧化物、氮化物、碳化物、硫化物等各种化合物薄膜，为制备光、电、声、磁等功能材料薄膜开辟了一条广阔途径。

反应气体常用的有 O_2、H_2O（制备氧化物膜），N_2、NH_3（制备氮化物膜），CH_4、C_2H_4、CO（制备碳化物膜）及 H_2S、SiH_4 等。通常把反应气体以一定比例添加到氩气中组成混合气体，放电发生等离子体。反应气体的分压需视情况而定。需要指出的是，反应气体的纯度很重要，反应室和真空系统的密封程度要高，对一些有毒气体要特别注意尾气的处理问题。

2.3.1.3　磁控溅射法

磁控溅射又称为高速、低温的溅射技术，本质上是以磁控模式运行的二级溅射。磁控溅射中，不是依靠外加电源提高放电中的电离率，而是利用溅射产生的二次电子本身的作用。直流二级溅射中产生的二次电子有两个作用：一是碰撞放电气体的原子，产生维持放电必需的电离率；二是到达阳极时撞击基板而引起基板发热。希望前一个作用越大越好，而后一个作用越小越好。在磁控溅射装置中，增设了和电场正交的磁场。二次电子在正交的电场和磁场的共同作用下，不再做单纯的直线运动，而是按特定的轨迹做复杂的运动。这样，二次电子到达阳极的路程大大增加，碰撞气体并使气体电离的概率随之增加，因此二次电子的第一个作用大大提高。二次电子经过多次碰撞后本身的能量已基本耗尽，对基板的撞击作用明显减小。

2.3.2 溶胶-凝胶法

溶胶-凝胶法可以制备微纳米粒子,也可以制备微纳米薄膜。它的基本原理是采用金属无机盐或有机金属化合物在液相中形成溶胶,然后利用提拉法或旋涂法处理溶胶,经胶化过程形成凝胶,再加热处理凝胶,得到微纳米薄膜[19]。

2.3.2.1 溶胶的制备

溶胶的质量十分重要,要求溶胶溶液均匀,外观澄清透明,无浑浊,无沉淀且流变性好。制备溶胶要控制水量、溶液的酸度和温度。

2.3.2.2 凝胶的干燥

湿凝胶内包裹着大量溶剂和水,其干燥过程往往伴随着很大的体积收缩,因而易开裂。防止凝胶干燥是此工艺中至关重要且较困难的一环。目前采用两种方法。

一是添加控制干燥的化学添加剂。常用甲酰胺、甘油、草酸,加入醇溶剂中以减少干燥过程中凝胶破裂的可能性。同时,凝胶孔径增大,而且分布均匀,大大降低干燥的不匀度。

二是超临界干燥。干燥过程中的毛细管力来源于气、液二相的表面张力,如果把凝胶中的有机溶剂或水加热到超临界温度和临界压力,则系统中的液-气界面消失,凝胶中毛细管力将不存在[20]。

水的临界温度 $t_c = 374 ℃$,临界压力 $P_c = 22 MPa$,都比较高,而且常温下水有解胶作用,所以一般先用醇脱水,再用临界干燥法除去醇。更好的方法则是脱水后用液态 CO_2 取代醇,实施超临界干燥除去 CO_2,因为液态 CO_2 的 $t_c = 31.3 ℃$,可大大缩短干燥时间。

2.3.2.3 凝胶的热处理

热处理的目的是消除干凝胶中的气孔,使制品满足要求。在加热过程中,干凝胶先在低温下脱去吸附在表面的水和醇,在 $265 \sim 300 ℃$ 下发生—OR 基的氧化,在 $300 ℃$ 以上脱去结构中的—OH 基。热处理中的升温规律决定最终获得的制品是玻璃态材料还是晶态材料。

2.3.3 化学气相沉积(CVD)法

CVD 法与 PVD(物理气相沉积)法一样,都是通过气体(即分子或原子状态下)的化学反应蒸镀成膜的方法,它们的主要差别只是气化方法不同。CVD 通过化学反应获得气体,属于热平衡过程。PVD 属于非热平衡过程,它通过物理方法(如离子冲击)使固体转变为气相。CVD 法是 20 世纪 50 年代后半期发展起来的,其原理如图 2-9 所示,图中 AB_2 是一种化合物,反应后生成固体 A 和气体 B_2,A 沉积在基板上,B_2 则作为废气排出。

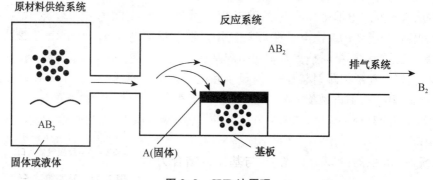

图 2-9　CVD 法原理

由图2-9可知,CVD法的装置由原材料供给系统、反应系统及排气系统三部分构成。

2.3.3.1　射频等离子体 CVD 法

图 2-10 所示为射频等离子体 CVD 反应器。将高频电场施加在两块平行的不锈钢平板电极上,上平板电极加高压,下平板电极接地,进行气相沉积的基板放在下平板电极上。为了提高沉积薄膜的均匀性,下平板电极可以通过转动机构旋转。反应气体通过旋转轴的中心输入反应室,从两平板电极之间向四周流出,反应的副产品可以由真空泵抽走。该设备从反应器上方输入射频(RF)电流,用平板电极进行电容耦合。采用电容耦合的系统能够较好地控制沉积薄膜的均匀性。整个反应装置具有生产能力高、成本低及良好的控制性,能有效地生长出缺陷少、厚度均匀的薄膜。

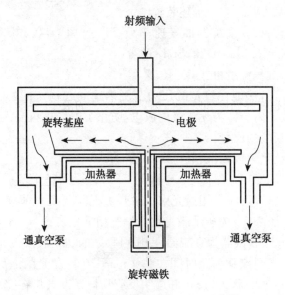

图 2-10　射频等离子体 CVD 反应器

2.3.3.2　脉冲等离子体 CVD 法

脉冲等离子体 CVD 装置如图 2-11 所示。它由脉冲电源和卧式反应室两部分组成。反应室的一端为铜制的水冷外电机,其中央有内电极。内电极由反应材料组成,反应气体由脉冲方式输入反应室内。在触发开关的控制下,内外电极上积累的电荷进行气体放电,形成等离子体。内电极材料被高速电子腐蚀后变成反应组元而进入等离子体区。由于高速电子的作用,反应气体高度电离化,其化学活性增高,在较低温度下也能发生化学反应。反应物遇到基板后,在其上面形成薄膜层。用脉冲等离子体 CVD 法可以制备 BN(氮化硼)、Al_2O_3、TiN 和金刚石的薄膜。由于脉冲等离子体比其他类型的等离子体具有更高的离化率,原子与分子具有更高的化学活性,即使在室温下也可以发生沉积反应,沉积的薄膜均匀光滑,与基体的结合力也好。

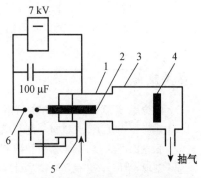

1—外电极；2—内电极；3—卧式反应室；
4—基板；5—反应气体入口；6—出发开关

图 2-11　脉冲等离子体 CVD 装置

2.3.3.3 微波等离子体 CVD 法

图 2-12 所示为微波等离子体 CVD 装置。在微波振荡器中产生的 2 450 MHz 微波,由波导管输出,在波导管上穿过一根石英管,流过石英管的 N_2 在微波的激发下,产生辉光放电,形成等离子体。N_2 的离子化率相当高,离化的 N_2 通过配气管路进入反应室后,仍呈活化状态。在一定温度作用下,活性氮和 SiH_4 在反应室内发生化学反应,在基板上形成 Si_3H_4 薄膜。微波电源的功率一般为 1 kW 左右。上述装置中采用的是 680 W 微波电源,该系统的抽气速率为 950 L/min;$SiH_4 : N_2 = 0.01 \sim 0.20$,$SiH_4$ 的分压保持在 20 Pa 左右,沉积温度可在 $50 \sim 350$ ℃。

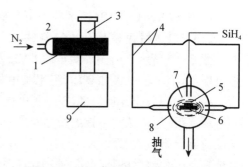

1—等离子体;2—石英管;3—波导管;4—输送管;
5—基板;6—反应气体入口;7—荧光;
8—石英反应室;9—微波振荡器(2 450 MHz)

图 2-12 微波等离子体 CVD 装置

微波等离子体 CVD 法能在较宽的压力范围内建立起稳定的辉光放电,被活化的气体的能量也较高。微波等离子体为无电极的放电,防止了电极材料混入的缺点,从而保证了气体的纯度,提高了薄膜层的质量。

2.3.3.4 激光致化学气相沉积(LCVD)法

LCVD 法和一般的 CVD 法不同。一般的 CVD 法是对整个基板直接加热,因而整个基板上都产生沉积层。LCVD 法是用激光束仅对基板上需要沉积薄膜的部位照射,只在基板上局部形成沉积层。图 2-13 为所示激光致化学气相沉积装置[2]。它使用额定功率为 20 W 的 CO_2 激光器,由 ZnSe 偏振器为衰减器,使用可移动的功率表或荧光观察板校核功率稳定性及激光束的质量。光闸控制辐照时间在 2.9 ms ~ 10 s,在光闸之后,利用涂 AR(减反射膜)的 ZnSe 透镜,通过透明 NaCl 窗口和透明反应物把光束聚焦在基底上,在基底上建立发生反应的局部过热点,得到沉积层。

图 2-13 激光致化学气相沉积装置

参考文献

［1］陈德展. 开启化学之门［M］. 济南:山东科学出版社,2013.

［2］姚广春,刘宣汉. 先进材料制备技术［M］. 沈阳:东北大学出版社,2006.

［3］张立德,牟其美. 纳米材料和纳米结构［M］. 北京:科学出版社,2001.

［4］刘珍,梁伟,许并社,等. 纳米材料制备方法及其研究进展［J］. 材料科学与工艺,2000,8(3):103-108.

［5］张志馄,崔作林. 纳米材料与纳米科学［M］. 北京:国防工业出版社,2000.

［6］张立德,牟其美. 纳米材料科学［M］. 沈阳:辽宁技术出版社,1994.

［7］张立德,严东生,冯瑞. 材料新星——纳米材料科学［M］. 长沙:湖南科学出版社,1997.

［8］张中太,林元华,唐子龙,等.纳米材料及其技术的应用前景[J].材料工程,2000(3):42-47.

［9］董树荣,张孝彬,涂江平,等.新型纳米材料——碳纳米管[J].材料科学与工艺,2000,16(2):19-23.

［10］李冬梅,夏熙.水热法合成纳米氧化铜粉体及其性能表征[J].化学研究与应用,2002,14(4):484-486.

［11］朱琦瑜,李疏芬.微波法制备纳米氧化铜粉体[J].火炸药学报,2002,9:59-61.

［12］王积森,杨金凯,鲍英,等.氧化铜纳米粉体的制备新方法[J].中国粉体技术,2003,9:39-41.

［13］郭广生,李强,王志华,等.激光蒸凝法制备氧化铜纳米粒子[J].无极材料学报,2002,17(2):230-234.

［14］张立德.纳米材料[M].北京:化学工业出版社,2000.

［15］徐国财,张立德.纳米复合材料[M].北京:化学工业出版社,2002.

［16］彭金辉,杨显万.微波能技术新应用[M].昆明:云南科技出版社,1997.

［17］陈杰瑢.低温等离子体化学及其应用[M].北京:科学出版社,1994.

［18］朱宏伟,慈立杰,梁吉.碳纳米管的制备[J].新型碳材料,1998,13(2):65-69.

［19］刘畅,丛洪涛,成会明.氢等离子电弧法半连续制备单壁碳纳米管[J].新型碳材料,2000,15(2):1-5.

［20］覃小红.纳米技术与纳米纺织品[M].上海:东华大学出版社,2011.

第三章
微纳米纺织材料基本表征技术

3.1 微纳米颗粒粒度分析

3.1.1 粒度分析的概念与意义

大部分固体材料由各种形状不同的颗粒构造而成,颗粒的形状和尺寸对材料结构和性能具有重要的影响。尤其是微纳米材料,其颗粒形状和尺寸对材料的性能起着决定性的作用。因此,对微纳米材料的颗粒形状、尺寸进行表征和控制具有重要意义。

不同类型的粒度分析仪器所依据的测量原理不同,其测试结果只能等效对比,不能直接对比。粉体材料的颗粒尺寸分布较广,从纳米级至毫米级,因此在描述材料粒度时,可以把颗粒按尺寸分为纳米颗粒、超微颗粒、微粒、细粒、粗粒等种类。依据颗粒的种类采用相应的粒度分析方法和仪器。近年来,随着纳米科学和技术的迅速发展,颗粒分布及颗粒尺寸已经成为微纳米材料表征的重要指标。在普通材料的粒度分析中,研究的颗粒尺寸一般在 $100 \ nm \sim 1 \ \mu m$。在微纳米材料的分析和研究中,经常遇到的纳米颗粒通常指颗粒尺寸在纳米级($1 \sim 100 \ nm$)的超微颗粒。

因此,颗粒的粒度和分布及其在介质中的分散性能,以及二次粒子的聚集形态等,对材料的性能具有重要影响,粒度分析是微纳米材料研究的一个重要方面。

3.1.2 粒度分析方法的种类和适用范围

粒度分析方法基本上可归纳为以下几种:传统的粒度分析方法有筛分法、显微镜法、沉降法、电感应法等;近年发展的粒度分析方法有激光衍射法、激光散射法、光子相干光谱法、电子显微镜图象分析法、基于颗粒布朗运动的粒度测量法及质谱法等,其中激光散射法和光子相干光谱法由于具有速度快、测量范围广、数据可靠、重复性好、自动化程度高、便于在线测量等优点,得到了广泛采用。

3.1.2.1 显微镜法

显微镜法是一种常用的粒度分析方法,可采用一般的光学显微镜,也可以采用电子显微镜。光学显微镜的测定范围为 $0.8 \sim 150 \ \mu m$,小于 $0.8 \ \mu m$ 的颗料必须使用电子显微镜观察。扫描电子显微镜(SEM)和透射电子显微镜(TEM)常用于观察尺寸在 $1 \ nm \sim 5 \ \mu m$ 的颗粒,适合纳米材料的粒度和形貌分析。

显微镜法因测量的随机性、统计性和直观性,被公认为测定结果与实际粒度分布吻合最好的测试技术。它的优点是可以直接观察颗粒是否发生团聚,缺点是取样的代表性和试验结果的重复性较差及测量速度慢。

3.1.2.2 激光光散射法

激光光散射法可以测量 20～3 500 nm 的粒度,得到等效球体积分布,测量结果准确,速度快,代表性强,重复性好,适合混合物料的粒度分析。此法的缺点是对检测仪器的要求高,不同仪器的测量结果的对比性差。

光子相关光谱法可以测量 1～3 000 nm 的粒度,特别适合超细纳米材料的粒度分析,测量结果准确性高,测量速度快,动态范围宽,可以研究分散体系的稳定性。此法的缺点是不适用于粒度分布宽的样品。

3.1.3 纳米材料的粒度分析

对纳米材料进行粒度分析,首先要确定是对颗粒的一次粒度还是二次粒度进行分析。一次粒度分析主要利用电镜观测,可采用 SEM、TEM、STM、AFM,得到颗粒的粒径及形貌。二次粒度分析方法主要有高速离心沉降法、激光粒度分析法和电超声粒度分析法三种。每种分析方法都具有一定的适用范围及样品条件,应根据实际情况适当选用。

3.2 扫描电子显微镜

扫描电子显微镜的成像原理类似电视或摄影的显像方式,利用细聚焦电子束对样品表面扫描所激发的某些物理信号调制成像,具有样品制备简单、放大倍数连续调节范围大、景深大、分辨率较高等特点。在纺织科学与工程领域,主要通过接收纺织材料的二次电子信号观察形貌,可有效地进行表面形态分析。

3.2.1 概述

图 3-1 所示为 SEM 构造方框图。电子枪发出的电子在高压电场作用下加速,经过三级电磁透镜形成一微细电子束,聚焦于试样表面。扫描信号发生器产生的扫描信号,供给电子光学系统中的扫描线圈,使电子束在 X、Y 方向扫描;同时供给显像管上的扫描线圈,使显像管中的电子束做 X、Y 方向的同步扫描。因此,样品上的电子束位置与显像管上的电子束位置一一对应。

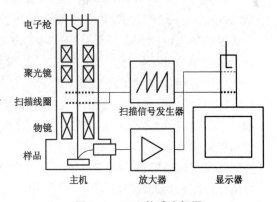

图 3-1　SEM 构造方框图

被加速的高能电子束激发样品产生各种物理信号,其强度随样品表面特征变化,经检测放大后可作为调制信号,在显示器上形成反映样品表面特征的图像。

扫描电镜的主要组成包括电子光学系统(电子枪、电磁透镜和样品室等)、扫描系统(扫描信号发生器、放大控制器等及相应的扫描线圈等)、信号检测放大系统、图像显示和记录系统、真空系统和电源系统等。

利用扫描电镜进行观察,电子束在样品表面上的扫描与阴极射线管电子束在荧光屏上的扫描保持精确同步,若电子束在样品表面的扫描振幅为 AZ,阴极射管电子束在荧光屏上的扫描振幅为 AC,那么荧光屏上的图像的放大倍率 M 等于 AC/AZ,AZ 通过放大控制器调节。目前大多数扫描电镜的放大倍数为 20~20 万,使用最多的放大倍数是 500~5 000,放大倍数连续可调,非常方便。

扫描电镜的分辨率有两重意义:对微区成分而言,它是指能分析的最小区域;对成像而言,它是指能分辨两点之间的最小距离。

场深是一个距离,当样品在这个距离内改变位置时其图像不会显著模糊。扫描电镜由于电子束的发散度很小,其场深比光学显微镜大得多,成像有立体感,可以直接观察样品表面形貌,特别适用于粗糙表面的观察和分析。

表面形貌衬度是利用对样品表面形貌变化敏感的物理信号作为调制信号所得到的一种图像衬度。在入射电子束作用下被轰击出来并离开样品表面的样品的核外电子,叫作二次电子。二次电子主要来自距离样品表面 5~10 nm 的部位,对样品表面形貌十分敏感,其强度随样品法线与入射电子束的倾角增大而增大。由于样品不同微区的法线与入射电子束的倾角不同,二次电子产额不同,所以在图像上形成表面形貌衬度。

图 3-2 为产生二次电子形貌衬度的示意图。样品上 B 面的倾斜度最小,二次电子产额最少,亮度最低;C 面的倾斜度最大,二次电子产额最多,亮度最大。

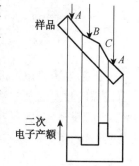

图 3-2 产生二次电子形貌衬度的示意图

此外,在电子检测器正偏压吸引下,二次电子可以通过弯曲轨迹到达检测器,这不仅增大了有效收集立体角,提高了二次电子信号强度,而且使得背向检测器的区域产生的二次电子中有相当一部分可以通过弯曲轨迹到达检测器,这有利于显示背向检测器的样品区域细节,不至于形成阴影。

环境扫描电子显微镜(Environment Scanning Electron Microscope,ESEM)的基本工作原理与普通扫描电镜相同,但弥补了普通扫描电镜的许多不足。ESEM 与普通扫描电镜的主要差别在于它的物镜下极靴处有一个压差光阑,这使得在保证电子枪区高真空的同时,允许样品室存在气体流动,因此观测过程是在"环境"条件下进行的。

所谓"环境",是指样品室的真空度比普通扫描电镜的真空度低很多,有一定的气体流动,但与大气环境之间仍有较大差异。因此,ESEM 的"环境"不等于大气环境,根据需要,样品可处于压力为 1~2 600 Pa 的不同气氛的低真空环境中,与样品室内压力为 10^{-3} Pa 的常规高真空扫描电镜不同,所以也可称为低真空扫描电镜(LV-SEM)。在低真空环境中,绝缘试样即使在高加速电压下也不会因出现充放电现象而无法观察,潮湿的试样可保持原来的含水自然状态而不产生形变。

3.2.2 试样制备

对于不同形状的样品,按不同观察要求,制样方法各有区别。制样时,不同的样品要进行不同的处理。为了获得清晰的二次电子图像,防止或减少样品充电,需对样品表面进行导电处理,常用的镀膜方法有真空镀膜法和溅射镀膜法。

利用扫描电镜进行物质微观结构分析时,样品本身的形貌和样品制备工艺对成像质量有直接的影响,应根据样品形态和性质的不同,采用相应的制备工艺。

（1）对于粉末状试样,可先在试样架上涂上黏合剂,然后将粉末状试样粘在试样架上,待黏合剂干燥后,再用吹气球吹掉黏合不牢的粉末状试样。

（2）观察纤维表面形态时,可用双面胶将纤维粘在样品架上。若要观察纤维断面,通常用双面胶将纤维粘在台阶式试样架上,然后切断观察断面;也可以切取纤维横向切片,再用双面胶将横向切片粘在平台式试样架上,喷涂后进行观察。由于纤维切断时常会发生变形或产生刀片划痕,可将纤维以液氮冷冻后折断,再对纤维进行处理。

（3）对于织物试样,可剪成小片后用双面胶粘在试样架上,进行处理、观察。

样品表面导电处理方法有以下几种:

（1）真空镀膜法。利用真空镀膜仪,将金属在真空条件下加热至急剧蒸发,蒸发的金属附着于样品表面。

（2）溅射镀膜法。在惰性气体的低真空环境中进行辉光放电时,由于离子冲击,阴极位置(金属)有飞散现象,称为溅射。此时,把样品放在阴极附近,飞来的金属原子(或分子)就会附着在金属表面形成薄膜,称为溅射镀膜法,现已得到广泛应用。

（3）其他方法。除上述两种方法,还可采用消静电剂代替喷镀金属层,改善试样导电性能,这种方法简化了试样的准备工作。扫描电子显微镜的样品也可以用复型法制备。

3.2.3 应用

3.2.3.1 表面形貌观察

扫描电镜具有放大倍数大、分辨率高、景深大、图像清晰、立体感强、样品制备较容易等特点,特别适用于纤维表面形态观察。羊毛纤维的扫描电镜照片如图 3-3 所示。

扫描电镜也可以直观地研究纤维在纺纱过程中彼此之间的关系和形态,纱线在织物中的排列、形态和分布,以及纱线和织物的结构。

用扫描电镜可观察各种改性用添加剂在纤维中的分散情况,研究添加剂分散情况与纤维性能之间的关系。

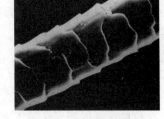

图 3-3　羊毛纤维的扫描电镜照片

使用生物、化学或物理的手段对纤维试样进行刻蚀后,也能用于扫描电镜观察。刻蚀花样常常反映材料结晶和超分子结构的取向度情况。

3.2.3.2 断裂面观察

扫描电镜的大场深和大视场可清晰显示纤维断裂面的三维形貌,而且能在较高放大倍数下观察断裂面局部区域的微细结构,这有助于研究裂缝的产生、发展,以及寻找裂缝源。

3.2.3.3 其他应用

（1）液体与试样相互作用的观测。环境扫描电镜的样品室上可加装能三维移动的显微注射器,液体可通过显微注射器加到试样上,获得带有液体的试样图像。如将 0.05 mL 的水加到聚酯纤维织物上,可观察到织物不吸收水分,水滴在织物表面凝结成明亮的小点,5 min 后水滴蒸发。对同样的聚酯纤维织物,采用 10% NaOH 溶液处理 1 h,再进行同样的试验,在试样表面观察不到水滴,说明处理后的试样更易吸水。

（2）观测加水试样随温度的变化情况。在环境扫描电镜中,用高温试样加热系统代替通常的样品台,可对正在观测的试样进行加温,温度范围从室温至 1 000 ℃,可动态观测试样随温度、水分变化而变化的情况,并拍摄记录。

（3）观测纤维在水中的膨胀情况。由于环境扫描电镜的样品室内允许存在一定压力的气体,可仅通过调节温度和压力两个参数控制水分的凝聚和蒸发,然后分析已膨胀的纤维和干燥纤维的影像,计算面积的增大程度,观察吸水和脱水时样品表面的物理变化,深入研究材料的吸水性。图 3-4 所示为以不同条件处理的氧化石墨烯扫描电镜照片。

（a）经喷雾干燥处理　　　　　　（b）经 1 050 ℃ 退火 30 s 处理

图 3-4　以不同条件处理的氧化石墨烯扫描电镜照片

3.3　透射电子显微镜

用波长极短的电子束作为光源,并利用电磁透镜聚焦成像的电子光学仪器,被称为透射电子显微镜(Transmitting Electron Microscope,TEM),简称透射电镜。

3.3.1　基本结构

透射电子显微镜结构主要由电子光学系统、真空系统和电源系统三大部分组成。

3.3.1.1　电子光学系统

如图 3-5 所示,该系统从结构上看,类似于光学显微镜,自上而下排列着由电子枪、聚光镜等组成的照明部分,由物镜、中间镜、投影镜及试样室等组成的成像放大部分,由观察室、观察屏和照相装置等组成的显像部分。

在照明部分,电子枪发出电子束。聚光镜具有增强电子束的密度和再次将发散的电子汇聚的作用,使射到试样上的电子束截面变小,电子束直径、强度和电子动能满足要求。对放大倍数为数十万的高性能电镜,为得到一束几乎平行的直径为几个微米的电子束照射试样,需要第一、第二聚光镜。

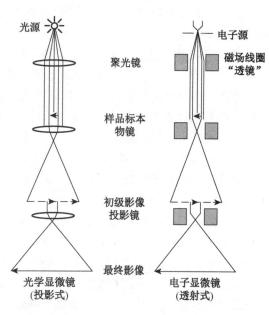

图 3-5　透射电子显微镜结构原理和光路图

在成像放大部分,物镜获得第一幅具有一定分辨本领的电子图像。透射电镜的分辨本领好坏在很大程度上取决于物镜的优劣。中间镜和投射镜的作用是将来自物镜的电子图像放大,最后在显示屏上得到高放大倍数的图像。物镜、中间镜和投射镜三者的放大倍数相乘为透射电镜的放大倍数。中间镜除了起放大镜作用外,还起衍射镜的作用。试样室内的试样台承载试样和移动试样,设有试样倾斜旋转装置。在特殊情况下,试样室内可分别装设加热、冷却、变形试样台,用于对试样进行动力学研究。

在显像部分,观察屏和照相底板放在投射镜的成像平面上,由于透射电镜的景深大,尽管观察屏和照相底板相隔十几厘米,在观察屏上聚焦后,将观察屏掀起,然后在照相底板上照相,得到的照片依然清晰。

3.3.1.2　真空系统和电源系统

真空系统可保证电子在整个通道中只与试样发生相互作用。在大多数透射电镜中,照相室和观察室之间都装有单独气阀,照相室可单独抽真空和放气。电源系统由稳压、稳流及保护电路组成,提供透射电镜各部分所需的电源。

3.3.2　质厚衬度成像原理

质量厚度衬度(简称质厚衬度)是建立在透射电镜小孔径角成像基础上,以非晶体样品原子对入射电子的散射,解释非晶体样品电镜图像衬度的理论依据。"衬度"是指成像的光强反差,差别越大,衬度越高,它取决于电子光学系统投影到荧光屏或照相底片上相应区域的电子强度差别。

为了能够用透射电镜研究纺织材料,必须制备足以允许电子穿透的薄样品。一般来说,电子束穿透固体样品的能力取决于加速电压(或电子能量)和样品的原子序数,加速电压越高,样品的原子序数越低,电子束可穿透的样品厚度越大。对于透射电镜常用的 50～100 kV 电子束来说,样品厚度宜控制在 100～200 nm。

目前普遍采用的样品制备方法是制备所谓的"复型",即把样品表面显微组织浮雕复制到一种很薄的膜上,然后把复制薄膜(复型)放到透射电镜中,对其组织结构进行间接的观察。常用的复型材料是塑料和真空蒸发沉积碳膜,它们都是非晶体材料。

入射电子束穿过样品时可能发生散射。当一个电子穿透非晶体薄样品时,将与样品发生相互作用,由于电子质量比原子核质量小得多,原子核对入射电子的散射作用一般只能改变电子的运动方向,而电子的能量基本没有变化,这种散射叫作弹性散射。当一个电子与孤立的核外电子发生散射作用时,由于两者质量相等,散射过程不仅使入射电子的运动方向改变,还发生能量变化,这种散射叫作非弹性散射。弹性散射是透射电子显微镜成像的基础,而非弹性散射引起的色差会使背景强度增大,图像衬度降低。

当电子的散射角大于某个临界角时,该电子就不能通过物镜光阑,因此只有散射角小于临界角的电子参与成像。由于透过样品不同区域的电子束强度不同,在荧光屏或照相底片上呈现图像衬度。电子束强度差别越大,图像衬度就越好。

对于非晶体样品来说,入射电子透过样品时,样品原子核库仑电场越强(样品原子序数或密度越大),遇到的原子数目越多(或样品越厚),被散射到物镜光阑外的电子就越多,能通过物镜光阑参与成像的电子强度就越低。在实际应用中,可将重金属喷射在样品表面或渗入样品内部,即金属投影或电子染色,由此得到的复型图像衬度比由单一材料制成的复型图像衬度高得多。

3.3.3 试样制备

3.3.3.1 纤维表面复型法

一般可用二级复型法制作纤维样品,如 Formvar-C 二级复型。

常温时,Formvar(聚乙烯醇缩甲醛)能在丙酮作用下变软,用作中间复型材料较为理想。Formvar-C 二级复型程序如图 3-6 所示。

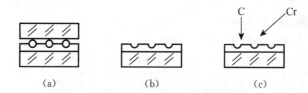

图 3-6　Formvar-C 二级复型程序

首先在玻璃片上制得厚约 25 μm 的均匀 Formvar 膜,并用丙酮浸湿,同时将在丙酮中浸过数分钟的纤维置于膜上,用玻璃片加压,室温下使 Formvar 薄膜干燥变硬[图 3-6(a)]。然后,去除纤维,得到附于玻璃片上的中间复型[图 3-6(b)]。最后,进行金属铬投影和喷碳[图 3-6(c)]。

由于碳膜非常薄,为保护碳膜不破裂,需用石蜡制作碳膜的支托层,再用二氯乙烷将Formvar 溶解,对二氯乙烷温和加热溶解石蜡,使碳膜飘浮于二氯乙烷溶液中,用铜网捞出烘干后,即可用于透射电镜观察。

3.3.3.2 超薄切片法

此法采用超薄切片机将包埋在固化介质中的试样进行超薄切片,然后把切片放入透射电镜,它是观察样品内部结构最直接的方法。

用于透射电镜的切片厚度必须在 200 nm 以下,这一方面是因为电子穿透物质的能力非常弱;另一方面是因为电镜的景深大,若切片超出一定厚度,图像相互重叠,无法观察到内部结构。

纤维试样的超薄切片法包括包埋、修形、切片及电子染色等过程。首先将纤维包埋于某种介质中形成柱状,包埋介质必须是一种强力黏结剂,如环氧树脂等;然后对柱状进行修整,放入超薄切片机切片。按进刀方式的不同,超薄切片机有两种类型:机械式和热膨胀式。热膨胀式的精度较高,可切得厚度在 100 nm 甚至 10 nm 以下的超薄切片。

直接将切片用于观察还不能得到满意衬度的图像,必须对试样进行电子染色,使重金属原子渗入试样,增强试样对电子束的散射能力,并且渗入的重金属分布应随试样各部位结构不同而不同,得到不同的电子密度,大大增强图像衬度,较好地显示出样品结构。

例如研究羊毛角朊结构时,由于羊毛角朊中的二硫键在无定性基质中的含量比有序结构的微纤中大得多,可用四氧化锇(OSO_4)对试样进行电子染色,使羊毛角朊中二硫键含量多的区域具有更大的电子密度,提高图像衬度。

透射电镜的操作十分方便,转动旋钮就能改变放大倍数或聚焦作用。利用装在镜筒外的样品移动杆,控制样品在一个精确平面上平移,选择不同的视域观察并记录。

3.3.4 应用

透射电子信号可用于了解纤维内部结构,如利用透射电镜研究角朊纤维内部结构。扫描电镜由于仪器分辨本领的限制,不管采用多么好的试样制备方法,也不能观察到在透射电子显微镜中不难看到的微纤结构和原纤结构。图 3-7 所示为采用透射电子显微镜观察到的 SiO_2 和 $SiO_2@PAM$,SiO_2 为规整的实心球形,而 $SiO_2@PAM$ 形状规整且壳核结构明显。

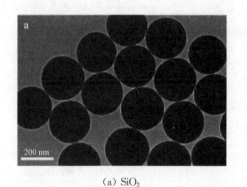

(a) SiO_2 (b) $SiO_2@PAM$

图 3-7 SiO_2 和 $SiO_2@PAM$ TEM 照片[1]

3.4 原子力显微镜

原子力显微镜的特点是具有原子级的极高分辨率,能够实时观察单个原子在物质表面的排列状态,以及与表面电子行为有关的物理、化学性质,在表面科学、材料科学、生命科学等领域具有重要的作用。

3.4.1 原理

原子力显微镜基于微探针对样品进行扫描成像(图 3-8)。微探针的针尖直径一般在 1 nm 以下,当微探针与物体接触时,微小的针尖与物体原子之间由于距离小而产生原子排斥力。物体由类似球形的原子组成,针尖在原子顶部时,距离最小,原子排斥力最大;针尖在两个原子之间的低谷上方时,原子排斥力最小。因此,微探针在物体表面扫描时,原子排斥力的变化经过放大,可得到材料中原子及其分布图像。

3.4.2 主要特点

(1) 原子级高分辨率。在平行和垂直于样品表面方向的分辨率分别可达 0.1 nm 和 0.01 nm,即可以分辨出单个原子,具有原子级的分辨率。

(2) 可实时得到实空间中表面三维图像,可用于具有或不具有周期性的表面结构研究。

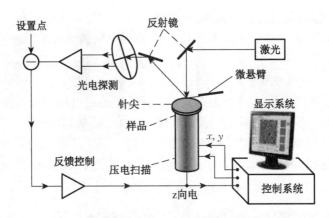

图 3-8　原子力显微镜工作原理

可实时观测这一性能使得 AFM 可用于表面扩散等动态过程的研究。

（3）可以观察单个原子层的局部表面结构，而不是整个表面的平均性质，因而可直接观察到表面缺陷、表面重构、表面吸附体的形态和位置，以及由吸附体引起的表面重构等。

（4）可在真空、大气及常温等不同环境下工作，甚至可将样品浸在水和其他溶液中，不需要特别的制样技术，并且探测过程对样品无损伤。这些特点使得 AFM 适用于研究样品及在不同试验条件下对样品表面的评价，例如对多相催化机理、超导机制、电化学反应过程中电极表面变化的监测等。

（5）配合扫描隧道谱可得到有关表面结构的信息，例如表面不同层次的态密度、表面电子阶、电荷密度波、表面势垒的变化和能隙结构等。

3.4.3　应用

原子力显微镜已经在微纳米科技领域显示出无与伦比的生命力，并为微纳米技术的进一步发展提供了纳米级的测量和加工工具，因此它的研究进展在微纳米领域起着举足轻重的作用，成为了微纳米领域的一个研究重点，其突破将极有可能为微纳米领域的研究带来新的发展契机。同时，作为纳米科技最基础的科学工具，原子力显微镜在材料、生物医学、高密度存储及纳米操作等领域，都具有重要的科研意义和价值。

3.4.3.1　表面形貌及物化属性的表征

研究纳米纺织材料的表面或界面在纳米尺度上表现出来的物理性质。可用于材料超分子结构的形态学研究，可提供超分子聚集成形的三维形态。原子力显微镜不仅能够观察表面的物理性质，还可以研究表面发生的物理与化学过程。可用接触式的原子力显微镜测定蜡状纺丝油剂（如抗静电剂、润湿剂）的分布和厚度轮廓，用脉冲力模式原子力显微镜测定纳米级的纺丝油剂的黏附力和弹性模量，提供油剂层的分布和组成。

3.4.3.2　纳米加工

利用原子力显微镜的针尖与样品之间的相互作用力，可以搬动样品表面的原子、分子，可以改变样品的结构，还可以作为一种表面加工工具在纳米尺度进行刻蚀，实现纳米级加工。图 3-9 所示为氧化石墨烯及 SiO_2 表面刻蚀石墨烯 AFM 照片[2-3]。

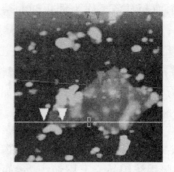

（a）氧化石墨烯

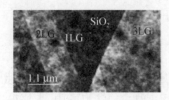

（b）SiO₂ 表面刻蚀石墨烯

图 3-9　氧化石墨烯及 SiO₂ 表面刻蚀石墨烯 AFM 照片

参考文献

［1］仇巧华. 卤胺/二氧化硅抗菌材料的制备及其性能的研究［D］. 杭州：浙江理工大学，2015.

［2］汪颖. 基于原子力显微镜的单片层氧化石墨烯及其还原态材料的电学和力学性质研究［D］. 上海：中国科学院，2015.

［3］王彦. 石墨烯的制备及其在聚合物复合材料中的应用［D］. 上海：上海交通大学，2012.

第四章
拒水拒油防污微纳米纺织品

根据纺织品的使用场所及用途,污染物的主要来源如下:

(1) 日常服用纺织品与家用纺织品,如厨房用布、窗帘等,其污染物主要源自人体分泌的汗液或油脂、大气污染物(如粉尘)及食品(如食用油、酱油、果汁、牛奶、咖啡)等。

(2) 工业服用纺织品,如机械生产车间、油田中工作服,其污染物主要源自机油、油墨、炭黑、粉尘、铁锈等。

(3) 餐厅、酒店及交通等公共场所用纺织品,如餐厅台布、座椅套、列车上的卧铺床品等,其污染物主要源自食品(如食用油、酱油、果汁、牛奶、咖啡)及汗液或皮脂等。

(4) 产业用纺织品,如灯箱布、篷盖布等,其污染物主要源自酸雨、大气粉尘、汽车尾气等。

4.1 拒水拒油原理

织物的拒水拒油性是指织物将水滴或油滴从其表面反拨落下的性能。拒水拒油整理的目的是阻止水或油对织物浸润,并利用织物中毛细管的附加压力阻止水或油透过,但保持织物的透气透湿性能。

4.1.1 荷叶效应

4.1.1.1 荷叶结构

科学家利用扫描电镜和原子力显微镜对荷叶等 2 万多种植物的叶面微观结构进行观察,发现了荷叶拒水自洁的原因。荷叶表面存在双微观结构,一是由细胞组成的乳突形成的微观结构,二是蜡质晶体形成的毛茸纳米结构。乳突的直径为 $5\sim15~\mu m$,高度为 $1\sim20~\mu m$;蜡质晶体直径在 1 nm 左右。这种双微观结构为荷叶表面提供了天然的粗糙结构,使荷叶具备了拒水性能。

荷叶结构如图 4-1 所示。在乳突和蜡质晶体等微小的凹凸之间,储存着大量的空气。这样,当水滴落到荷叶上时,由于空气层、乳突和蜡质晶体的共同托持作用,水滴不能渗透而自由滚动。

科学家还发现,表面光滑的植物都不具备拒水自洁功能,而表面粗糙的植物都有一定的拒水功能。在所有的植物中,荷叶的拒水自洁功能最强,水滴在其表面的接触角达到 160.4°。此外,芋头叶和大头菜叶的拒水自洁功能也很强,水在其表面的接触角分别达到 160.3°和 159.7°。

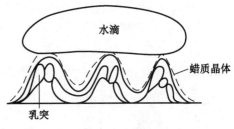

图 4-1 荷叶结构

4.1.1.2 荷叶效应的应用

通过仿荷叶的表面结构,可以获得表面拒水的织物。

仿荷叶织物必须具备以下条件:首先,纤维表面具有基本的拒水性能,即水滴在表面的接触角大于 90°;其次,织物表面粗糙。粗糙表面应是微米结构与纳米结构相结合的阶层结构,这是仿荷叶织物的关键。

4.1.2 织物拒水拒油的理论

当液体滴在某个固体表面上时,会出现以下情况:

(1)液体可能完全铺展在固体表面形成一层膜,称为液体完全润湿固体,如图 4-2(a)所示。

(2)液体可能形成水滴状。在这种情况下,固体表面与液滴边缘切线之间形成一个夹角 θ,这个角称为接触角。

当 $0° < \theta < 90°$ 时,如图 4-2(b)所示,称为液体部分润湿固体;

当 $90° < \theta < 180°$,时如图 4-2(c)所示,称为液体不润湿固体。

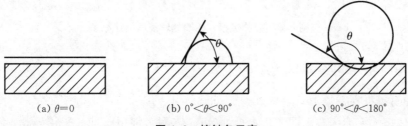

(a) $\theta = 0$ (b) $0° < \theta < 90°$ (c) $90° < \theta < 180°$

图 4-2 接触角示意

当液滴落在织物表面上时,会出现两种情况:

(1)当接触角小于 90°时,液滴开始呈图 4-2(b)所示的形状,但在极短的时间后,液滴就向四周扩散并渗入织物中。

(2)当接触角大于 90°时,液滴呈图 4-2(c)所示的形状,接触角越大,保持的时间越长。织物倾斜时液滴会滚落。

液滴在固体表面上的接触角主要取决于固体和液体的表面能及液体与固体的界面能。根据 Young 公式:

$$\gamma_{SL} - \gamma_S + \gamma_L \cos\theta = 0$$

式中:γ_S——固体与气体界面的表面能(即固体表面能);

γ_L——液体与气体界面的表面能(即液体表面能);

γ_{SL}——液体与固体界面的表面能。

γ_S 一定时,γ_L 越小,θ 越小,液体越容易润湿固体。水的表面能为 72.6 mJ/m²,油的表面能为 20~40 mJ/m²,即油的润湿能力远大于水,所以拒油的物质必定拒水。

当液态水存在于织物表面时,若织物两侧存在压差,则液态水可能通过毛细管透过织物,水在毛细管中的附加压力 ΔP 的大小和方向直接影响织物的透水性。当 ΔP 大于零时,水将进入毛细管,透过织物;当 ΔP 小于零时,水不能进入毛细管,不能透过织物。ΔP 可由 Young-LaPlace 公式计算:

$$\Delta P = \frac{2\gamma_{LG}\cos\theta}{r} = \frac{2(\gamma_{SG} - \gamma_{SL})}{r}$$

这里假设毛细管为半径相同的圆形直管,其半径为 r。

拒油原理和拒水原理相似,也是改变纤维表面性能,使纤维表面张力降低。但拒水整理比拒油整理简单,纤维表面改性后对水产生较大的接触角即可;拒油整理要使纤维表面改性后临界表面张力大幅下降,对油产生较大的接触角。图 4-3 所示为织物经拒水拒油整理后的接触角。

(a) 处理前　　　　　　　　　　　　　　(b) 处理后

图 4-3　织物经拒水拒油处理前后的接触角

4.1.3　影响拒水拒油整理效果的主要因素

4.1.3.1　拒水拒油剂

不同的拒水拒油剂有不同的拒水拒油效果,其耐久性也不同。采用石蜡-铝皂类、吡啶季铵盐类拒水拒油剂对织物进行拒水拒油整理,成本低,但整理后的织物手感差,耐久性极差。现在常用的拒水拒油剂是有机硅类及有机氟类,它们的拒水拒油效果好,适用于各种纤维织物,耐久性也有提高,但整理后的废水污染现象严重,不符合环保要求。

4.1.3.2　拒水拒油剂的排列情况

织物经拒水拒油整理后,拒水拒油剂分子在纤维表面的分布不可能完全整齐有序。有些拒水拒油剂分子有规则地整齐排列,分子末端的—CH_3 都排列在外层,整理效果好;有些拒水拒油剂分子呈弯曲状,甚至倒伏在纤维表面,以致某些亲水亲油极性基暴露出来,导致整理效果下降。因此,应使纤维表面的拒水拒油剂浓度稍高,达到一定的值,以加强拒水拒油效果。

4.1.3.3　织物组织结构

织物组织结构也是影响拒水拒油性的关键因素。织物经拒水拒油整理后的接触角应大于拒水拒油剂本身所组成的平面的接触角,而且在一定范围内,织物组织结构越松散,接触角越大,但必须注意到织物组织结构松散会产生透水问题。所以,纤维细度和经纬密度会影响织物的拒水拒油性。

4.2　拒水拒油剂

拒水拒油剂的种类很多。为了使整理后的纺织品具有一定的耐久性,必须使拒水拒油剂和纤维上的官能团发生化学反应而牢固地与纤维结合在一起。

4.2.1 石蜡-铝皂

石蜡-铝皂很早就广泛应用于非耐久性拒水整理,它属于石蜡-金属盐。铝盐经加热会产生具有防水性的氧化铝。但是,用石蜡乳液和铝盐进行拒水整理的织物不耐水洗。此外,也可用氯化锆、醋酸锆、碳酸锆等锆盐代替铝盐,锆盐能与纤维素分子上的羟基络合形成螯合物,即具有环状结构的配合物,其通过两个或多个配位体与同一金属离子形成螯合环而得到。氢氧化锆能吸收石蜡粒子,可改善整理效果的耐久性,但成本较高。

4.2.2 有机硅类拒水拒油剂

有机硅类拒水拒油剂一般以含氢硅油、羟基硅油按一定比例混合,在催化剂的作用下,于150~160 ℃下经空气氧化、交联,在纤维表面形成具有三维空间的网状薄膜,起防水作用。经有机硅类拒水拒油剂整理后的织物,具有一定的干洗性及皂洗性,拒水性能好,但拒油性能很差。有些可以和树脂共同使用,整理后的织物强度损失较小,没有色泽变化,而且工艺简单、产品手感柔软,适用于天然纤维、合成纤维及其混纺织物。

有机硅的学名为聚硅氧烷,硅原子上带有—H、—OH等基团。聚硅氧烷可耐高温氧化且耐低温,对热及化学试剂的稳定性强。聚硅氧烷的端基和侧基上引入活性基团与纤维形成强有力的结合,可大大提高织物的手感和耐水洗性,并赋予织物一些特殊性能。图4-4所示为经氟硅无皂拒水剂整理后的棉织物。

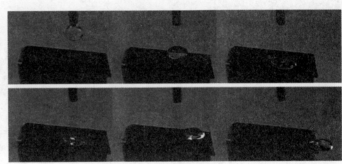

（a）织物表面   （b）水滴接触织物表面

图 4-4　经氟硅无皂拒水剂整理后的棉织物

4.2.3 有机氟类拒水拒油剂

含氟拒水拒油剂具有许多性能,如拒水、拒油、防污、耐水洗、耐干洗、耐气候等。氟是元素周期表中电负性最强的元素,C—H 键上的氢被氟取代后,键能大大提高(从 C—H 键的40.17 kJ/mol 增加到 C—F 键的 485.34 kJ/mol)。因此,含有大量 C—F 键的化合物分子间凝聚力小,化合物的表面能显著下降,具有难以被液体润湿、附着的能力,表现出优异的疏水疏油性。一般情况下,只有有机氟系列的整理剂才具有拒油功能(普通的有机硅整理剂没有拒油功能)。有机氟聚合物可以形成无缝且看不见的保护膜,这层膜把纤维包裹起来,使织物表面能降低到油、水和污渍不能浸润和穿透纤维的水平,从而使织物达到拒水拒油的效果。

有机氟聚合物中起拒水拒油作用的是全氟烷基（—$C_nF_{2n}^{+2}$）。利用有机氟树脂对织物进行拒水拒油整理，就是在织物表面引入表面能很低的—CF_3基团。当—CF_3基团中的一个F被H取代，基团的表面能就增加一倍。所以，聚合物中全氟烷基分子链越长，其表面能越低，氟碳基团在织物表面形成紧密的网状排列结构，提高了织物的拒水拒油和防污性能。

虽然有机氟类拒水拒油剂在拒油方面比有机硅类拒水拒油剂有明显的优势，但是经前者整理后的织物白度都有所降低，甚至轻微泛黄，而且不耐洗涤，拒水拒油性能随着洗涤次数的增加逐渐减弱。图4-5所示为有机氟类拒水拒油剂对棉织物的拒水拒油整理，其中全氟烷基排列于外层，而且全氟烷基上的末端基均匀致密地覆盖于最外层，所以整理后的织物具有良好的拒水和拒油效果。

（a）全氟烷基与棉织物中的纤维分子结合

（b）水滴与整理后的织物接触

图 4-5　有机氟类拒水拒油剂对棉织物的拒水拒油整理

4.2.4　环保型拒水拒油剂

自2000年5月自愿决定逐步停止生产全氟C_8化合物（包括PFOA、PFOS及与PFOS相关的产品）的同时，美国3M公司投入大量科研力量开发了Scotchgard™产品，该产品所含有的化学成分已经通过3M公司的大量检测和美国环保署的评估。经研究发现，Scotchgard™产品的降解产物具有生物累积性低、毒性低等特点，对环境的影响非常小，甚至没有任何影响。

在2007年国际纺机展上，科莱恩公司宣布与舍勒公司正式建立战略联盟，共同推出了新一代氟碳涂料。该系列产品基于C_6化学结构，不含PFOA（低于检测限制量），但具备C_6化学结构所提供的功能，其中的2114用途广泛，具备优良的拒水拒油性能，经过多次洗涤晾干，其性能基本保持不变。

国内也有相关研究。巨化集团的技术中心（国家氟材料工程中心）在2004年开始研究含氟整理剂,发现如果在 C_6、C_9 等结构中加入丙烯酸和 β-氯-1,3-丁二烯,可得到与 Scotchgard™F-208 的结构相同的产物。丙烯酸全氟辛醇聚合物是一类仅次于全氟辛烷基磺酰胺衍生物的拒水拒油剂,部分产品已经进入试验和应用研究阶段,有望替代 C_8 类氟化物,但面临成本控制和整体功能改进等问题,若要进入产业化,可能还需要进一步加大投入,继续研发。此外,各国公司和科研机构进行了无氟拒水拒油整理方面的研究。

4.3　纳米防污技术的应用——超疏水表面

德国植物学分类学家威廉·巴特洛特在 20 世纪 70 年代首先发现荷叶效应。在随后的几十年里,人们对超疏水表面做了不懈的探索和研究。超疏水表面是指与水的接触角大于 150°而滚动角小于 10°的表面,其在生产、生活中有广阔的应用前景,如超疏水材料的制备已成为研究热点。已有的研究表明,固体表面的疏水性由固体表面的化学成分和微观几何结构共同决定。通常,超疏水表面的制备途径有两种:一种是在具有低表面能的疏水性材料表面构建粗糙结构;另一种是在粗糙表面上修饰低表面能物质。其中,如何获得合适的表面粗糙结构是相关研究的关键问题。

目前,超疏水材料在自清洁、防雾防雪、防腐抗阻、微流体芯片、无损液体输出等方面都呈现出极诱人的应用前景[2]。

4.3.1　超双疏表面

油的表面能比水低,所以制备超疏油表面比制备超疏水表面困难,有关超疏油表面的报道不是很多。有研究人员采用氟硅烷处理阵列碳纳米管膜,得到了超双疏薄膜,其表面与水的接触角达 171°,与油的接触角达 161°。Zhu[3] 等采用化学腐蚀方法在铜片上生成 $Cu(OH)_2$ 纳米棒阵列和 CuO 微米花构成的微-纳分层结构,之后进行氟化处理,发现此表面表现出强烈的斥水性,而且对十六烷、甘油、菜籽油等油类呈现出疏油性,测得其接触角都在 150°以上(图 4-6)。

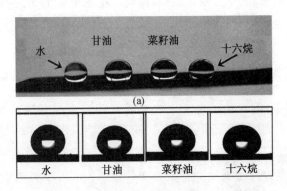

图 4-6　水、甘油、菜籽油及十六烷液滴在
超双疏表面上的接触角

4.3.2　可控黏附力超疏表面

4.3.2.1　光控

Liu[4]等将聚二甲基硅氧烷（PDMS）和偶氮化合物 AZO 以 10∶1 的比例混合，涂在经过阳极化处理的氧化铝基材上，得到了黏附性可逆的超疏水薄膜。此试验中，AZO 作为光敏剂，在紫外光（UV）照射下，通过光敏反应来控制薄膜对水滴的黏附性。另有研究人员采用简单的电纺法制备了具有光响应性的聚己酸内酯（PCL）纳米纤维，其具有可生物降解性。纤维表面经过光响应偶氮苯改性，在紫外光照射前，偶氮苯以反式异构体的形式存在，表面接触角较大，呈疏水性；以紫外光照射后，偶氮苯结构由反式转变成顺式，偶极距增大，表面自由能升高，接触角减小，亲水性增加。

4.3.2.2　温控

Uchida[5]等报道了不同温度下光致二芳基乙烯微晶表面黏附力的研究，结果表明调控温度可以实现低黏附力超疏水表面和高黏附力超疏水表面的可逆转换。采用表面引发原子转移自由基聚合法，通过控制表面形貌，可在基材上制得温敏型聚异丙基丙烯酰胺薄膜。低温时，聚合物链上的羰基和氨基被水分子缔合，分子间氢键为主要驱动力，亲和水分子；随着温度升高，分子内氢键起主导作用，分子链排列更加紧密，排斥水分子。因此，可通过控制温度来实现超疏水与超亲水的可逆转换[6]。

4.3.2.3　其他

Verplanck[7]等利用纳米金颗粒催化硅纳米线在有氧化膜层的硅基体上生长的方法，并进行低表面能修复，制备出具有电润湿特性且能控制接触角可逆变化的超疏水薄膜。Isaksson 等[8]利用共轭聚合物的聚电解质作用，在玻璃基材上制备了一种固体电化学器件，通过控制共轭聚合物的氧化/还原程度，调节固体表面的浸润性能。

4.3.3　耐腐蚀超疏表面

Ishizaki 等[9]在镁合金基材上构建纳米结构的氧化铈膜，并用氟硅烷（FAS）进行处理，制备出具有防腐蚀能力且稳定性好的超疏水表面。Hu 等[10]将哈氏合金浸入 TiO$_2$ 前驱体溶液中浸涂，经过热处理和 FAS 氟化处理，得到了接触角大于 170°的超疏水薄膜，再将其在强酸、强碱中浸泡一定时间，发现该超疏水薄膜具有优良的耐强酸、强碱性能，可用于金属表面抗腐蚀。

4.3.4　耐气候性强及可修复超疏水表面

Ding 等[11]将 TiO$_2$ 纳米粒子与氟化的聚硅氧烷溶液混合进行涂层加工，得到了接触角达 168°的超疏水表面，其在 pH 值为 1～14、温度为 −20～200 ℃ 及 UV 照射的条件下性能稳定。此外，由于自清洁效应与 TiO$_2$ 纳米粒子的光催化效应的协同作用，超疏水表面具有强的抗污染能力且遭受污染后能迅速恢复。Zhu 等[3]将铜粉加入超高相对分子质量聚乙烯中，得到了圆形块体材料，再在 AgNO$_3$ 溶液中进行银沉积，最后进行氟化处理。制备的圆形块体材料不仅具有良好的抗摩擦、磨损性能和自清洁作用，而且可以修复，磨损后重新进行银沉积和氟化处理，可重新获得超疏水表面。

4.3.5　透明超疏水涂层

透明超疏水涂层可广泛应用于汽车玻璃、眼镜片、高档窗户等。Fresnais 等[12]在氧气气氛中,利用等离子处理低密度聚乙烯(LDPE)膜,再在四氟化碳气氛中进行等离子体处理,获得了透明度较高的超疏水 LDPE 膜。Bravo 等[13]基于 LBL(layer by layer)技术制备了一种透明超疏水涂层,其具有抗反射性,因此透明性得到增强。图 4-7 所示为经纳米颗粒处理后的制品。

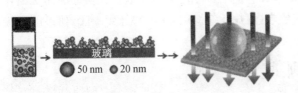

（a）纳米颗粒涂层玻璃表面　　　　　　　（b）水滴在纳米颗粒涂层织物表面[14]

图 4-7　经纳米颗粒处理后的制品

4.3.6　其他功能性超疏水表面

Elena 等[15]利用飞秒激光技术制备了钛超疏水表面,其对水的接触角达到 $166°±4°$,而且能对细菌进行高度选择。金黄色葡萄球菌和铜绿假单胞菌与这种超疏水表面的相互作用不同,前者可成功附着,而后者无法成功附着。Duan 等[16]利用氧化铈(CeO_2)颗粒制备出具有防紫外线功能的超疏水棉纺织品。织物首先经 CeO_2 溶胶处理,然后在表面上修饰一层十二氟庚基丙基三甲氧基硅烷,制品不仅表现出很强的超疏水性(接触角为 $158°$),还具有良好的抗紫外线性能,有望应用于太阳能电池装置。图 4-8 所示为引入粒径约 700 nm 的 SiO_2 并经氨基化处理的棉织物(APES-smSiO_2-CF)和氟化处理的棉织物(S3)扫描电镜图像。

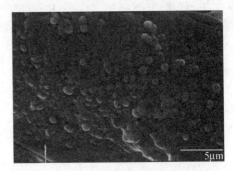

（a）APES-smSiO_2-CF　　　　　　　　　（b）S_3

图 4-8　引入纳米 SiO_2 并经氨基化和氟化处理的棉织物扫描电镜图像

4.3.7　拒水拒油织物的加工

目前,采用纳米颗粒对纺织品进行拒水拒油加工的方法主要有两种。一是利用溶液共混方式使纳米颗粒在纤维的纺丝过程中加入,或采用熔融共混方式把纳米颗粒与聚合物共混熔融,制成纳米复合纤维。这种方法制成的拒水拒油纤维表面均匀,织物的耐洗性优良,风格较好,但是各工序不易控制。二是将纳米颗粒加到整理剂中,通过后整理,将纳米颗粒置于织物表面。拒水拒油整理最常用的方式是浸轧和涂层,简单易行,整理后织物经济、耐用,且基本不影响织物风格。两种方法得到的拒水拒油织物的主要差别在于纳米颗粒在纤维或织物上的分布部位不同,前者纳米颗粒在纤维和织物上均匀分布,而后者纳米颗粒仅附着于纤维和织物表面。

前文所述的拒水拒油剂——有机硅类和有机氟类的共同点是,整理后的织物表面都具有合适的粗糙度,而且表面能大大降低。它们的不同之处在于有机硅类的适用范围较广,对物体的表面状况和几何形状无特殊要求,可用于纺织品,也可用于混凝土、桥梁部件等。

4.4 拒水拒油性能的测试

4.4.1 接触角

接触角表示液体对固体的润湿性能,是判断织物拒水拒油性的重要指标之一。

接触角主要有两种测量方法:一种是测定织物表面与水的静态接触角,即在织物表面从几相交界点引出的水滴表面切线与织物表面之间的最大夹角;另一种是半球法,即测量液滴高度 h 和底面圆直径 d,再根据公式 $\tan \dfrac{\theta}{2} = \dfrac{2h}{d}$ 计算接触角。

4.4.2 拒水等级

织物的拒水等级测试可参考 AATCC 22—1977《拒水性能测试:喷淋法》。剪取 18 cm×18 cm 的试样,紧绷于试样夹持器(金属弯曲环)上,并以 45°放置,使试样的经向顺着水珠流下的方向,试验面的中心在喷嘴表面中心下方 150 mm 处。将 250 mL 冷水迅速倾入图 4-9 所示的玻璃漏斗中,使水在 25~30 s 内淋洒于试样表面。淋洒完毕,提起试样夹持器,使试样正面向下并呈水平,然后对着一硬物轻敲两次。最后,将试样与标准图片(图 4-10)对照,评定拒水等级。

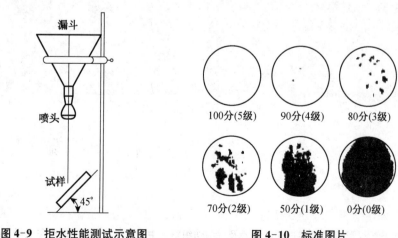

图 4-9　拒水性能测试示意图　　图 4-10　标准图片

4.4.3　拒油等级

拒油等级测试大多采用 AATCC 118：2013 标准。首先用最低编号的试验液体，取 0.05 mL 小心滴至试样上，如果 30 s 内无渗透和润湿现象发生，紧接着取较高编号的试验液体滴于试样上，直至试验液体在 30 s 内润湿液滴下方和周围的试样。织物的拒油等级以 30 s 内不能润湿织物的最高编号的试验液体表示。

这种测试方法的实质是利用不同表面能的液体测试织物的表面能。拒油性能测试常用液体见表 4-1。

表 4-1　拒油性能测试常用液体

名称	表面能（mJ/m^2）	拒油等级
白矿物油	31.45	1
65%白矿物油，35%正十六烷	29.6	2
正十六烷	27.3	3
正十四烷	26.35	4
正十二烷	24.7	5
正癸烷	23.5	6
正辛烷	21.4	7
正庚烷	19.75	8

4.4.4　耐水压

用连通管型水压仪测定试样的耐水压。试验前，将试验仪的水槽、水柱高度与试样夹持器的平面校正在同一平面上。测试时，先把 17 cm×17 cm 的试样平置于试样夹持器上，再用螺杆旋紧，使之紧闭。开启电动机，水柱上升。由于连通管的作用，试样夹持器中充水（应使用蒸馏水），水压随水柱升高而增加，试样受到的水压亦逐渐增大，直至水透过试样，在试样表面出现 3 滴水珠时，即为测试终点。随即关闭进水及出水阀，关闭电动机，同时读取水柱高度（cm）。做 3 次平行试验，求其平均值。测试中应注意不能用手触碰试样。

4.4.5　耐水洗性

耐水洗性测试一般根据 GB/T 2799—1991 中的方法：采用不含酶和增白剂的弱碱性洗涤剂，浓度为 2 g/L，浴比（织物：洗液）为 1：30，洗涤温度为（30±3）℃，pH 值≤9，水溶液体积>30 L，中速洗涤，洗涤 10 min，排水，漂洗 2 min，脱水 2 min，晾干或烘干，重复洗涤 30 次，最后测定试样的剩余拒水拒油性能。应注意，洗涤结束后，试样必须经过干燥箱 150 ℃ 焙烘处理 4 min 或用相同温度的熨斗熨烫 2 min，前者较科学，后者难以掌握。

参考文献

［1］韦昌青.含氟烷基壳聚糖与硅油的合成及其在纺织整理中的应用[D].上海：东华大学，2003.

［2］ Li H J, Wang X B, Song Y L, et al. Super "amphiphobic" aligned carbon nanotube films［J］. Angewandte Chemie International Edition, 2001(40): 1743-1746.

［3］ Zhu X T, Zhang Z Z, Xu X H, et al. Facile fabrication of a superamphiphobic surface on the copper substrate［J］. Journal of Colloid and InterfaceScience, 2012(367): 443-449.

［4］ Liu X J, Cai M R, Liang Y M, et al. Photo-regulated stick-slip switch of waterdroplet mobility［J］. Soft Matter, 2011(7): 3331-3336.

［5］ Uchida K, Nishikawa N, Izumi N, et al. Phototunable diarylethene microcrystalline surfaces: lotus and petaleffects upon wetting［J］. Angewandte Chemie International Edition, 2010(49): 5942-5944.

［6］ Sun T, Wang G, Feng L, et al. Reversible switching between superhydrophilicity and superhydropho-bicity［J］. Angewandte Chemie International Edition, 2004(43): 357-360.

［7］ Verplanck N, Galopin E, Camart J C, et al. Reversible electrowetting on superhydrophobic silicon nanowires［J］. Nano Letters, 2007(7): 813-817.

［8］ Isaksson J, Tengstedt C, Fahlman M, et al. A solid-state organic electronic wettability switch［J］. Adv. Mater., 2004, 16(4): 316-320.

［9］ Ishizaki T, Masuda Y, Sakamoto M. Corrosion resistance and durability of superhydrophobic surfaceformed on magnesium alloy coated with nanostructured cerium oxide film and fluoroalkylsilanemolecules in corrosive nacl aqueous solution［J］. Langmuir, 2011(27): 4780-4788.

［10］ Hu Y W, Huang S Y, Liu S, et al. A corrosion-resistance superhydrophobic TiO_2 film［J］. Applied Surface Science, 2012(258): 7460-7464.

［11］ Ding X, Zhou S, Gu G, et al. A facile and large-area fabricationmethod of superhydrophobic self-cleaning fluorinatedpolysiloxane/TiO_2 nanocomposite coatings with long-termdurability［J］. Journal of Materials, 2011(21): 6161-6164.

［12］ Fresnais J, Chapel J P, Poncin-Epaillard F. Synthesis of transparent superhy drophobic polyethylene sur-faces［J］. Surface and Coatings Technology, 2006(200): 5296-5305.

［13］ Bravo J, Zhai L, Wu Z H, et al. Transparent superhydro-phobic films based on silica nanoparticles ［J］. Langmuir, 2007(23): 7293-7298.

［14］ Lee Y, You E A, Ha Y G. Transparent, self-cleaning and waterproof surfaces with tunable micro/nano dual-scale structures［J］. Nanotechnology, 2016, 27(35).

［15］ Fadeeva E, Truong V K, Ivanova E P, et al. Bacterial retention on superhydrophobic titanium surfaces fabrica-ted by femtosecond laser ablation［J］. Langmuir, 2011(27): 3012-3019.

［16］ Duan W, Xie A, Shen Y, et al. Fabrication of superhydrophobic cotton fabrics with UV protection based on CeO_2 particles ［J］. Industrial and Engineering Chemistry Research, 2011, 50 (8): 4441-4445.

附录 A　拒水拒油织物性能测试方法比较

项目	方法	标准	区别	原理	备注
拒水性能	静水压法	ISO 811、DIN 2081、NF 20811、JISL 1092、AATCC 127、GB/T 4744	AATCC 127 除外,其余均等同采用 ISO 811	在标准大气条件下,一定面积的试样承受持续上升的水压,直至试样表面有三处渗水。此时的压力即为试样所能承受的静水压,以 kPa 表示。该方法的实质是以织物承受的静水压表示水通过织物所达到的阻力	以平均静水压(kPa)评定拒水性能,分为 0~5 级
拒水性能	沾水试验	ISO 4920、DIN 24920、JISL 1092、AATCC 22、BS 5066、GB/T 4745	AATCC 22 和 BS 5066 除外,其余均等同采用 ISO 4920	把试样安装在卡环上并与水平成45°角放置,试样中心位于喷嘴下方规定的距离,用一定体积的蒸馏水喷淋试样,用标准样照与之比较,确定其沾水等级	ISO 为 等 级 制, AATCC 为分数制
拒水性能	邦迪斯的淋雨法	ISO 9865、DIN 29865、NF 299865、BS 29865、JISL 1092、GB/T 14577	全部等同采用 ISO 9865	试样放在样杯上,在规定条件下经受人造淋雨,然后用参比样照与试样进行目测对比,评价拒水性,同时称量试样吸水后的质量,计算吸水率,并记录透过试样而留在样杯中的水的质量	以吸水率为评价指标,分为 1~5 级
拒油性能	—	AATCC 118、FZ/T 01067	全部等同采用 AATCC 118	采用具有不同表面张力的液态碳氢化合物所组成的一系列标准试液滴在试样表面,保持一定时间,试样的拒油等级等于标准试液不出现任何渗透和铺展的最低表面张力	

数据来源:李志恩. 国内外防水、拒油织物试验方法综述[C]//2011 功能性纺织品及纳米技术应用研讨会论文集,2013.

第五章
抗紫外线织物

5.1 紫外线的危害与防紫外线原理

5.1.1 紫外线的危害

5.1.1.1 紫外线的一般常识

紫外线是波长为 100～400 nm 的各种电磁波[1]。太阳是极强的紫外线辐射源。当物体的温度达 1 200 ℃以上，即可辐射紫外线，太阳、电焊、弧光灯、水银灯、紫外线消毒灯等都会辐射紫外线。紫外线能使底片感光。紫外线照相能辨认出细微差别。紫外线能使很多物质激发荧光，如日光灯和农业上诱杀害虫的黑光灯。紫外线还有杀菌消毒作用，因此医院里常用紫外线消毒。紫外线还能促进生理作用和治疗皮肤病、软骨病等。经常在矿井下工作的工人，适当地照射紫外线，能促进身体健康，但过强的紫外线能伤害人的眼睛和皮肤。所以电焊工工作时必须穿工作服，并戴上防护面罩。很长时间以来，人们只知道紫外线对人体有益，如促进维生素 D 的合成，促进骨骼组织发育，防止佝偻病，有益于身体健康。人们认为皮肤晒得又黑又红是健康的象征。但是，现代科学研究表明，紫外线对人体的有害影响远大于它的有利作用。

紫外线是由德国物理学家 Ritte 在 1802 年发现的，它是电磁波谱中波长为 100～400 nm 的一段，位于 X 射线和可见光之间，其对人体有害的部分主要集中在波长 200～400 nm。在这个波长范围内，按紫外线对人体的伤害作用，可划分为三个波段：近紫外线 UVA（315～400 nm 或 320～400 nm）、远紫外线 UVB（280～315 nm 或 280～320 nm）、超短紫外线 UVC（200～280 nm）。三个波段的紫外线对人体的影响如图 5-1 和表 5-1 所示。

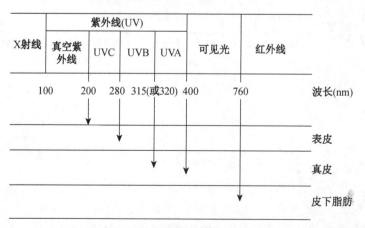

图 5-1　阳光渗透到人体皮肤的情况

表 5-1　紫外线对人体的影响

名称	波长范围(nm)	对人体的影响
超短紫外线(UVC)	200～280	穿透力强,可影响白细胞并致癌,但大部分被臭氧层、二氧化碳或云雾等吸收
远紫外线(UVB)	280～315	产生红斑和色素沉积,且能导致皮肤红疹、灼伤,过量照射有致癌危险
近紫外线(UVA)	315～400	生成黑色素、袍色斑,使皮肤老化、干燥、皱纹增加,可能导致皮肤癌

三个波段的紫外线中,UVC 的杀菌力最大,而且对机体细胞具有强烈的刺激破坏作用,但它几乎完全被大气臭氧层吸收,很难到达地面,对人类的影响不大。因此,与人类生存环境和人体健康直接相关的紫外线主要是 UVA 和 UVB。

5.1.1.2　紫外线的危害

① 晒斑。晒斑是人们受到强紫外线照射后最常见的现象,严重时皮肤呈现亮红色或猩红色,并伴有肿胀和刺痛,甚至出现恶心、发烧、冷颤和心跳过速等反应。强紫外线照射会导致人体内前列腺素和组胺量增加,进而引发炎症。造成晒斑的紫外线波长主要在 295～320 nm,即 UVB。

② 皮肤老化。不太强的紫外线长时间照射会伤害皮肤真皮层中的弹性纤维,导致皮肤粗糙、失去弹性并出现皱纹的老化现象。

③ 白内障。长期受紫外线照射会导致白内障结构异常,失去透明性。

④ 雪盲。猛然间受到非常强的紫外线照射会导致雪盲,即角膜结膜炎,眼睛红肿并伴有钝痛,不能看任何形式的光(雪盲一般是暂时性的)。

⑤ 皮肤癌。据有关资料报道,目前为止,三种皮肤癌,即基细胞癌(BCC)、鳞片细胞癌(SCC)和黑素瘤,主要都由紫外线照射引起。BCC 是最常见的一种,占皮肤癌的 70%～90%,其癌细胞不会转移,治愈率高。SCC 占皮肤癌的 20% 左右,其癌细胞可以转移,治愈率非常低。黑素瘤是最严重的一种,主要发生在白色人种身上。

⑥ 免疫功能低下。紫外线照射会伤害表皮中的 L 细胞(它的主要作用是与 T 细胞联合对抗外来袭击),从而破坏人体免疫系统,使免疫能力下降。

紫外线除了对人类健康带来巨大伤害,其中的 UVB 还会对植物、其他动物、微生物造成不同程度的伤害。例如紫外线会减少浮游植物的数量,而浮游植物是海洋中碳的存储大户,故而严重影响地球上的碳循环。

5.1.1.3　影响紫外线辐射的因素

① 云层。云层中的小水滴可以将紫外线反射回太空,云层越大、越厚,到达地面的紫外线越少。

② 臭氧层。臭氧层可以大量吸收紫外线。一旦臭氧层被破坏,到达地面的紫外线就会大幅增长,尤其是 UVB。臭氧层的损耗和和所处位置有关,南北极最严重。

③ 太阳光的入射角。太阳光的入射角越大,紫外线强度越小,太阳光直射时紫外线强度最大。高纬度地区的紫外线辐射远少于低纬度地区。

④ 悬浮物。大气对流层中存在大量的悬浮物,它们不但可以像云层那样将紫外线辐射

回太空,还可吸收部分 UVB,使到达地面的紫外线减少。

⑤ 水体。水体和其中的杂质可以吸收大量的紫外线,保护水中的植物、动物和微生物免受伤害。一般只有 10% 的紫外线能够存在于水面,其他的都被水吸收或反射。

⑥ 海拔。在高空生活的生物受到紫外线伤害的概率远远高于在地面上生活的生物。这是因为在高海拔处,紫外线只通过薄薄一层大气,被反射、吸收的量很小。

⑦ 地面的反射。积雪能将紫外线的 94% 反射出去,然后由大气中的杂质或空气分子反射到人体,造成严重伤害,尤其是眼睛。因此,积雪处的紫外线伤害最严重。普通地面只能反射 2%~4% 的紫外线,水面能反射 5%~8%。

5.1.2 防紫外线原理

紫外线照射到织物上,一部分被吸收,一部分被反射,一部分透过织物。只有透过织物的紫外线会对人体皮肤产生影响。在一般情况下,紫外线的透过率+反射率+吸收率=100%。因此,吸收率和反射率增大,透过率降低,防护性能就优越。抗紫外线产品的作用机理有两种,即屏蔽作用和吸收作用,相应地有紫外线屏蔽剂和紫外线吸收剂。紫外线防护原理如图 5-2 所示,即光照射到物体上,光的一部分被物体表面反射,一部分被物体吸收,其他的则透过织物。

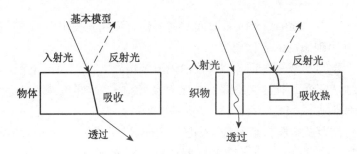

图 5-2 紫外线防护原理

严格地讲,能反射紫外线的化学品叫作紫外线屏蔽剂;对紫外线有强烈的选择性吸收的化学品叫作紫外线吸收剂。它们通过不同的途径提高纺织品对紫外线的屏蔽性能。

5.1.2.1 紫外线吸收剂

紫外线吸收剂也称有机类紫外线屏蔽剂,主要通过吸收紫外线进行能量转换,将紫外线变成低能量的热能或波长较短的电磁波,达到防紫外线辐射的目的。理想的紫外线吸收剂大多具有共轭结构和氢键,如图 5-3 所示。

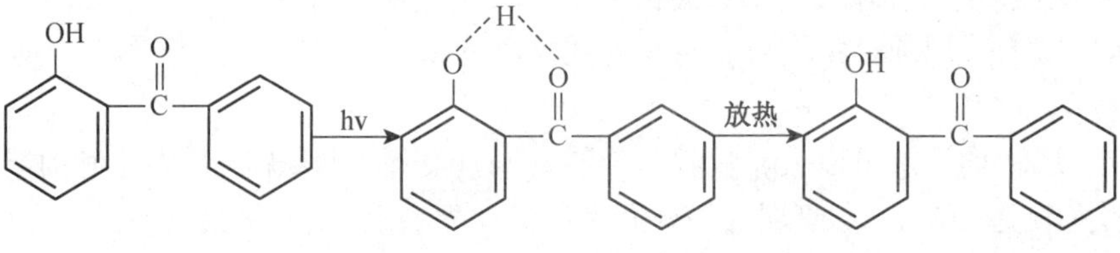

图 5-3 紫外线吸收剂结构

国内外紫外线吸收剂品种较多。常用的第一代产品有水杨酸酯类化合物、金属离子螯合物、薄荷酯类、苯并三唑类和二苯甲酮类等。水杨酸酯类化合物的熔点较低,易升华,紫外吸收系数较低,而且在强烈光照下会引起色变现象,故应用较少。二苯甲酮类化合物具有共轭结构和氢键,接受光能后不会导致分子链断裂,且能将光能转变成热能,在一定程度上是稳定的;又具有多个羟基,是棉纤维及其制品良好的抗紫外线整理剂,但价格较贵。金属离子螯合物为无机化合物,不能与纤维发生反应,只适用于可形成螯合物的染色纤维,主要提高耐光色牢度。苯并三唑类化合物的分子结构和分散染料很近似,用于涤纶纤维及其制品有较高的紫外吸收系数。纺织品常用紫外线吸收剂见表5-2。

表 5-2　纺织品常用紫外线吸收剂

类别	化学名	有效吸收波长(nm)
水杨酸酯类	苯基水杨酸酯	290～330
	p-叔-对苯基水杨酸酯	290～330
	p-辛苯基水杨酸酯	290～330
二苯甲酮类	2,4-二羟基苯酮	280～340
	2-甲氧基-4-羟氧基苯酮	280～340
	2,2-二羟基-4-甲氧基苯酮	270～380
	2,2-二氧基-4,4-二甲氧基苯酮	270～380
苯并三唑类	2-(2-羟基-5′叔-甲苯基)苯三唑	270～370
	2-(2-羟基-3′叔-丁基-5′-甲苯基)-5-苯三唑	270～380
	2-(2′-羟基-3′,5′-双叔-丁苯基)5-氯苯三唑	270～380

第二代紫外线吸收剂包括瑞士汽巴嘉基公司开发的2-羟基苯-二苯基三唑属于阳离子自分散型,有优良的升华色牢度和热固着性能。

紫外线吸收剂在一定程度上是稳定的,但长时间、大剂量的紫外线照射会引起紫外线吸收剂分子分解。因此,为提高整理效果的耐久性,通常采用微胶囊技术,将紫外线吸收剂装入微胶囊,再对织物进行后整理。

5.1.2.2　紫外线反射剂

紫外线反射剂也称为无机类紫外线屏蔽剂,主要通过对紫外线的反射或折射达到防紫外线辐射的目的。它们没有光能的转化作用。通常利用陶瓷或金属氧化物等细粉或超细粉与纤维或织物结合,增加织物表面对紫外线的反射和散射作用,防止紫外线透过织物而损害人体皮肤。此类粉末包括高岭土、碳酸钙、滑石粉、氧化铁、氧化锌、氧化亚铅等。经试验,在310～370 nm波段,氧化锌和氧化亚铅对紫外线的反射或防护效果较好,二氧化钛和高岭土也有一定屏蔽作用。

无机类紫外线屏蔽剂与有机类紫外线屏蔽剂相比有一定优点,其耐光与防紫外线性能比较优越,耐热性能也比较突出,氧化锌还具有抗菌防臭功能。紫外线反射剂用于要求高屏蔽质量的纤维或织物后整理时,要先制成纳米级超细粒子(粉末或分散液),粒径最好在5～20 nm,并要降低粒子的表面活性,提高其在纤维中的分散性,技术比较复杂。

5.2 抗紫外线纺织品的制备

5.2.1 影响抗紫外线效果的因素

5.2.1.1 纤维种类

纤维种类不同,其紫外线透过率不同。聚酯结构中的苯环和羊毛蛋白质分子中的氨基酸,对波长小于 300 nm 的光具有很强的吸收性,因此聚酯纤维、羊毛等比棉、黏胶纤维的紫外线透过率低。棉织物最易透过紫外线,其防紫外线能力较差。因此,对棉织物进行防紫外线整理较迫切。

5.2.1.2 织物结构

织物厚度、紧密度等和防紫外线效果有关。织物越厚,防紫外线辐射效果越好;织物中孔隙大,紫外线易透过,不利于防紫外线辐射。

5.2.1.3 染料

织物上的染料对紫外线透过率有较大的影响。为得到某种色泽,染料必须选择性地吸收可见光,而有些染料的吸收带伸展至紫外光谱区域,即起到了紫外线吸收剂的作用。一般来说,随着织物色泽加深,紫外线透过率减小,防紫外线辐射性能提高。

5.2.1.4 其他

纺织品防紫外线辐射性能的一般规律:短纤织物优于长丝织物;加工丝产品优于化纤原丝产品;细纤维织物优于粗纤维织物;扁平截面化纤织物优于圆形截面化纤织物;机织物优于针织物。

5.2.2 提高织物抗紫外线性能的途径

通过纺丝和后整理两种方式,都可以提高织物的抗紫外线性能。纺丝[2]主要指在纤维生产过程中掺入紫外线屏蔽剂,得到具有遮蔽紫外线功能的纤维,再织成织物。这种方法的优点是抗紫外线效果持久且织物手感较好,缺点是对处理技术的要求高,成本也较大,不能用于天然纤维,而且混纺时效果难以控制。

织物紫外线屏蔽整理工艺与其最终用途有关。如用作服装面料,夏季穿着对柔软性和舒适性的要求高,可采用吸尽法或浸轧法;如用作装饰、家居或产业用纺织品,则强调功能性要求,可选用涂层法。对于混纺织物的防紫外线整理,从技术角度来说,以吸尽法和浸轧法为好,因为这两种工艺对纤维性能、织物风格、吸湿性和强力的影响较小,而且可与其他功能性整理同浴进行。

5.2.2.1 常用的后整理方法

(1)浸轧法。紫外线屏蔽剂大多不溶于水,而且对棉、麻等天然纤维缺乏亲和力,因此不能用吸尽法,而采用与树脂或黏合剂同浴浸轧,将紫外线屏蔽剂固着在织物表面。浸轧液由紫外线屏蔽剂、树脂、柔软剂等组成。一般采用二浸二轧工艺,优点是浸轧液渗透较好,缺点是经烘干或其他热处理后,织物上的孔眼易被树脂或黏合剂覆盖,从而影响整理后织物的风格、吸湿性和透气性。

（2）吸尽法。吸尽法分为高温吸尽法和常温吸尽法。高温吸尽法采用不溶或难溶于水的紫外线吸收剂，通常为有机类物质，如苯并三唑类化合物，它们的分子结构和分散染料接近，在高温高压条件下进入纤维内部固着。常温吸尽法主要适用于棉、麻、羊毛、蚕丝等天然纤维织物的抗紫外线整理，需采用水溶性的紫外线吸收剂，如二苯甲酮类。

（3）涂层法。涂层法首先将紫外线屏蔽剂或吸收剂与涂层剂均匀分散，然后涂覆在织物表面，再经烘干等热处理，形成薄膜而固着在织物上。涂层法适用的纤维种类多，紫外线屏蔽剂或吸收剂的选择余地大，与其他后整理方法相比，成本也较低。但涂层法加工的织物手感和耐洗性较差，影响了织物的服用性能。因此，涂层法比较适合遮阳伞、窗帘、帐篷等纺织品的加工。

5.2.2.2 其他技术

（1）微胶囊技术。微胶囊技术的研究大约始于20世纪30年代，50年代取得重大成果，70年代中期得到迅猛发展。微胶囊具有改善和提高物质表观及其性质的能力，已广泛应用于工业领域，胶囊内的物质可以是固体微粒、液体或气泡，如图5-4所示[2]。将紫外线吸收剂注入胶囊，再将胶囊附着于服装上，在服用过程中由于受到摩擦，胶囊外层破裂，达到紫外线整理剂缓释的效果，可抵御长时间的紫外线辐射。抗紫外线效果与微胶囊的用量有关，选择合适的用量，织物整理后，UPF 值可以达到澳大利亚标准，并具有一定的耐洗涤牢度。

图5-4　微胶囊 SEM 照片

（2）溶胶凝胶技术。溶胶凝胶技术以金属烷氧基化合物作为前驱物，其在温和条件下水解缩合成溶胶，经溶剂挥发或加热处理，将溶胶转化为网状结构的凝胶。用二氧化硅、二氧化钛或其他金属氧化物纳米溶胶处理织物，可在织物表面形成一层多孔结构的氧化物干凝胶膜，而原来的纳米溶胶形成三维网状结构。纳米溶胶易进行化学或物理改性，可大幅改善织物的服用性能，同时抗紫外线性能优良。

（3）泡沫法。泡沫整理工艺是20世纪70年代迅速发展起来的一种低给液、少污染的节能染整加工技术，可替代常规浸轧工艺对织物进行抗紫外线整理。该工艺的优点是大大降低织物带液率，节能降耗效果显著，且车速提高、染化料节约和废水排放减少，符合当今绿色染整发展方向。李永庚等分别采用泡沫整理工艺处理纯棉府绸和常规浸轧工艺处理棉氨弹力布，得到了相应抗紫外线织物[3]。结果表明，两者的抗紫外线效果显著，紫外线透过率比处理前大大降低，前者的 UPF 值与后者接近，证明了采用泡沫整理工艺对织物进行抗紫外线整理的可行性。

（4）超临界二氧化碳技术。自1988年纺织品超临界流体染色的首项专利发明公布以来，超临界二氧化碳流体在纺织工业中的应用研究主要集中在染色方面，尤其是用于分散染料染涤纶纤维。染料向纤维内部扩散快且匀染性好，纤维表面不起过滤作用，染料不附着在纤维表面，无需还原清洗。染色物的摩擦色牢度良好，在4级以上。研究发现，采用1.0%的苯并三唑类紫外线吸收剂，压力为20 MPa，处理温度为120 ℃，涤纶纤维的开放程度最大，吸附的紫外线吸收剂最多，UPF 值可达60，而且纤维物理性能良好。

（5）纳米光触媒技术。纳米光触媒是指在光照下自身不发生化学变化，但可以促进化学反应的物质,就像光合作用中的叶绿素。根据纺织品抗紫外线机理,纳米光触媒主要作为紫外线反射剂,通过反射紫外线,达到抗紫外线辐射的目的。有研究者采用钛酸丁酯为前驱体,水为溶剂,冰乙酸为稳定剂,制备了稳定的光触媒水溶胶,用于纯棉织物后整理,发现以含量为 0.9% 的溶胶整理的纯棉织物,对 297 nm 的紫外线屏蔽率达到 93%。张晓莉等用特殊的配置工艺制成纳米光触媒即二氧化钛溶液,将其加入涂层剂,对棉织物进行涂层整理,得到了抗菌性能良好的抗紫外线织物[4]。

5.3 抗紫外线纤维的制备与整理

共混是目前生产抗紫外线纤维的主要方法,具体有两种途径:一种是制备高含量紫外线屏蔽剂的母粒,然后进行共混纺丝;另一种是在聚合时添加紫外线屏蔽剂,通过优化聚合工艺条件,合成抗紫外线改性树脂,再进行纺丝。两种途径均要求添加的紫外线屏蔽剂的分散性符合纺丝工艺要求,不影响可纺性,且对成品纤维的物理力学性能和染色性能无明显负面影响。

5.3.1 共混纺丝法制备抗紫外线纤维

将紫外线屏蔽剂、分散剂、热稳定剂等助剂与载体如聚酯混合,经熔融、挤出、切片、干燥等工序制成抗紫外线母粒,或预先制备高含量紫外线屏蔽剂的母粒,将母粒按一定的量添加到切片中,通过混合、纺丝、拉伸等工艺制得抗紫外线纤维。生产抗紫外线纤维的工艺过程如图 5-5 所示。

抗紫外线母粒——→干燥——→计量注入——┐

切片筛选——→预结晶——→充填干燥机——→螺杆挤出机——

预过滤——→纺丝——→冷却——→上油集束——→卷绕——→POY——

平衡——→拉伸变形——→DTY

图 5-5 生产抗紫外线纤维的工艺过程

共混纺丝法的优点是操作灵活、粉体添加量大(10% 以上),但是分散均匀性差,易团聚,可纺性差。抗紫外线母粒经干燥、熔融挤出等加热过程发生多次降解,而且母粒添加量较大,使纺丝熔体的相对分子质量和特性黏度下降,造成相对分子质量分布加宽,可纺性下降。另外,在纺丝过程中,无机粒子只经过一次分散,分散不均匀也会影响可纺性。

有机溶剂、表面活性剂、分散工艺、分散温度、纳米粉体粒径及表面性质等,都会影响分散体系的稳定性。要针对纳米粉体的性质,深入研究分散体系的诸多可变因素,才能得到稳定的分散效果。目前,抗紫外线涤纶母粒可从市场上直接购买,并利用共混纺丝法开发了抗紫外线涤纶低弹丝。

5.3.2 改性树脂法制备抗紫外线纤维

以直接酯化法为例,其工艺过程如图 5-6 所示。

纳米粉体＋助剂＋EG
按一定浓度配制,经超
声波振荡,混合均匀

↓

投料—→打浆釜—→酯化釜—→第二酯化釜—→缩聚反应釜—→切粒—→包装

图 5-6　直接酯化法工艺过程

此法属于单体原位聚合工艺,助剂和超声波的作用都是提高纳米粉体的分散性和制品的抗紫外线能力。

助剂为表面活性剂,按工艺分为包裹型和偶联型。有机表面包覆剂如十二烷基苯磺酸作为纳米粒子的表面包覆剂,不仅能减少团聚发生,而且不破坏纳米粒子的抗紫外线功能;无机表面包覆剂如 SnO_2-Al_2O_3 包覆锐钛型 TiO_2(其紫外线吸收效果不如红石型 TiO_2),可使紫外线屏蔽性能明显提高。偶联型表面活性剂如二氧乙酸酯(二辛基焦磷酸酯)作为偶联剂、改性纳米 TiO_2,当用量为 10% 左右时,亲油度接近极限值,亲油性良好,可以提高紫外线屏蔽能力。

超声波对纳米粉体的分散性起重要作用。对超声波产生化学效应的原因,尚不清楚,普遍接受的观点是空化现象,即液体介质中微泡的形成和破裂及伴随能量的释放。试验表明,超声波作用可以在局部产生高达 5 000 K 的温度、50 MPa 的高压,加热、冷却的速度可超过109 K/s。这样在局部形成一个特殊的小环境,从而引发常规条件下不能发生的反应。超声波分散是降低纳米粒子团聚的有效方法,利用超声波产生的局部高温、高压或强冲击波和微射流等,可较大幅度地弱化纳米粒子间的作用能,有效地防止纳米粒子团聚而充分分散。但应避免使用过热的超声波作用,因为随着热能和机械能进一步增加,会导致团聚。因此,应选择最低限度方式分散纳米微粒。同时,超声时间应合适,过长和过短都会使纳米粉体团聚。

关于单体原位聚合形成纳米复合材料的方法已有报道,但关于其在聚酯方面的应用报道还很少见。林大林等[5]利用直接酯化法,在半连续生产装置上生产出质量优良的抗紫外线聚酯切片。朱志学等[6]使用有机/无机抗紫外线屏蔽剂进行聚酯的小试和中试,获得了质量良好的抗紫外线聚酯切片。

在共混纺丝法和改性树脂法制备抗紫外线纤维两种方法中,后者生产的抗紫外线产品,由于纳米粒子分散均匀,产品质量、性能及可纺性较前者优异。林大林、张伟红、朱志学等还对抗紫外线聚酯纤维的纺丝工艺进行了探讨[5-7]。

5.3.3　抗紫外线聚酯纤维的制备及性能

5.3.3.1　工艺流程

纳米 TiO_2 充填聚酯切片工艺流程如图 5-7 所示。聚酯纤维纺丝工艺流程如图 5-8所示。

纳米 TiO_2 —→表面处理—→与聚酯切片高速混合—→挤压造粒(母粒)

图 5-7　纳米二氧化钛充填聚酯切片工艺流程

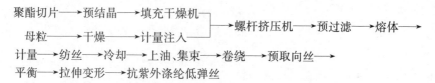

聚酯切片 ⟶ 预结晶 ⟶ 填充干燥机

母粒 ⟶ 干燥 ⟶ 计量注入 ⟶ 螺杆挤压机 ⟶ 预过滤 ⟶ 熔体 ⟶

计量 ⟶ 纺丝 ⟶ 冷却 ⟶ 上油、集束 ⟶ 卷绕 ⟶ 预取向丝 ⟶

平衡 ⟶ 拉伸变形 ⟶ 抗紫外涤纶低弹丝

图 5-8　聚酯纤维纺丝工艺流程

将含 3% 纳米 TiO_2 和不含 TiO_2 的聚酯切片进行纺丝,拉伸 1.6 倍,加热温度为 100 ℃,得到两种聚酯纤维。

5.3.3.2　纤维拉伸性能

纤维拉伸性能测试结果见表 5-3。

表 5-3　纤维拉伸性能

指标	抗紫外线聚酯纤维(3% TiO_2)	普通聚酯纤维
线密度(dtex)	109.2	157.2
平均断裂强力(cN)	383.3	471.6
平均断裂伸长率(%)	29.3	33.1
平均断裂强度(cN/dtex)	3.51	3.0

由表 5-3 可见,填充 3% 纳米 TiO_2 微粒使得聚酯纤维的平均断裂强度由 3.0 cN/dtex 提高到 3.51 cN/dtex,提升了 17%。纳米 TiO_2 微粒加入高聚物切片中,前者通过范德华力与高聚物结合在一起,并与高聚物分子链上的活性点发生化学反应而紧密结合,两者不易分离,纤维能较好地承受外力,即纳米微粒对聚酯纤维起到了增强作用。

5.3.3.3　抗紫外线性能

利用分光光度法测得两种聚酯纤维织物的紫外线透过率,如图 5-9 所示。

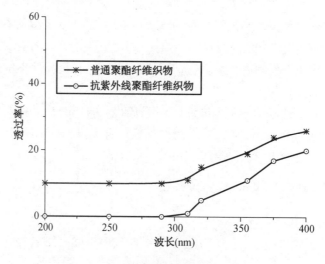

图 5-9　聚酯纤维织物的紫外线透过率

由图 5-9 可见,填充 3% 纳米 TiO_2 微粒使得聚酯纤维织物的紫外线透过率至少降低了 28%,最高达 99.6%。纳米 TiO_2 微粒的量子尺寸效应使紫外线产生蓝移现象,而且纳米

TiO_2 微粒对各种波长的光的吸收带有宽化现象,因此纳米 TiO_2 微粒对紫外线有一定的吸收能力,添加了纳米 TiO_2 微粒的聚酯纤维织物的防紫外线效果更好。

5.3.4 抗紫外线丙纶的制备及性能

抗紫外线丙纶可有效遮蔽紫外线辐射,还具有良好的导湿性能,能满足人们对舒适性、功能性的要求。下面以无机纳米微粒(ZnO 和 TiO_2)作为紫外线屏蔽剂为例,介绍抗紫外线丙纶的制备及性能。

5.3.4.1 工艺流程

抗紫外线丙纶的制备工艺流程如图 5-10 所示。纺丝时,应根据聚丙烯切片的特点,充分干燥,严格控制纺丝温度、侧吹风、纺丝油剂及卷绕成形等工艺。

(1) 切片干燥。丙纶具有疏水性的化学结构,对干燥的要求不高,但抗紫外线母粒的加入增加了聚丙烯切片与水分子的亲合性,增大了切片含水率,应加强切片干燥工作。由于丙纶的软化点较低,干燥温度不宜过高,在 110～120 ℃即可,干燥时间不应少于 6 h。加入抗紫外线母粒后切片的水分含量明显增大,回潮率较高,因此,干燥后的抗紫外线切片不应与空气接触。

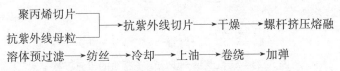

图 5-10 抗紫外线丙纶的制备工艺流程

(2) 纺丝温度。高速纺丝中,熔体自喷丝孔喷出的速度高,在纺程上承受的拉伸倍数高,因此要求熔体有良好的流变性和均匀性。若纺丝温度太低,熔体流变性和均匀性差,容易造成毛丝和断头,而且纤维结构取向不稳定,易回缩抱筒,不能正常生产。纺丝温度太高时,冷却困难,熔体未充分固化,经过油嘴时,容易磨损积聚成聚合物颗粒,并顺着丝束带到导丝钩上,易造成断丝、缠辊现象。由于抗紫外线丙纶的伸度较普通丙纶大,纺丝温度可适当上调,一般在 260～280 ℃。

(3) 侧吹风。丙纶具有较大的比热容,抗紫外线母粒的加入进一步增大其比热容,并且高速卷绕时丝束在冷却风道中的停留时间短。为确保冷却效果,得到均匀的丝束,冷却速度宜加快,风温要比普通丙纶低 2～3 ℃。若线密度较低,风速宜偏低,反之则高些。对于抗紫外线丙纶,宜采用风温 11～15 ℃、风速 0.5～0.7 m/s。

(4) 纺丝油剂。由于抗紫外线母粒镶嵌于丙纶内部和表面,高速纺丝时,对各导丝瓷件的磨损较大,使碎屑明显增多。为了降低丝条中无机粒子对后加工的影响,应适当增加上油率,稳定纺丝过程。在保证冷却效果的基础上,应尽量提高纺丝集束上油的位置,应采用双面上油系统,保证上油率在 1.5%～2%。

(5) 纺丝速度及卷绕成形。随着纺丝速度的提高,纤维强度提高,断裂伸长率下降。当纺丝速度超过 3 000 m/min 时,丙纶纤维超分子结构逐步由准六方形向晶型转变,纤维结构遭到局部破坏,不利于后加工。因此,为避免单丝断裂产生毛丝,纺丝速度应控制在 3 000 m/min 以下。

5.3.4.2 抗紫外线性能

利用分光光度法测定丙纶织物的紫外线透过率,结果见表5-4。

表5-4 丙纶织物的抗紫外线性能

织物名称	UPF	UVA 透过率(%)	UVB 透过率(%)
普通丙纶织物	4.914	23.516	13.213
抗紫外线丙纶/真丝交织物	16.437	7.395	4.202
抗紫外线丙纶织物	999.491	0.100	0.100

由表5-4可见,丙纶织物对紫外线遮蔽有选择性,对UVA有较好的遮蔽效果,对UVB的遮蔽效果较差。普通丙纶织物的抗紫外线能力较差,抗紫外线丙纶/真丝交织物的抗紫外线能力有所改善,抗紫外线丙纶织物的抗紫外线能力较前两种大大提高。

5.3.5 抗紫外线腈纶的制备及性能

利用硫氰酸钠一步法制备腈纶的工艺流程(图5-11),对腈纶抗紫外线性能进行研究。

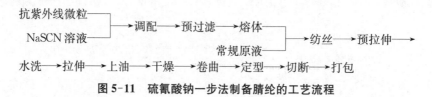

图5-11 硫氰酸钠一步法制备腈纶的工艺流程

5.3.5.1 工艺关键

(1)紫外线屏蔽剂含量。任何一种固体添加剂的加入,都对PAN(聚丙烯腈)纺丝原液的流变性能有一定的影响。因此,确定紫外线屏蔽剂的添加量是一个关键。若紫外线屏蔽剂的含量太低,达不到抗紫外线的要求;若其含量太高,会引起PAN原液黏度升高,影响纺丝过程。据有关资料介绍,在PAN纺丝原液中加入2%~5%的紫外线屏蔽剂,制得的纤维即具有优异的抗紫外线效果。

(2)紫外线屏蔽剂表面处理。紫外线屏蔽剂的主要成分是金属氧化物,其在以NaSCN溶液做溶剂的PAN纺丝原液中极易发生凝聚,不能均匀地分散,从而引起纺丝原液的黏度(阻塞系数)升高,最终导致纺丝过程难以连续进行。为此,需要选择一种表面处理剂,将其按一定比例加入纺丝原液中,起均匀分散和稳定的作用。

5.3.5.2 纤维性能

紫外线屏蔽剂的加入使纤维大分子中含有"杂质",这影响了大分子的规整性和分子间作用力。当紫外线添加剂在纤维中分布不均匀时,相应部位的纤维容易断裂并产生毛丝,使纤维性能下降。表5-5比较了抗紫外线腈纶和普通腈纶的纤维性能。

表5-5 纤维性能

纤维名称	线密度(dtex)	断裂强度(cN/dtex)	断裂伸长率(%)
抗紫外线腈纶	1.40	4.0	22
常规腈纶	1.67	≥2.2	27~40

5.3.6　棉织物的紫外线防护整理

棉织物抗紫外线整理一般使用浸轧法。

5.3.6.1　工艺关键

将棉织物在一定温度下浸渍于添加了紫外线吸收剂的整理液中,一定时间后用轧车轧压,然后进行第二次浸渍、压轧,再进行预烘和焙烘。

(1)浸渍温度。随着浸渍温度的升高,织物的抗紫外线效果提高。提高浸渍温度有助于整理液向织物内部扩散,使织物对紫外线吸收剂的吸附量增加。当温度为 30～60 ℃时,其对织物抗紫外线性能的影响甚微,因为此时整理液有很强的扩散及渗透能力;温度达到一定值后,整理液的渗透能力即稳定在一个高水平;当温度超过 70 ℃后,整理液因油相挥发而破乳,使紫外线吸收剂析出,织物的抗紫外线性能下降明显。从处理效果和便于操作及生产成本考虑,浸渍温度以 30～60 ℃为宜。

(2)烘干温度和烘干时间。随着烘干温度的升高,织物的抗紫外线性能提高,在 120 ℃时达到最佳。烘干温度高于 120 ℃后继续升高,织物的抗紫外线性能下降,因为烘干温度较高时会破坏织物的基本性能,从而使织物的抗紫外线性能降低。同样地,烘干时间过短,织物抗紫外线效果不好;烘干时间过长,会将织物烘坏,使织物抗紫外线性能下降。合适的烘干时间为 15 min。

5.3.6.2　抗紫外线整理后的棉织物服用性能

常以纳米 TiO_2 为紫外线屏蔽剂,对棉织物进行抗紫外线处理。抗紫外线整理前后的棉织物服用性能见表 5-6。

表 5-6　抗紫外线整理前后的棉织物服用性能

性能指标	未整理棉织物	抗紫外线整理后的棉织物
UPF	12.6	138
经向断裂强力(N)	265.28	421.73
经向断裂伸长率(%)	21.65	24.29
经向折皱回复角(°)	48.2	52.1
纬向折皱回复角(°)	59.6	68.3
悬垂系数	69	62
透气量[L/(m² · min)]	256.1	244.3
透湿量[L/(m² · h)]	48.3	32.8
耐磨性(次)	13 443	14 997

由表 5-6 可见,经纳米 TiO_2 整理后棉织物的抗紫外线性能显著提高,UPF 值从12.6增长至138。从织物的力学性能看,织物经向断裂强力下降了约 12%、断裂伸长率增加了8%,织物的透气性与透湿性也有不同程度的下降,经纬向折皱回复性均有所提高,耐磨性有所提高。

5.4 抗紫外线织物性能评价

5.4.1 评价标准

由于澳大利亚和新西兰受到的紫外线辐射较强烈,那里的人们对紫外线辐射造成的危害更加关注。早在 1990 年,澳大利亚就提出了太阳镜紫外线防护标准。1993 年澳大利亚和新西兰提出了防晒霜的相关标准。有关抗紫外线防护服测试标准 AS/NZS 4399 由澳大利亚和新西兰在 1996 年首先提出。

我国在 1997 年制定了 GB/T 17032—1997。1997 年,德国的霍恩斯坦研究所(Hohenstein Institute)提出了 UV 标准 801,以评估纺织品的抗紫外线性能,授予合格纺织品认证标签。美国和英国于 1998 年相继提出类似方法标准,即 AATCC 183:1998、ASTM 草案 D 13.65 和 BS 7914:1998。1999 年,欧洲提出了 CEN PREN 13758:1999;同年,英国制定了 BS 7949:1999,规定儿童的上衣、内裤等全身衣服的紫外线透过率不超过 2.5%。几个主要标准的内容见表 5-7。

表 5-7　几个主要标准的内容

项目	GB/T 17032—1997	AS/NZS 4399:1996	AATCC 183:1998	BS 7914:1998
范围	本标准确定纺织品的紫外线透过率,适用于各类织物	该标准用于确定紧贴皮肤的防护纺织品、服装和其他防护用品(如帽子)的紫外线透射率,提出了对抗紫外线辐射标签的要求。不包括防晒霜、建筑及遮阳用布、太阳镜、伞等,也不用于非太阳光紫外线辐射源	该标准用于测试织物阻隔或透过紫外线的能力。该方法也可用于湿的或可伸长的织物,但不是本标准的内容	该标准用于测试紧贴皮肤的织物可造成皮肤灼伤的紫外线透过率。不包括抗紫外线产品的设计,不包括防晒霜、遮阳篷布、太阳镜和伞用织物
样品规格及数量	尺寸和大小满足仪器要求,可不裁剪或裁剪后直径大于 20 mm	至少 4 块样品,为保证样品的代表性,离边部 5 cm 以内的样品不适用,样品干燥、不扭曲	至少测试 50 m×50 m 的样品 2 块,样品干燥、不扭曲。每次测试位置与上一次相交 45°,每个样品测试 3 次	对于均匀的样品,每个样品至少测试 4 次;对于非均匀的样品,对每种颜色和组织测试 2 次
样品测试数量	10	4	6	4
测试条件	三级大气	测试需在(20+5)℃、相对湿度(50+20)%的环境中进行,样品不需要调湿	每个样品在(21+1)℃、相对湿度(65+2)%的环境中预处理至少 4 h	每个样品在(20+2)℃、相对湿度(65+2)%至少 15 h

项目	GB/T 17032—1992	AS/NZS 4399—1996	AATCC 183—1998	BS 7914—1998
样品的选择	避开边缘 10 cm 以上	如果样品不均匀,需取样较多(如不同颜色、不同印花和不同纤维含量);如果一件衣服有多种颜色,报告最低的测试值;如果一件衣服有不同组织,取最小覆盖系数的部位(如最敞开的结构);有衬里的衣服,衬里和里料一起测试	测试每个可能的颜色和结构(面积尽可能覆盖有孔径的地方)	测试每种颜色和组织
测试波长间隔(nm)	5	2	5	—
UV波长(nm)	280~315	290~400	280~400	290~400
结果	透过率 T、变异系数 CV	UPF 值、UVA_{AV}、UVB_{AV}、标准偏差、UPF 的级数	UPF 值、$T(UVA)_{AV}$、$T(UVB)_{AV}$	UPF 值

5.4.2 评价指标

(1) 紫外线透过率:

$$T(\lambda) = [I_t(\lambda)/I_0(\lambda)] \times 100$$

其中:$T(\lambda)$ 表示波长在($\lambda \pm 2.5$ nm)波段的紫外线透过率(%);$I_0(\lambda)$ 指波长 λ 处的紫外线入射强度[W/(m^2·nm)];$I_t(\lambda)$ 指波长 λ 处的紫外线透射强度[W/(m^2·nm)]。

在某一波段的平均紫外线透射率:

$$T_B = \Big[\sum_{\lambda=285}^{\lambda=315} I_t(\lambda) / \sum_{\lambda=285}^{\lambda=315} I_0(\lambda) \Big] \times 100$$

$$T_A = \Big[\sum_{\lambda=320}^{\lambda=315} I_t(\lambda) / \sum_{\lambda=320}^{\lambda=315} I_0(\lambda) \Big] \times 100$$

其中:T_A 为 UVA 波段的平均紫外线透射率(%);T_B 为 UVB 波段的平均紫外线透射率(%)。

(2) 日光防晒指数:

$$SPF = \frac{\sum_{\lambda=285}^{\lambda=315} E(\lambda) \cdot I_t(\lambda) \cdot \Delta\lambda}{\sum_{\lambda=285}^{\lambda=315} E(\lambda) \cdot I_0(\lambda) \cdot \Delta\lambda} \times 100$$

其中:SPF 为日光防晒指数,它是对 UVB 辐射影响的防护系数;$E(\lambda)$ 为波长 λ (nm)对应的红斑效应系数;$\Delta\lambda$ 为波长组距,等于 5 nm。

SPF 值和防护等级见表 5-8。

表 5-8 SPF 值和防护等级

SPF 值范围	防护分类	防护等级
30，30＋	最大防护	30＋
20～29	较好的防护	20＋
10～19	好的防护	10＋

（3）全紫外防护指数：

$$UPF = \frac{\sum\limits_{\lambda=285}^{\lambda=400} E(\lambda) \cdot I_t(\lambda) \cdot \Delta\lambda}{\sum\limits_{\lambda=285}^{\lambda=400} E(\lambda) \cdot I_0(\lambda) \cdot \Delta\lambda} \times 100$$

UPF 值是评价织物抗紫外线特性的一个重要参数。UPF 的概念和定义由澳大利亚的 H. P. Gies 提出，已在国际上得到广泛采纳，已作为织物抗紫外线特性的特征评价参数写入澳大利亚和新西兰的标准及欧洲标准草案。织物是否可以称为抗紫外线功能性产品，其判别准则在于 UPF 值的大小。UPF 值越高，织物的抗紫外线性能越强。UPF 值和防护等级见表 5-9。

表 5-9 UPF 值和防护等级

UPF 值范围	防护分类	防护等级
15～24	较好的防护	15，20
25～29	非常好的防护	25，30，35
40～50，50＋	非常优异的防护	40，45，50，50＋

5.4.3　防紫外线效果的测量方法

5.4.3.1　紫外线分光光度计法

采用积分球式紫外线分光光度计测试织物的紫外线透过率。紫外线透过率为透过织物光强与射入织物光强之比，可以直接从仪器上读出。紫外线透过率越小，表明织物隔断紫外线效果越好。该方法又分为两种：一是紫外线全波长区域平均法，即通过紫外线分光光度计，测定紫外线全部波长内试样紫外线透过率的平均值；二是紫外线特定波长平均法，即通过紫外线分光光度计，测定试样在若干个有代表性的特定波长内的紫外线透过率，如测定试样分别在紫外线 A（波长在 315～400 nm）的波长区域的中值即波长 360 nm 下的紫外线透过率及紫外线 B（波长在 280～315 nm）的波长区域的中值即波长 305 nm 下的紫外线透过率，然后计算出上述测定值的平均值。

5.4.3.2　紫外线强度累计法

将试样放在紫外线灯和紫外线累计仪器的传感器之间，对试样按给定时间进行照射，测定通过试样的紫外线累计量 Q_s（J/cm²）。同时在未放试样的情况下，测定相同给定时间内

紫外线灯的照射累计量 Q_k(J/cm^2)。然后,计算紫外线透过率和紫外线屏蔽率:

$$紫外线透过率(\%) = (Q_s/Q_k) \times 100$$
$$紫外线屏蔽率(\%) = (1 - Q_s/Q_k) \times 100$$

5.4.3.3　变色褪色法

将试样覆盖于耐晒牢度标准卡上,在距试样 50 cm 处,用紫外线灯照射,测定耐晒牢度标准卡到一级变色的时间,所用时间越长,说明试样遮蔽紫外线的效果越好。此法比较简捷,但由于存在视觉差异,所得结果缺乏可比性。

5.4.3.4　直观法

在同一个人的皮肤相近部位,以一块或几块试样覆盖,然后用紫外线直接照射,记录皮肤上出现红斑的时间。此方法直接反映织物的防护效果,但属于伤害性测试,实际操作的意义很小。

以上四种测试方法中,分光光度计法的结果比较准确,是较好的一种方法。除直观法外,另外三种方法均为定量测试。

参考文献

[1] 张玲. 紫外线的危害及防护[J]. 技术物理教学,2005(1):47-48.

[2] 张林,施江杨,陈伟峰,等. 缓释型微胶囊化紫外线吸收剂制备及性能研究[J]. 现代化工,2015(6):124-127.

[3] 李永庚,许海育. 泡沫整理发泡原液组成的研究[J]. 印染,2008(18):22-27.

[4] 张晓莉,罗敏,李峥嵘,等. 稳定水溶胶的制备及其在棉织物上的紫外线屏蔽整理[J]. 现代纺织技术,2003,11(3):1-4.

[5] 林大林,渠冬梅,金志成,等. 抗紫外改性聚酯的高速纺长丝试验[J]. 合成纤维,2001(3):32-34.

[6] 朱志学,俞波,史丽梅,等. 抗紫外聚酯的合成与纺丝[J]. 合成纤维工业,1999,22(2):6-9.

[7] 张伟红,夏卫江,张靖,等. 抗紫外 PET 纤维的纺丝工艺探讨[J]. 合成纤维工业,2000,23(5):65-66.

附录 抗紫外线性能测试标准比较

测试标准	试用范围	测试条件	样品要求	结果表示	结果评定	标识
AATCC 183	各种纺织品在干态和湿态下的抗紫外线性能	温度(21±1)℃,相对湿度(65±2)%;每2 nm记录1次	干态和湿态样品至少各2块,可剪成直径为50 mm的圆形样或50 mm×50 mm的正方形样	干态和湿态下不同颜色和结构的样品,分别取样测试,根据公式求出UPF_{AV}	—	
GB/T 18830	各种纺织品在干态下的抗紫外线性能	温度(20±2)℃,相对湿度(65±2)%;每5 nm记录1次	匀质材料:至少4块;非匀质材料:每种结构或颜色至少两块,距布边5cm以内的织物含去	匀质材料:当UPF修约值低于试样的最低UPF值时,报告试样的最低UPF值;非匀质材料:以其中最低的UPF修约值报出	当$UPF>40$且$T(UVA)_{AV}<5\%$时,称为防紫外产品	$40<UPF\leq50$,标为40+;$UPF>50$,标为50+
EN 13758-1	适用于服装面料,不适用于遮阳伞、遮蓬		不适用于小碎花或不同的组织结构,测试方法及计算,结果表示同GB/T 18830			
EN 13758-2	适用于提供紫外线防护的服装,不包括防晒霜、建筑、遮阳用布、太阳镜、遮阳伞;$T(UVA)_{AV}<5\%$称为防紫外产品		主要是关于抗紫外标识及标签的说明。如在干态、湿态或拉伸情况下的抗紫外性能,$UPF>40$目			
AS/NZS 4399	贴身服装面料、服装和其他用品(如帽子),不包括防晒霜、建筑、遮阳用布、太阳镜、遮阳伞	温度(20±5)℃,相对湿度(50±2)%;每5 nm记录1次	至少4块样品;有多种颜色或组织结构的,每个颜色或组织结构都要取到,如果有衬里,一起测试	根据公式求出UPF_{AV},标准偏差,UPF等级	UPF等级规定	UPF等级标识要求
UV-Standard 801	服装类及遮阳类纺织品	温度(20±5)℃,相对湿度(65±2)%;每5 nm记录一次	服装面料、遮阳面料,每种状态下至少两块	采用AS/NZS 4399的测试方法和计算方法,求出每种状态下的UPF值	—	UPF等级标识要求
BS 7914	紧贴皮肤的服装面料,不包括帽子、防晒衣,遮阳伞及其他纺织面料	温度(20±2)℃,相对湿度(65±2)%;每5 nm记录一次	4块样品,对于非匀质材料,每种颜色或组织结构样品,需要至少两块样品,在测试前,需预调湿16 h	测试方法和计算方法同GB/T 18830,再利用公式$P=1/UPF$求出P		
BS 7949	适用范围:儿童服装,不包括帽子、防晒衣及其他纺织品。$UPF_{AV}<15$,不能称为抗紫外产品		$UPF=1/P$,P根据BS 7914计算,已作废,替代标准为EN 13758-2			
ASTM D 6544	服装面料,预处理包括水洗(模拟手洗40次)、氯漂,日晒后(100 AFU),样品分为3种,各准备3块					
ASTM D 6603	抗紫外线标准指南;样品分为3种状态(原样,一次水洗和预处理后),按照AATCC 183的方法进行分类标识。$UPF_{AV}<15$,不能称为抗紫外产品		干态和湿态下抗紫外线性能不同标准不同。根据AATCC 183的方法进行测试并计算出UPF_{AV}值,按照等级进行分级			

数据来源:张晓红等.纺织品抗紫外线性能方法应用研究[J].印染助剂,2017(1).

第六章
抗微生物微纳米纺织品

6.1 微生物与抗微生物纺织品简介

6.1.1 微生物的定义及分类

微生物是指大量的、极其多样的、不借助显微镜看不见的微小生物[1]，通常包括病毒、细菌、真菌、原生动物和某些藻类。在生活中，人们会不可避免地接触到各种各样的细菌、真菌等微生物，其中一些有害微生物在合适条件下会迅速生长繁殖，并通过接触传播疾病，影响人们的身体健康。各类纺织品是这些微生物的良好生存之地，当存在养分、水分、氧和合适的温度条件时，纺织品可成为微生物生长的优良介质，其较大的表面积也有助于微生物生长。纺织品也是疾病的重要传播源，所以纺织品的抗菌研究有着极其重要的意义。

人们熟知的广谱细菌包括病源性微生物和非病源性微生物两种(表 6-1)。这两种微生物在纺织品表面都可以繁殖，由于病源性微生物的增殖会对人的生理健康产生不良影响，必须防止。非病源性微生物会对人们的视觉、嗅觉和触觉产生危害，也必须控制。

表 6-1 病源性微生物和非病源性微生物

微生物(细菌)种类	致病性	影响
枯草杆菌	一般不致病	腐败食物、偶然性的结膜炎
大肠杆菌	致病性低	腐败食物、偶然性的膀胱感染
肺炎克雷伯杆菌	致病	肺炎
绿脓杆菌	致病	多方面的感染
普通变形杆菌	致病性低	炎症
表皮葡萄球菌	致病性低	手术伤口感染
金黄色葡萄球菌	致病	中毒性休克、化脓脓肿、血纤维蛋白凝固、心内膜炎

6.1.2 微生物与纺织品

6.1.2.1 微生物对纺织品的危害

微生物在织物上生长会影响人体卫生和使织物破坏[2]。微生物的代谢养分，例如织物中的汗水和污垢，会产生臭味和形成中间产物刺激皮肤；微生物沾污织物，例如霉菌沾污窗帘和帐篷，会使织物损伤变色。有些微生物以织物上的整理剂为食物，有些霉菌吃棉纤维而损害织物。因此,工业用织物和服装用织物都需要抑制微生物。

天然纤维比合成纤维更易受到微生物的侵袭。蛋白质纤维本身就是蛀虫的营养源。纤维素纤维不是蛀虫的直接营养源,但在合适的条件下,某些霉菌会通过分泌酶而将纤维素转化为微生物的营养源,如葡萄糖。污垢、尘土和某些织物整理剂都能成为微生物的食物。

6.1.2.2 抗微生物纺织品的作用机理

抗微生物纺织品杀灭细菌的过程:抗菌组分透入细菌的细胞壁,随后杀死细菌。抗菌纺织品种类及采用的抗菌剂不同,其抗菌机理不同,对不同菌类的杀灭作用也有差异。抗菌剂抗菌机理归纳如下(表6-2):

(1) 使细菌细胞内的各种代谢酶失活,杀灭细菌。

(2) 与细菌细胞内的蛋白酶发生化学反应,破坏其机能。

(3) 抑制孢子生成,阻断DNA合成,抑制细菌细胞生长。

(4) 极大地加快磷酸氧化还原速率,打乱细菌细胞正常的生长体系。

(5) 破坏细菌细胞内的能量释放体系。

(6) 阻碍电子转移及氨基酸转酯的生成。

表6-2 抗菌剂种类及抗菌机理

抗菌剂种类	作用机理
季胺盐类	使细胞膜、细胞壁损伤及酶蛋白变性
银	阻碍电子传递,损伤细胞膜,与DNA反应
卤素类	使酶蛋白、核蛋白的S—H基氧化、破坏
两性界面活性剂	损伤细胞膜
环氧衍生物类	与核酸成分反应
醇类	使蛋白质变性、溶菌,阻碍代谢机能

对纺织品进行抗菌处理有两方面的作用:一是保护纺织品的使用者,抗菌纺织品能在一定程度上杀灭金黄色葡萄球菌、白癣菌、大肠杆菌、尿素细菌等细菌和真菌,对传染性疾病的传播有一定预防作用;二是抗菌纺织品可杀灭曲霉菌、球毛壳菌、结核杆菌和青霉菌等细菌,可以防止织物变色、脆损及储藏时发生霉变。

6.1.2.3 抗微生物纺织品的应用

国内外抗微生物纺织品的应用范围日益广泛,在纺织品中所占比例逐渐增大。

(1) 抗菌医护用品。用抗菌织物制成手术服、医用缝合线、绷带、纱布、口罩、拖鞋、护士服、病员服等,可以大大减少医院的细菌浓度。如用65%抗菌纤维和35%棉纤维的混纺纱织成的抗菌织物,经抗菌试验表明,对金黄色葡萄球菌、大肠杆菌、肺炎杆菌、沙门氏菌、枯草杆菌、黑霉菌、青霉菌等多种细菌具有抗菌效果,洗涤50次后对肺炎杆菌的灭菌率为74%,洗涤150次后灭菌率仍达到69%。

(2) 抗菌服用纺织品。用抗菌织物制成内衣裤和鞋袜,可防止内衣裤和袜子产生恶臭,并可抑制袜子上的脚癣菌繁殖。用抗菌织物制成尿布,可防止婴儿长期接触尿布时产生红斑,提高老人和卧床病人的免疫能力。

(3) 抗菌家用纺织品。用抗菌织物制成床单、被罩,能有效抑制和杀灭多种致病菌,可防止多种湿疹、皮炎、褥疮及去除汗臭、预防交叉感染等。

（4）抗菌产业用纺织品。使用抗菌织物制成过滤介质，可以使一些物质经过滤后其上的细菌不增加、不繁殖甚至减少。用抗菌纤维增强水泥制成抗菌混凝土，可用于医院病房、动物园围墙等细菌较多且容易繁殖的场所。在汽车行业，使用抗菌织物制作汽车内装饰布，可获得全新概念的抗菌汽车，这对于汽车驾驶员，尤其是出租车驾驶员非常有意义。另外，食品制药行业的食品覆盖布、工作服等也已使用抗菌织物。

6.2 抗菌剂的分类与制备

随着纳米技术的发展，纳米抗菌剂现已能够工业化生产，为生产高效、安全的抗菌纤维及纺织品提供了有力保障。

6.2.1 抗菌剂的分类

6.2.1.1 无机抗菌剂

无机抗菌剂可分为金属离子型、光催化型和复合型抗菌剂等[3]。无机抗菌剂具有安全性、耐热性、耐久性、持续性等优良特性，但价格较高，抗菌效果的发挥不理想，不能像有机抗菌剂那样迅速杀死细菌[4]。

（1）金属离子型抗菌剂。利用银、铜、锌等金属本身具有的抗菌能力，通过物理吸附和离子交换等方法，将银、铜、锌等金属（或其离子）固定在沸石、硅胶等多孔材料表面制成的抗菌剂，即金属离子型抗菌剂。水银、铜、铅等金属具有与银同样的抗菌性能，但是对人体有害；铜、镍、钴等离子带有一定的颜色，会影响制品外观；锌有一定的抗菌性，但其强度仅为银的 1/1 000。因此，无机抗菌剂中银系抗菌剂占据主导地位。常用银系抗菌剂见表 6-3。

表 6-3　常用银系抗菌剂

类别	有效成分	载体附着特性
银-沸石	Ag^+	离子交换
银-活性炭	Ag^+	吸附
银-碳酸钴	Ag^+	离子交换
银-磷酸钙	Ag^+	吸附
银-硅胶	银配位络合物	吸附
银-溶解性玻璃	银盐	玻璃成分

关于银系抗菌剂的杀菌机理，比较流行的观点是接触杀菌。当银系抗菌剂与细菌接触时，微量的银渗入细菌并与细菌内的蛋白质发生作用，使细菌的新陈代谢受阻，达到抗菌目的。银系抗菌剂的适用范围广泛，可通过各种加工方法与聚合物混合，制成纤维、塑料、涂料等。银系抗菌剂在制品表面应均匀分散。

（2）光催化型抗菌剂。光催化型抗菌剂大都属于 N 型半导体氧化物，如 TiO_2、ZnO、CdS、WO_3、PnS、SnO_2、ZnS、SiO_2 等。

纳米 TiO_2、ZnO 等不仅具有活性高、光催化抗菌速度快、热稳定性好、长期有效及对人体无害等特点,而且具有净化、自洁、除臭等功能,备受关注。但单独使用光催化型抗菌剂存在一些问题:这类抗菌剂必须在光照下,特别是紫外光照射下,才具有杀菌、降解有机物和自净化的能力,耐气候性差,不具备对细菌的选择杀灭性,抗菌作用也较弱等。由于纳米 TiO_2、ZnO 等光催化型抗菌剂具有许多优于金属离子型抗菌剂的性能,在环保等领域展示出广泛的应用前景。

6.2.1.2 有机抗菌剂

有机抗菌剂以有机酸、酚、醇为主要成分,破坏细胞膜,使蛋白质变性、代谢受阻等,优点是杀菌力强、持续效果好、来源丰富,缺点是毒性大、会产生微生物耐药性、耐热性较差、易迁移等,目前主要用于涂料和加工温度低的软质聚氯乙烯、聚乙烯等塑料的抗菌。

6.2.1.3 复合抗菌剂

为了克服无机抗菌剂的毒性及有机抗菌剂易洗脱、耐热性较差的不足,采用有机抗菌剂和无机抗菌剂及亲水性物质复配的方式制成复合抗菌剂。复合抗菌剂结合了有机抗菌剂和无机抗菌剂的优点,既有有机抗菌剂的强效性、持续性,又有无机抗菌剂的安全性、耐热性。

6.2.1.4 天然抗菌剂

天然抗菌剂主要有壳聚糖、鱼精蛋白、桂皮泊和罗汉柏油等,大都从动植物中提炼精制而成,具有耐气候性优良、毒性低、使用安全等优点,主要缺点是耐热性较差、药效持续时间短。

6.2.2 抗菌剂的制备

图 6-1 给出了几种抗菌剂的制备方法。机械粉碎法只能得到粒径小于 1 μm 的颗粒。目前开发的主要是气流粉碎技术,易引入杂质,但能耗大[5]。化学方法可直接得到纳米级的超细粉,细分为固相法、沉淀法、液相法和气相法。常用的制备方法有直接沉淀法、均匀沉淀法、溶胶-凝胶法、微乳液法等。

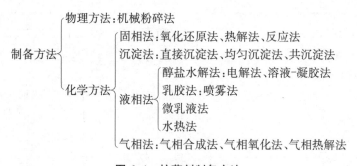

图 6-1 抗菌剂制备方法

6.2.2.1 直接沉淀法

直接沉淀法在工业及研究领域广泛用于制备氧化物、硫化物及复合氧化物,如 ZnO、TiO_2、$LiFePO_4$ 等。直接沉淀法的优点是可控性强,产物更容易达到组成均匀;缺点是洗除原溶液中的阴离子较困难,产物的粒径分布较宽。

直接沉淀法的过程:在含有一种或多种离子的可溶性盐溶液中加入沉淀剂(如 NaOH、Na_2CO_3、$NaHCO_3$ 等),形成不溶性的氢氧化物或盐,经过滤、洗涤,再在一定温度下热解或脱水，得到产物。不同沉淀剂的反应机理不同，产物也不同，因此热分解温度不同。

以硫酸锌、碳酸氢铵为原料，采用直接沉淀法在 100 ℃ 以下制备纳米 ZnO。产物属于六方晶系，基本呈球形，平均粒径 20 nm。利用紫外-可见分光光度计测试产物的光吸收性能，发现产物对 200～380 nm 波长的光有很强的吸收性，在可见光范围也有较强的吸收。利用纳米 ZnO 作为光催化剂对有机染料溶液进行降解试验，发现经日光照射 90 min，酸性黑 234 染料的降解率接近 100%。

以工业级碱式碳酸锌为原料，应用直接沉淀法制备纳米 ZnO，同时采用自然集菌法和抑菌圈法对其抗菌性能进行研究。结果表明：此法可制得粒径较小的纳米 ZnO，操作简便易行，对设备、技术的要求不高，不易引入杂质，成本低，易工业化生产，制备的纳米 ZnO 具有较强的抗菌性能。

6.2.2.2 均匀沉淀法

此法利用化学反应使盐溶液中的构晶离子缓慢、均匀地释放出来。与直接沉淀法不同，均匀沉淀法中，沉淀剂不是立刻与被沉淀组分发生反应，而是通过水解反应，使沉淀剂在整个溶液中缓慢地生成。大多数多价态阳离子易水解，水解作用随温度升高而加剧。因为水解产物是形成金属氧化物沉淀的中间体，通过调节溶液的 pH 值和温度，控制反应速率，可以得到中间体，进而得到形貌均一的颗粒。

采用硝酸锌为原料，氨水、尿素为沉淀剂，同时加入表面活性剂，以均匀沉淀法制备纳米 ZnO。结果表明：均匀沉淀法制备的纳米 ZnO 粒径小且分布窄，分散性好，可见表面活性剂有利于改善团聚。

6.2.2.3 溶胶-凝胶法

首先制备金属化合物，然后在适当的溶剂中溶解，经溶胶-凝胶化过程固化，再经低温热处理，得到纳米粒子。此种方法的制备过程中，反应物混合均匀，合成温度低，过程易控制，但必须经后处理才能得到纳米粒子，而后处理过程中易发生团聚。

以钛酸正丁酯为前驱物，用溶胶-凝胶法制备纳米 TiO_2 掺杂银、铜、锌等金属的复合抗菌剂。发现纳米 TiO_2 中掺杂银和其他金属，其抗菌性能大大提高，对紫外光的响应范围扩大，对可见光也有一定的吸收。

6.2.2.4 微乳液法

微乳液法是 20 世纪 80 年代发展起来的。此方法利用表面活性剂形成微乳液，以其中的微乳液滴为微反应器，通过人为控制微反应器的大小及其他反应条件，可获得粒径可控、分散性良好的球形粒子，已广泛用于制备 Cu、Bi、Ag 等纳米微粒。

利用环己烷/异戊醇/SDS（十二烷基硫酸钠）/水组成的反相微乳液体系制备纳米银。在选择合适的微乳液配比基础上，以水合肼为还原剂，在常温下还原银铵盐，制得的纳米银经 X 射线衍射仪和透射电镜测试，其粒径为 20～30 nm。

6.3 抗菌纺织品的制备与整理

抗菌纺织品主要由两种方法获得：一是采用抗菌纤维制成织物；二是用抗菌剂对织物进

行后处理,获得抗菌性能。相比较而言,前者的抗菌效果持久、耐洗性好,但抗菌纤维的生产不易,对抗菌剂的要求较高;后者较简单,但产生的三废多,耐洗性及抗菌效果较差。由于缺乏优良的抗菌纤维,市场上的抗菌织物以后处理加工居多。现在欧洲科学家们研究开发了一种应用于纺织纤维的微生物调节系统,它能抑制特定细菌和真菌的繁殖,使有害微生物总量降低在安全范围内,减少疾病的发生。消毒和彻底杀死微生物不是理想的目标,高明的办法是控制微生物的总量,这种新理念为抗菌织物带来了新的前景。

6.3.1 后整理赋予织物抗菌性能

后整理方法指利用含抗菌剂的溶液或树脂对织物进行浸渍或涂覆处理,通过物理作用或化学结合使抗菌剂附着在织物上,与皮肤接触时直接作用于人体或缓慢释放抗菌剂,达到抑制菌类生长的目的,赋予织物抗菌功能。常用的方法有表面涂层法、树脂整理法、微胶囊法等。

6.3.1.1 表面涂层法

表面涂层法是将抗菌剂与涂层剂配成溶液,对织物进行涂层处理,使抗菌剂固着在织物表面。涂层前后纤维表面如图 6-2 所示。

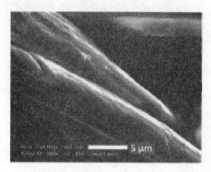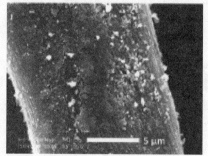

图 6-2　涂层前后纤维表面[6]

常用的抗菌剂有磺胺药类、呋喃药类及有机硅季铵盐类等。前两类多用于处理棉、麻等纤维织物,有机硅季铵盐类适用于化纤织物及各种天然纤维织物。有机硅季铵盐是一种阳离子表面活性剂,具有良好的抗菌作用,以有机硅为媒介,在纤维表面与纤维形成化学键,从而产生持久的抗菌效果。常用的有机硅季铵盐抗菌整理方法有浸渍法和浸轧法,配制工作液时要边加边搅,否则会凝聚,还应加入渗透剂,处理后 120 ℃烘干,不需高温定形处理,工艺简单,易操作。皮肤过敏者使用经有机硅季铵盐整理的服装会出现轻度浮肿,须慎用。

6.3.1.2 树脂整理法

树脂整理法是将抗菌剂溶解在树脂中配成乳化液,再将织物放在乳化液中充分浸渍,再通过轧、烘,使含有抗菌剂的树脂附着于织物表面,从而使织物具有抗菌功能。工作液中需加入合适的催化剂。例如用二苯醚类作为抗菌剂,它容易分散在水中,工作液浓度为 2%、pH 值为 7 左右,与纤维固定依靠树脂完成。因此,该类抗菌剂不能与含羟甲基官能基团的树脂并用,否则易产生游离甲醛,对树脂过敏者慎用。

6.3.1.3 微胶囊法

微胶囊法是将抗菌剂制成微胶囊,再用高分子黏合剂或涂层剂对织物处理。要求抗菌剂适合黏合剂的加工条件且能渗透至纤维无定形区增强产品耐洗性。例如将涤/棉混纺织物浸入含有密胺树脂微胶囊(含 N,N-二乙基间苯甲酰胺)和 TK 黏合剂(聚氨基甲酸酯)的分散剂中,再经挤压、烘干,得耐洗抗菌织物。微胶囊法纤维表面如图 6-3 所示。织物的表层和背层均含有包封抗菌剂的微胶囊,在使用过程中,通过摩擦,微胶囊破裂并释放出抗菌剂,在纤维表面扩散,达到一定的抗菌效果。

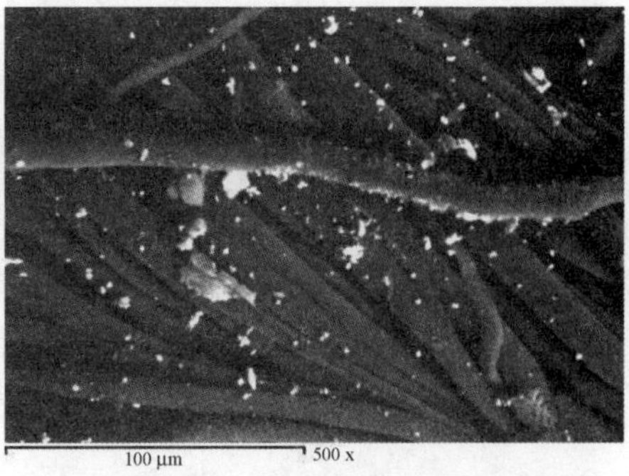

图 6-3　微胶囊法纤维表面[7]

6.3.2　抗菌纤维制备抗菌织物

抗菌纤维是在抗菌后处理技术之上发展起来的。国际上自 20 世纪 80 年代开始出现通过化学纤维的高分子结构改性和共混制取持久性抗菌纤维的方法,其中以共混方式为主。与抗菌后处理技术相比较,抗菌纤维的抗菌效果好、持久,纤维不附着树脂,织物手感好,工艺简单,成本低。抗菌后整理虽然加工方便,但抗菌效果不理想,织物经数十次洗涤后,抗菌效果下降,难以满足消费者的要求。

6.3.2.1　天然抗菌纤维制备抗菌织物

这类纤维的代表有甲壳素纤维、亚麻、苎麻等。甲壳素又称甲壳质、壳蛋白,是一种天然生物高分子化合物,它在自然界中的含量仅次于纤维素,广泛存在于甲壳类生物的外壳、昆虫甲皮及真菌、藻类等低等植物的细胞壁中。甲壳素分子内存在乙酰氨基,其纤维具有许多不同于纤维素纤维的特性,如生物相容性良好、无毒、无刺激、无致敏反应,能促进上皮细胞和内皮细胞生长,具有止血、收敛创伤面和抑制细菌生长等作用。试验表明,甲壳素对大肠杆菌、金黄色葡萄球菌、绿脓菌、灰色霉菌、溃疡病菌、斑点病菌等具有良好的抗菌作用。实践表明,纯亚麻织物的抗菌效果明显高于纯棉织物。纯麻织物中,雨露麻原色布的抑菌效果高于亚麻漂白布。观察熏法的结果表明,亚麻织物散发的气味没有明显杀灭大肠杆菌的作用。

6.3.2.2　人造抗菌纤维制备抗菌织物

这类制备方法主要针对化纤,先制得抗菌纤维,再制成抗菌织物。人造抗菌纤维的加工方法主要有以下几种:

(1)接枝法。接枝法是通过化学方法在纤维大分子上接枝具有抗菌性的基团,使纤维获得抗菌性能。用这种方法制造的抗菌纤维制作抗菌保健服装,可具有永久的抗菌效果。如日本蚕毛染色公司用染色方法使聚丙烯腈纤维的—CN 基与 CugSs 形成配位键,生产出圣达纶 SS-N 纤维,既抗菌又防静电。

(2)离子交换法。离子交换法是采用含有离子交换基团的纤维,通过离子交换反应,使纤维表面置换上具有抗菌性的离子(如银离子或银离子与铜离子或锌离子的混合物)。用这种方法制造的抗菌纤维,由于金属离子与纤维上的离子交换基团形成离子键,也具有持久的抗菌效果。

(3)湿纺法。此方法是将抗菌剂在有机溶剂中溶解,然后加入纺丝液中,经湿纺制得抗菌纤维,其抗菌方式属于溶出型。此法多用于抗菌聚丙烯腈纤维的生产。

(4)熔融共混纺丝法。此方法是将抗菌剂与聚合物共混,然后通过熔融纺丝制得抗菌纤维。抗菌剂均匀分布在抗菌纤维中,其产品具有优良的耐洗涤性能,抗菌效果持久。但此法要求抗菌剂耐高温且与聚合物有良好的相容性及分散性。常用的抗菌剂以泡沸石类居多。

（5）复合纺丝法。复合纺丝法是将抗菌剂制得的抗菌母粒和聚合物通过复合纺丝的方法，制成皮芯结构的抗菌纤维，抗菌母粒为皮层，聚合物为芯层。此法所得的抗菌纤维，抗菌剂只分布于纤维的皮层，与共混法相比，所需的抗菌剂较少，可以减少抗菌剂引入对聚合物物理力学性能和服用性能的影响。

6.4　抗菌性能评价

纺织品的抗菌性能评价方法主要分为两类：定性方法和定量方法[8]。定性方法主要有晕圈法（琼脂平板法、琼脂平皿扩散法）、平行划线法等。定量方法主要有奎因法、吸收法、振荡法、转移法、转印法等。表 6-4 列出了不同标准采用的方法、方法性质及抗菌效果指标。

表 6-4　抗菌性能评价[8]

标准编号	方法名称	方法性质	抗菌效果指标
AATCC 30:2004	土埋法	定性	断裂强力损失
	琼脂平板法Ⅰ	定性	断裂强力损失、霉菌生长情况
	湿度瓶法	定性	霉菌生长情况
AATCC 90:1982	晕圈法	定性	抑菌圈宽度
AATCC 100:2004	吸收法	定量	抑菌率、杀菌率
AATCC 147:1998	平行划线法	定性	抑菌带宽度
ASTM E2149:2001	振荡法	定量	抑菌值、抑菌率
JIS L1902:2002	晕圈法	定性	抑菌圈宽度
	吸收法	定量	抑菌值、杀菌值
	转印法	定量	细菌减少值（抑菌值）
ISO 20743:2007	吸收法	定量	抗菌值
	转移法	定量	抗菌值
	转印法	定量	抗菌值
GB/T 20944.1—2007	琼脂平皿扩散法（抑菌圈法）	定性	抑菌圈宽度
GB/T 20944.2—2007	吸收法	定量	抑菌值、抑菌率
GB/T 20944.3—2007	振荡法	定量	抑菌率
FZ/T 73023—2006	晕圈法	定性	抑菌圈宽度
	改良奎因法	定量	抑菌率
	吸收法	定量	抑菌率
	振荡法	定量	抑菌率

6.4.1 定性方法

6.4.1.1 晕圈法

AATCC 90:1982、JIS L1902:2002 及 FZ/T 73023—2006 等采用晕圈法,其原理是在琼脂培养基上接种试验菌种后紧贴试样,培养一定时间,观察菌种繁殖情况和试样周围无菌区的晕圈大小,并与标准对照样的试验情况进行比较(图 6-4)。此法一次能处理大量试样,操作较简单,时间短,适用于溶出型抗菌织物,适宜定性评价。

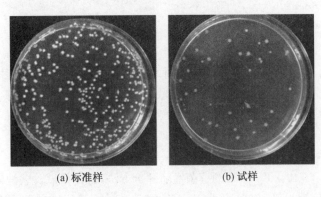

(a) 标准样   (b) 试样

图 6-4　晕圈法示例[9]

6.4.1.2 平行划线法

AATCC 147:1998 采用平行划线法,对纺织品的抗菌效果进行定性评价,考察使用可溶出性抗菌剂纺织品的抗菌能力。该方法是将一定量的培养液滴加于盛有营养琼脂的平板培养皿中,使其在琼脂表面形成 5 条平行的条纹,然后将样品垂直放在这些培养液条纹上,并轻轻挤压,使其与琼脂表面紧密接触,在一定的温度下放置一定时间(图 6-5)。此法利用与样品接触的条纹周围的抑菌带宽度表征织物的抗菌能力。也有人将平行划线法作为半定量方法应用。

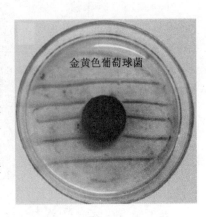

图 6-5　平行划线法示例[10]

6.4.2 定量方法

6.4.2.1 奎因法

奎因法产生于 20 世纪 60 年代初,后来许多研究者对奎因法进行改良。FZ/T 73023—2006 的附录 D.6 即参照美国的奎因法并做出适当的改进,是比较简易和快速的一种方法,可用于细菌和部分真菌检测,适用于吸水性好且颜色较浅的溶出型或非溶出型抗菌织物[11]。测试方法是将菌液接种到织物试样上,于 37 ℃左右置于生化培养箱中干燥 1~3 h,然后将试样贴在培养基上,覆盖半固体培养基,在一定温度下培养一段时间,再用低倍显微镜观察菌落情况,记录菌落数,计算试样的抑菌率。奎因法操作简单、快速,但精确度稍差,已较少使用。

6.4.2.2 菌液吸收法

菌液吸收法适用于溶出型抗菌织物,或吸水性较好且洗涤次数较少的非溶出型抗菌织物。此法是将经抗菌加工的样品及未经抗菌加工的对照样定量吸收一定的已知微生物菌悬液,进行0接触时间立即洗脱,以及在规定的温度、湿度条件下接触一段时间后洗脱,对洗脱液进行微生物平板计数,计算残留在样品上的微生物数量;然后根据0接触时间样品上的微生物数量及接触一段时间后样品上残留的细菌数,计算样品的杀菌率;根据接触一段时间后对照样上的微生物数量及样品上残留的细菌数,计算样品的抑菌率或抑菌值。菌液吸收法适用于在使用过程中产生汗液等水分的抗菌纺织品的抗菌性评价。该方法的代表标准有AATCC 100:2004、JIS L1902:2002、FZ/T 73023—2006 附录 D7、GB/T 20944. 2—2007和 ISO 20743:2007 方法 A。

6.4.2.3 振荡法

振荡法是将试样与对照样分别装入盛有一定浓度的试验菌液的三角烧瓶中,在规定温度下振荡一定时间,测定振荡前及振荡一定时间后菌液的活菌浓度,计算抑菌率。此方法对试样的吸水性要求不高,适用于纤维状、粉末状、有毛羽的衣物、凹凸不平的织物等,尤其适用于非溶出型抗菌织物。其代表标准包括 FZ/T 7302—2006 附录 D8、GB/T 20944. 3—2008、ASTM E 2149:2001 和 GB 15979—2002 附录 C5。

6.4.2.4 转移法

转移法是 ISO 20743:2007 公布的抗菌性能评价方法,它先将试验菌液接种于琼脂培养基上,然后将试样放在接种琼脂表面,施加一定的力,将菌种转移到试样上,分别进行立即洗脱和培养后洗脱,以此评价织物的抗菌性能。转移法适用于在使用过程中产生少量水分的抗菌织物。

6.4.2.5 转印法

转印法是将测试菌和营养肉汤一起经滤膜过滤,然后将调湿后的测试样放在沾有测试菌的滤膜上,在试样上放一砝码施加一定的压力,将测试菌转印到试样上,分别进行立即洗脱和培养后洗脱,以此评价织物的抗菌性能。ISO 20743:2007、JIS L1902:2002 均采用转印法,其适用于使用过程中处于干燥状态的抗菌织物。

6.4.3 抗菌效果的表示

抗菌效果的表示方法,主要有百分率和对数值两种。AATCC 100:2004、FZ/T 73023—2006、GB/T 20944. 3—2007 用百分率表示抗菌活性;JIS L1902:2002、ISO 20743:2007 用对数值表示抗菌活性;GB/T 20944. 2—2007 采用百分率和对数值两种指标表示抗菌活性。用百分率表示抗菌活性便于理解。但由于菌液以几何级数方式稀释,用百分率表示抗菌活性会使样品的抗菌性能与最终计算的百分率不呈平行的正比关系。由于未规定评价基准,所得数据只在较高的百分数(>90%)或极低时(接近0)才有较好的重现性。采用对数值计算抑菌活性值及杀菌活性值,并以此表示抗菌性能,消除了菌液以几何级数方式稀释带来的影响,明确给出了评价基准,使评价结果更加可靠。但是,用对数值表示抗菌活性不能一目了然地体现样品的抗菌性能。

FZ/T 73023—2006 按不同的洗涤次数及对应的抗菌性能(抑菌率),将抗菌纺织品分为 A 级、AA 级和 AAA 级 3 个抗菌等级。这种分级方式对规范抗菌纺织品市场具有积极的意义,但缺乏足够的依据。同时,该标准推荐选用 3 种不同的定量方法,并统一用抑菌率评价不同类型的抗菌产品,也缺乏科学性和可比性,存在较大的争议。ISO 20743:2007 规定的 3 种定量方法都采用抗菌值表示抗菌活性,将方法的有效性直接引入抗菌活性的表示,在验证方法有效性的同时评定样品的抗菌活性,不失为一种科学的表示方法。

常用的表示抗菌效果的指标及计算公式:

$$抑菌率 = [(C_t - T_t)/C_t] \times 100\%$$
$$抑菌值 = \lg C_t - \lg T_t$$
$$杀菌率 = [(C_0 - T_t)/C_0] \times 100\%$$
$$杀菌值 = \lg C_0 - \lg T_t$$
$$抗菌值 = (\lg C_t - \lg C_0) - (\lg T_t - \lg T_0) = F - G$$

其中:C_0 和 C_t 分别表示标准对照样接种后立即洗脱和培养一定时间后洗脱测得的活菌数平均值;T_0 和 T_t 分别表示抗菌整理布样接种后立即洗脱和培养一定时间后洗脱测得的活菌数平均值;F 和 G 分别表示标准对照样和抗菌整理布样的细菌增长值($F = \lg C_t - \lg C_0$,$G = \lg T_t - \lg T_0$)。

6.4.4　防霉性能评价

AATCC 30:2004 是目前采用最广泛的纺织品防霉性能评价方法[12],给出了土埋法、琼脂平板法、湿度瓶法 3 种方法。土埋法是将样品埋入土壤中一定时间后测定断裂强力,以土埋处理后所损失的断裂强力表征其抗霉能力。琼脂平板法是将经非离子润湿剂处理的样品放置在琼脂培养基上,然后将一定量的孢子悬液均匀涂布于样品表面,在一定条件下培养一定时间后测定断裂强力,并观察培养平板上的霉菌生长情况。湿度瓶法是将经过预处理的样品条悬挂于一个有一定通风、盛有一定量、分散有一定数目的细菌孢子的水溶液广口瓶中,在一定的温度下放置一段时间后,用样品条上的霉菌面积进行表征。

这些方法的测试周期都较长。从严格意义上讲,不同方法所得结果并无可比性。同时,由于样品性状会影响其与培养基的接触,从而对测试结果造成一定的影响,所以对非溶出型抗菌产品,采用此类评价方法显然是不合理的。

6.4.5　除臭性能评价

汗臭、体臭等是由分布在体表的汗腺分泌物产生并散发的难闻气味,尤其在腋窝、脚底板等汗腺发达但通风不良的部位,容易滋生大量的细菌,它们会将皮肤排出的汗液分解发酵,进而加重汗臭味。另外,附着在衣物上的微生物能够降解纤维分子链,生成具有挥发性的恶臭物质,给人们带来不适感,甚至引起人体过敏或某些皮肤病[13]。

随着人们生活水平的改善及健康意识的提高,对服装的关注已不局限于美观和保暖。兼具安全、生态和特定功能的服装越来越受到关注和青睐。其中,除臭纺织品因其可以有效地改善穿着舒适性,近年取得了快速的发展。

对纺织品进行除臭整理,可以消除、掩盖人体身上或周围环境中的某些臭味。由于普通消费者很难辨认纺织品除臭功能的真伪,因此对宣称具有除臭性能的产品进行除臭性能测试十分重要。

目前对纺织品除臭性能的测定主要有 5 种方法,分别是嗅觉法、检知管法、气相色谱法(GC)、富集取样法及金属氧化物半导体法。国际标准化组织于 2014 年发布了 ISO 17299:2014[14],针对臭气中的氨气、乙酸、异戊酸、壬烯醛、硫化氢、甲硫醇及吲哚共 7 种主要化学物质浓度进行测定。

需要说明的是,除了嗅觉法,其他4种方法均采用仪器检测,且测试操作存在一些相似之处(表6-5),如处理前均须对反应容器(采样袋或锥形瓶)用稀释气体进行清洁处理,每个样品均要求测3个平行样和1个空白样,并且都采用除臭率表征样品的除臭性能:

$$除臭率 = \frac{空白值 - 试样值}{空白值} \times 100\%$$

表6-5　ISO 17299:2014 中几种测定方法的基本参数

类型	检知管法	GC-MS (方法 A)	GC-MS (方法 B)	富集取样法	金属氧化物 半导体法
面料(cm^2)	100±5	50±2.5	25±1.25	250±12.5	100±5
纱线、纤维和羽毛(g)	1.0±0.05	0.5±0.025	—	2.5±0.125	1.0±0.05
反应体积及容器	5 L 采样袋	500 mL 锥形瓶	22 mL 玻璃瓶	3 L 采样袋	3 L 采样袋

6.4.5.1　嗅觉法

嗅觉法主要利用人的嗅觉器官判断样品中臭味气体的浓度级别。在开始测试前,评价人员需确定臭气辨别的临界值,并记录在报告中。通过感知样品中剩余臭气的臭味程度,按表6-6评定臭气等级[15]。由于人的嗅觉系统是非常灵敏的气味传感器,臭气等级为3.5时(即容易闻到臭味)的气体浓度甚至低于气相色谱的检出限。因此,该方法可以有效地识别微量的臭气组分,且对7种臭气组分均适用。不过,由于操作人员之间的嗅觉灵敏度差异明显,此方法存在很大的主观性,很难利用客观指标进行标准化,而且长期接触令人不悦的臭气对人嗅觉感官是一种考验,加上硫化氢是一种剧毒气体,存在安全隐患。因此,采用嗅觉法测试硫化氢的操作者必须具有丰富的测试经验。

表6-6　臭气等级评定表

臭气等级	0级	1级	2级	3级	4级	5级
级别描述	完全无臭	极弱的臭味 (检测值)	较弱的臭味 (认知值)	容易闻到臭味	较强的臭味	非常强烈的臭味

6.4.5.2　检知管法

将样品放入5 L采样袋中密封,除尽气体后注入3 L已知浓度的被测气体,静置2 h,使样品与臭气充分作用;反应结束后,抽取100 mL气体于相应的检知管中进行测试。因为检知管中装有用特定试剂浸泡过的载体颗粒,当被测气体以一定速度通过时,其中的目标组分会与试剂发生颜色反应,记录检知管中变色颗粒的颜色深浅和色柱的长短,再与标准色板或浓度标尺进行比较,即可测得该组分的浓度。

检知管法具有操作简单、成本低廉、结果直观易读等优点,可操作性非常好,是目前纺织品除臭性能评定中最常用的方法。但一支检知管一般只对某种物质产生反应,若要对混合物进行检测,需要将不同的检知管串联。由于检知管法通过观察检知管中颗粒的颜色变化测定臭气含量,选择合适量程的检知管对提高测试结果的精确度十分重要。另外,该方法在读数时存在一定的主观性,因此测试结果不如气相色谱仪等精密仪器精确。

6.4.5.3　GC 法

气相色谱法(GC 法)是一种非常有效的有机物分离分析方法,特别适合于对有机物进行定量分析。在除臭性能测试中,按照前处理操作的不同,又分为 A、B 两种方法。方法 A 主要用于异戊酸、吲哚和壬烯醛的测定,方法 B 主要用于测试样品在氯化钠介质下对乙酸臭气的除臭能力。对气体进行气相色谱分析,用氢火焰离子化检测器(FID)或选择离子检测器(MSD)检测,以峰面积作为响应值进行评价。

气相色谱法具有自动化处理程度高、可同时实现定性和定量分析、线性范围宽、测量数据准确可靠等优点,是目前最有效的有机物分析方法。尤其是气质联用技术(GC-MS),它有效地结合色谱分离优势和质谱高效的定性能力,广泛应用于复杂组分的分离和鉴定。GC 法测试除臭性能,反应容器为玻璃器皿,其容积较小,因此前处理条件容易满足。但是,分析设备属于精密仪器,价格昂贵,而且对操作人员的专业技能要求较高,一些小型实验室难以具备。

6.4.5.4　富集取样法

将样品平铺装入 3 L 采样袋并密封,使用真空泵将袋中的空气排尽。注入 2.5 L 测试气体(如甲硫醇、硫化氢)或充入 2.5 L 氮气,然后注入 2.5 μL 臭气溶液,密封。揉捏袋子数次后静置 2 h,再揉捏袋子,用空气泵抽取 2 L 测试气体或通入吸附管进行吸附收集,或利用吸收溶液直接收集。吸附管中的臭气(吲哚、异戊酸或壬烯醛)经热解吸处理后,可用气相色谱仪进行分析;对于甲硫醇和硫化氢,可以采用离子色谱仪直接分析吸收溶液。

此方法的特点是在对采集的气体进行分析之前,采用吸附管或吸收溶液进行富集处理,增加了样品的实际浓度。因此,若选取合适的吸附管或吸收溶液,可以有效提高方法的灵敏度和检出限。

6.4.5.5　金属氧化物半导体法

半导体材料会对气体分子产生吸附作用,材料表面结构发生变化,进而改变电阻值,最终以电信号分别输出每种组分的响应矢量值。此法的前处理操作步骤:准备 3 L 采样袋,将样品放入采样袋中平铺,排尽空气后注入 2.5 L 已知组分和浓度的测试用臭气;静置反应 2 h 后,用 10 级半导体传感器对臭气进行测试。与其他测试方法中要求 7 种臭气组分必须单独测试不同,金属氧化物半导体法主要针对纺织品上的混合臭气进行测试,标准臭气为人造混合臭气,包括类汗臭、类体臭和类粪便臭(表 6-7)。该方法具有操作简易、测试速度快且无需对各种臭气单独测试等特点。以混合臭气为对象模拟纺织品的除臭能力,能够比较客观、真实地反映纺织品的综合除臭能力。但是,该方法数据处理比较复杂,臭气传感器的灵敏度一般,而且传感器对每种物质的灵敏度不同,因而类臭气的配比和浓度均会影响测试结果,数据溯源性较差。

表 6-7　类臭气的化学组成及除臭纺织品认证要求的除臭率

臭气组成 (稀释气体定容 至 2.5 L)	主要成分体积(mL)						
	氮气	乙酸	异戊酸	壬烯醛	硫化氢	甲硫醇	吲哚
类汗臭	50	250	500	—	—	—	—
类体臭	50	250	500	830	—	—	—
类粪便臭	50	250	—	—	100	200	1 250
除臭率(%)	70	70	85	70	70	70	75

目前的评定方法都是直接对样品进行测定,没有考核产品在使用一段时间后的除臭性能(即除臭的可持续性),因此无法客观、全面地反映产品真实的除臭能力。消费者购买此类纺织品,希望在足够长的时间内或长期享受除臭产品带来的舒适性。因此,评定纺织品除臭能力的可持续性(或寿命)更具有实际意义。可以在测试前对样品进行某些前处理(如一定次数的水洗、摩擦或日晒等),模拟人们穿着一段时间后产品性能的正常损耗,再按相应的方法进行除臭测试,即可测定纺织品除臭性能的可持续性[16]。

参考文献

[1] 谭文颖,肖卫军,叶尔恭,等.抗菌纺织品的探讨[J].化纤与纺织技术,2003(4):28-35.

[2] 叶金兴.纺织物抗微生物整理的最新发展[J].现代纺织技术,2005,14(5):48-50.

[3] 刘伟时.抗菌纤维的发展及抗菌纺织品的应用[J].化纤与纺织技术,2011,40(3):22-27.

[4] 龚兴建.纺织纳米级抗菌材料制备及应用若干问题探讨[D].上海:东华大学,2005.

[5] 郭锋.ZnO/Ag 纳米复合无机抗菌剂的制备、性能及在 PVC 中的应用研究[D].青岛:青岛科技大学,2008.

[6] Prasada V, Arputharaja A, Bharimallab A K, et al. Durable multifunctional finishing of cotton fabrics by in situ synthesis of nano-ZnO[J]. Applied Surface Science,2016:936-940.

[7] El-Rafie H M, El-Rafie M H, AbdElsalam H M, et al. Antibacterial and anti-inflammatory finishing of cotton by microencapsulation using three marine organisms[J]. International Journal of Biological Macromolecules, 2016:59-64.

[8] 赵婷,林云周.纺织品抗菌性能评价方法比较[J].纺织科技进展,2010(1):73-76.

[9] Anahita Rouhani Shirvan, Nahid Hemmati Nejad, Azadeh Bashari. Antibacterial finishing of cotton fabric via the chitosan/TPP self-assembled nano layers[J]. Fibers and Polymers, 2014,15(9):1908-1914.

[10] Wan Caichao, Li Jian. Cellulose aerogels functionalized with polypyrrole and silver nanoparticles:In-situ synthesis, characterization and antibacterial activity[J]. Carbohydrate Polymers, 2016:362-367.

[11] 张复全,郭金福.Cleancool(R)纤维的抗菌性能检测及安全性评述[C]//新型化纤原料在针织及其他相关行业应用技术研讨会, 2010.

[12] 高春朋,高铭,刘雁雁,等.纺织品抗菌性能测试方法及标准[J].染整技术,2007,29(2):38-42.

[13] 武镜,高志峰.纺织品除臭功能的检测与评价[J].针织工业,2012(10):62-63.

[14] ISO 17299:2014 Textiles-Determination of deodorant property[S].

[15] 魏孟媛,陆维民,陈源.纺织品消臭效果检测评定[J].上海纺织科技,2012,40(5):8-10.

[16] 邓明亮,杨萍,贺志鹏,等.浅析纺织品除臭性能的测定[J].山东纺织科技,2016,(4):28-31.

第七章
抗静电、防辐射微纳米纺织品

7.1 抗静电、防辐射微纳米纺织品简介

静电是处于静止状态的电荷，或者说是不流动的电荷（流动的电荷即电流）。当电荷聚集在某个物体的某些区域或其表面上时，就形成静电。当带静电物体接触零电位物体（接地物体）或与其电位有差异的物体时，就会发生电荷转移，也就是人们常见的静电放电现象。静电的电量不高，能量不大，不会直接使人致命。但是，静电电压可高达数万至数十万伏。例如，人在地毯或沙发上立起时，人体电压可超过 10 kV；橡胶和塑料薄膜行业的静电高达 100 kV。高的电压使静电放电时能够干扰电子设备的正常运行或对其造成损害，而且很容易产生放电火花，引起火灾或爆炸事故[1]。

7.1.1 静电的特性与危害

7.1.1.1 静电的产生
任何两个不同材质的物体接触后再分离，即产生静电，也就是摩擦生电现象。人们在地板上走动、从包装箱里取出泡沫、旋转转椅、推拉抽屉、拿取纸笔、移动鼠标等动作，都会产生静电，使物体和人体带上静电荷。材料的绝缘性越好，越容易产生静电；环境湿度越低，越容易产生静电。另一种产生静电的方式是感应起电，即带电物体接近不带电物体时，会在不带电物体的两端分别感应出负电和正电[2]。

7.1.1.2 静电及其放电特性
(1) 静电的电压较高，至少有几百伏，典型值在几千伏，最高可达数十万伏。
(2) 静电放电的持续时间短，多数只有几百纳秒。
(3) 静电放电时释放的能量较低，典型值在几十到几百微焦耳。
(4) 静电放电时电流上升时间很短，如常见的人体放电，其电流上升时间短于 10 纳秒。
(5) 静电放电脉冲所导致的辐射波长从几厘米到几百米，频谱范围非常宽，能量上限频率可达 5 GHz，容易对电流路径上的天线产生激励，形成场的辐射发射。

7.1.1.3 静电的危害
静电产生危害的主要原因是静电放电。此外，静电引力会对工作、实验造成危害。在发生静电火花放电时，静电能量瞬时集中释放，形成瞬时大电流，在存有易燃易爆品或粉尘、油雾的场所，极易引起爆炸和火灾。静电放电过程产生强烈的电磁辐射，可对一些敏感的电子器件和设备造成干扰和损坏。另外，高压静电放电造成电极，危及人身安全；静电引力会使元件吸附灰尘，造成污染，使胶卷、薄膜、纸张收卷不齐，影响精密实验过程的测量结果。除

此以外,静电对人体和纺织品同样有危害:

（1）织物与人体接触产生吸附、电击现象,使人体有刺痛感。

（2）织物带静电后易吸尘、易沾污。

（3）织物带静电后放出的小火花容易使周围易燃易爆气体着火或闪爆,引起意外事故。

（4）静电现象对人体健康有一定影响,有时会出现过敏或者皮疹现象。

7.1.1.4 消除织物静电的方法

（1）织物表面整理。利用抗静电剂对织物表面进行亲水整理。大多数抗静电剂与被整理织物的纤维有相似的高分子结构。

（2）纤维化学改性法。纤维化学改性的方法主要有两种:①在纤维表面引入亲水性基团,其机理和优缺点与织物表面处理相同;②与亲水性的聚合物进行共聚或接枝聚合,纤维及织物能较好地保持原有的风格和力学性能,同时具有耐水洗性、持久的抗静电性能,但耐碱性差,成本高。

（3）混纺或嵌织导电纱线。目前,纺织品抗静电整理的主要途径之一是采用导电纤维,如金属纤维(不锈钢纤维、铜纤维、铝纤维等)、碳纤维和有机导电纤维。在生产过程中,把导电纤维以一定的比例混纺,经纺织加工后可以降低织物的表面电阻,同时导电纤维之间的电晕放电可使静电消除。

（4）涂覆法。将导电材料如石墨、铜粉或银粉掺入涂层剂,对织物表面进行涂层。该方法设备简单,投资少,操作容易,易于控制,织物柔软,服用性能好,可推广性强,具有良好的前景。

7.1.2 纺织品静电性能的评定

关于纺织品静电性能评定的国家标准 GB/T 12703《纺织品 静电性能的评定》包括七个部分:

第一部分:静电压半衰期;

第二部分:电荷面密度;

第三部分:电荷量;

第四部分:电阻率;

第五部分:摩擦带电电压;

第六部分:纤维泄漏电阻;

第七部分:动态静电压。

具体方法的比较见表 7-1 所示。

表 7-1 GB/T 12703《纺织品 静电性能评定》各部分标准比较

测试标准	带电机理	适用范围	物理意义(测试原理)
GB/T 12703.1—2008《纺织品静电性能的评定 第1部分:静电压半衰期》	感应带电	纺织品（铺地织物除外）	通过静电电压的半衰期表征纺织品静电散逸快慢程度的性能
GB/T 12703.2—2009《纺织品静电性能的评定 第2部分:电荷面密度》	摩擦带电	纺织品（铺地织物除外）	以电荷面密度表征织物经过一定摩擦后单位面积所带电量的能力

测试标准	带电机理	适用范围	物理意义(测试原理)
GB/T 12703.3—2009《纺织品静电性能的评定 第3部分:电荷量》	摩擦带电	服装及其他纺织制品	以电荷量表征服装及其他纺织制品经一定摩擦后所带电荷量的能力
GB/T 12703.4—2010《纺织品静电性能的评定 第4部分:电阻率》	接触带电	各类纺织织物(铺地织物除外)	通过电阻率表征纺织材料的导电性
GB/T 12703.5—2010《纺织品静电性能的评定 第5部分:摩擦带电电压》	摩擦带电	纺织织物(铺地织物除外)	以摩擦带电电压表征纺织品经一定摩擦条件后所形成的静电荷的电势差
GB/T 12703.6—2010《纺织品静电性能的评定 第6部分:纤维泄漏电阻》	接触带电	各类短纤维	通过测量与电容对纤维放电速度有关的纤维漏电电阻,表征纤维产生静电的能力
GB/T 12703.7—2010《纺织品静电性能的评定 第7部分:动态静电压》	—	纺织厂生产的各道工序动态静电压	表征纺织生产中所产生的静电势差的大小

7.1.3 电磁辐射的危害

交流电路向周围空间放射电磁能,形成交流电磁场,其以一定速度在空间传播的过程,称为电磁辐射。

电磁辐射包括非电离辐射和电离辐射两大类。非电离辐射通常指无线电波、红外线、可见光线、紫外线等;电离辐射是通过物质时能引起物质电离的一切辐射的总称,它包括电磁波中的 X 射线及 α、β、γ 射线等。

目前,电磁辐射无处不在。无线电广播、电视、无线通信、卫星通信,无线电导航,雷达,电子计算机,高频淬火、焊接、熔炼,塑料热合、微波加热与干燥,短波与微波治疗,以及高压、超高压输电网、变电站等应用广泛,它们虽然对社会的发展起到了重要作用,但由此产生的电磁辐射危害也日趋严重。

7.1.3.1 非电离辐射对人体的危害

(1)无线电波。较强大的无线电波对人体的主要影响是导致神经衰弱,表现为头昏、失眠多梦、记忆力衰退、心悸、乏力、情绪不稳定等症状。它对人体的影响取决于磁场强度、频率、作用时间及人体自身状况。人体一旦脱离电磁场作用,相关症状会逐渐缓解或消除。

(2)微波。微波对人体的危害比中短波严重,其危害程度同样与场强、距离及照射时间等因素有关。人体各部位组织器官对微波的敏感性不同,其中以眼睛最为敏感,最易受到伤害。微波对神经系统、心血管系统的影响也较大。微波对人体的危害具有累积效应。

(3)红外线。红外线能引发眼睛白内障,灼烧视网膜。其危害多发生在电气焊、熔吹玻璃、炼钢等作业人员身上。

(4)紫外线。紫外线可引起急性眼角膜炎和皮肤红斑反应,电气焊作业人员易患电光性眼炎。

（5）激光。激光能烧伤生物组织，如灼烧视网膜及皮肤等。

7.1.3.2 电离辐射对人体的危害

电离辐射又称放射线，是一切能引起物质电离的辐射的总称。人体在短时间内受到大剂量电离辐射会引起急性放射病，长时间受到超剂量电离辐射会引起全身性疾病，出现头昏、乏力、食欲消退、脱发等症状。遭受大剂量电离辐射，不仅当时产生病变，而且电离辐射停止后还会产生远期或遗传效应，如诱发癌症、后代患小儿痴呆症等。

7.1.3.3 对电子设备产生干扰

许多正常工作的电子、电气设备所发生的电磁波，能对邻近的电子、电气设备产生干扰，使其性能下降乃至无法工作，甚至造成事故和设备损坏。电子电气设备在工作时向外辐射的电磁波，会产生电磁干扰，引起电磁信息泄露和电磁环境污染（表7-2）。

表7-2　常用家电辐射量

家电名称	辐射量(mG)	家电名称	辐射量(mG)	家电名称	辐射量(mG)
微波炉	200	吹风机	70	空调	20
吸尘器	200	电饭锅	40	音响	20
电须刀	100	洗衣机	30	VCD	10
电脑	100	电冰箱	20	录像机	6
手机	100	电视机	20	电熨斗	3

7.1.4 电磁辐射的防护

（1）显示器散发出的辐射，多数不是来自它的正面，而是侧面和后面。因此，不要把自己的电子设备的显示器的后面对着同事的后脑或身体侧面。

（2）常喝绿茶。茶叶中含有的茶多酚等活性物质，有助于吸收放射性物质。

（3）勤洗脸可以防止辐射波对皮肤的刺激。

（4）在电脑桌附近摆放一盆植物或水，可以吸收电脑所发出的电磁波。

（5）尽量使用液晶显示器。

（6）使用电磁波屏蔽和吸波材料对电磁波进行屏蔽隔离和损耗。

7.2　纳米抗静电纤维

现有的抗静电纤维主要有两类：非永久性抗静电纤维；永久性抗静电纤维[3]。

7.2.1 非永久性抗静电纤维

7.2.1.1 采用导电材料表面涂覆技术实现抗静电效果

采用导电材料表面涂覆技术实现抗静电效果是最先实现工业化的抗静电纤维技术。例如，东洋纺在经过表面改性的聚酯纤维表面涂覆一层金属三氧化二铟，然后与聚酯纤维混纺，可达到优良的抗静电效果[4]；帝人公司将聚酯纤维放入含有特定表面活性剂的溶液中，再进行高温热处理,可以制备具有优良抗静电性能的聚酯纤维[5]。

采用刷涂、喷涂或浸涂等方法在聚酯纤维表面涂覆一层导电材料,可提高抗静电性能。添加的导电材料有无机导电材料、有机导电材料、纳米导电材料等。无机导电材料可以是金属粉末、薄片、金属氧化物和无机复合物;有机导电材料可以是表面活性剂(包括各种有机抗静电剂)或具有导电性能的紫外线固化导电涂料;纳米导电材料可以是采用特殊方法制成的具有导电性能的纳米材料[6]。

7.2.1.2 添加长链烷烃的两亲性抗静电剂,使用共混纺丝技术制备抗静电纤维

添加长链烷烃的两亲性抗静电剂,使用共混纺丝技术制备抗静电纤维是工业上应用较普遍的方法之一[7-8]。两亲性物质在聚合物纤维中吸附水膜,实现聚合物纤维的抗静电效果。在 20 世纪 60 年代,杜邦公司和东丽公司采用聚乙二醇等高分子抗静电剂,成功地将共混型抗静电聚合物纤维工业化[9-10]。后来,随着技术的不断发展,陆续开发出聚醚酯、磺酸盐类有机高分子抗静电剂[11]。

将抗静电剂加入聚丙烯腈纺丝液进行共混生产抗静电纤维,是当前腈纶抗静电改性的重要方法之一。用此法改性的腈纶纤维的抗静电性、耐久性较后整理法好。加入纺丝液的抗静电剂要求颗粒细,分散性、成形稳定性好,并且不溶于凝固浴和水,纺丝过程中无堵孔现象。适用的抗静电剂种类十分广泛,有无机化合物(如钛酸钾、炭黑、金属和金属氧化物等)、有机化合物(如二烷基磷酸、三乙醇胺等),以及高分子化合物(如嵌段共聚醚酯、聚乙烯乙二醇二丙烯酸酯、含磺酸基的聚氧乙烯化合物、含硫的聚醚等)。

共混法中,抗静电剂不是涂在纤维表面而是分布在纤维内部,不容易因磨损和洗涤而流失。所以,用此法得到的抗静电纤维的耐洗涤性能优于经物理型抗静电处理得到的纤维,其抗静电效果也更持久。这种改性方法的工业化水平仍在不断提高。

利用共混法制备抗静电纤维的技术关键是选择抗静电剂及控制好纺丝成形、加工工艺条件,平衡纤维的抗静电性能与力学性能之间的关系,改进方法大多采用复合纺丝工艺[12]。

上述两种方法制备的抗静电纤维都属于非永久性抗静电纤维,虽然纤维具有优秀的抗静电效果及良好的染色性能,但是存在抗静电效果受环境湿度的影响大、抗静电性的耐洗涤性能差、制造过程复杂等缺点,大大限制了其工业化应用。

7.2.2 永久性抗静电纤维

通过填充金属或金属氧化物等导电材料制备的聚合物/导电颗粒复合纤维,属于永久性抗静电纤维,具有持久的抗静电性和优良的抗静电效果。因此,这种方法成为工业上制备抗静电纤维最普遍的方法。

(1)填充纳米金属氧化物制备的抗静电纤维,具有可染色、持久的抗静电性等优点。纳米金属氧化物主要有二氧化锡(SnO_2)、三氧化二铟(In_2O_3)、氧化锌(ZnO)和二氧化钛(TiO_2)等。贺洋等[13]以硅灰石为原料、五水四氯化锡为包覆剂,采用化学沉淀法,制备了一种纳米 SnO_2/硅灰石复合材料,其 SEM 照片如图 7-1 所示。硅灰石属于链状偏硅酸盐,集合体呈放射状、纤维状,热膨胀系数小,有良好的助熔性。硅灰石由于其优异、独特的物化及工艺性能,作为一种新兴的无机矿物填料,广泛地应用于橡胶、塑料等高聚物中。它可提高树脂基体的强度、热稳定性、耐磨性、弹性模量,并减少收缩变形性,具有化学性质稳定、与树

脂基体和表面改性剂的作用较好等特点。但是,硅灰石的电阻高,导电性差,不能改善树脂的静电现象。SnO_2是一种典型的宽能级 N 型半导体金属氧化物,具有良好的化学稳定性、较高的析氧电位及独特的光学、电学性能,广泛用于太阳能电池、气体传感器、电极材料、场效应管等领域。因此,在硅灰石基上包覆 SnO_2 能够极大地提高复合材料的导电性能,将其作为填料,能够改善树脂的抗静电性能,并且化学沉淀法具有原料易得、操作方便、成本低等优势。

硅灰石　　　　　　　　　　　　　　　　煅烧硅灰石

Nano/SnO_2硅灰石复合材料

图 7-1　硅灰石、煅烧硅灰石和 SnO_2/硅灰石复合材料的 SEM 照片

(2)填充炭黑、碳纳米管等纳米材料制备的抗静电纤维,具有抗静电性好、填料价格低廉、加工方便等优点。卢伟哲等[14]采用共混纺丝的方法将碳纳米管加入丙纶中,并且测量其摩擦静电荷量,研究其抗静电性能的变化。将 PP 颗粒和复合抗静电剂充分混合,使抗静电剂均匀涂覆在 PP 颗粒表面,得到抗静电 PP 母粒。将 PP 母粒在简易纺丝装置上纺丝,即得到 PP 抗静电纤维。净化后的 CNTs TEM 照片如图 7-2 所示。结果表明:单独添加少量碳纳米管难以提高 PP 纤维的抗静电性能;添加含有碳纳米管的复合抗静电剂,可以有效提高 PP 纤维的抗静电性能。这说明含有 CNTs 的复合抗静电剂具有良好的抗静电作用。

图 7-2　净化后的 CNTs TEM 照片

7.2.3　纳米屏蔽类材料

7.2.3.1　纳米导电粉体

(1)纳米导电 ATO 复合粉体。纳米级掺锑氧化锡(Antimony Doped Tin Oxide,

ATO)是一种 n 型半导体材料,它集中了 ATO 和纳米材料的优点,是一种多功能透明导电材料。在显像管或显示屏上涂一层纳米级 ATO,可有效防止电视机或显示器产生静电、眩光与辐射。

（2）纳米导电 TCO 复合粉体。纳米结构的引入对于提高透明导电氧化物（Transparent Conductive Oxides，TCOs）的性能具有十分重要的意义,其中 Sb 掺杂 SnO_2,由于其具有优良的机械、化学、热稳定性而得到更多的关注。

（3）纳米导电银粉。在水介质中加入分散剂,结合机械力,通过化学反应生成固体银,再经分散,制成纳米导电银粉。用性能良好的水性聚氨酯作为黏合剂,使银粒子固着于纤维表面,产生较好的抗静电性能及黏合牢度。由于纳米银粒子很小,与金属镀层相比,前者可使整理加工后的织物手感和色旋光性能更加优异。

7.2.3.2　碳系填充型聚合物屏蔽材料

（1）炭黑。炭黑的导电性能较好,在材料内部形成导电链或局部导电网络,在电磁波的作用下,介质内部产生极化,其极化强度矢量落后于电场一个角度,导致与电场同相的电流产生,建立涡流,使电能转化成热能而消耗。同时,炭黑的粒径很小,结构性高,具有较多空隙,这不仅有利于炭黑在基体中分散均匀,而且对电磁波形成多个散射点,使电磁波多次散射而消耗能量,达到吸收电磁波的目的。炭黑具有价格低、密度小、不易沉降、耐腐蚀性优等特点,在屏蔽材料中应用广泛。

（2）石墨。石墨属六方晶系,是金刚石的同位素异形体,具有典型的层状结构,通常呈鳞片状。石墨具有独特、优良的物理化学性能,如质轻、柔软、抗腐蚀、耐高温、导电、价格低廉等,已经引起越来越多电磁屏蔽领域的学者关注。

（3）碳纤维。碳纤维是纤维状碳材料,由有机纤维经固相反应转变而成,是一种高强度、高模量且导电性能良好的非金属材料。同时,碳纤维具有优异的耐高温性能,在耐高温屏蔽材料领域的发展较快。虽然碳纤维的导电性较好,但是其制备价格昂贵,在复合材料成形中易断裂,整体上影响了它的广泛运用。

（4）碳纳米管。碳纳米管具有良好的热性能和电学性能、较大的长径比、优良的表面性能及化学稳定性,故成为填料的首选。碳纳米管分为单壁碳纳米管（SWCNTs）和多壁碳纳米管（MWCNTs）。Fletcher 等、Chen 等制得了碳纳米管复合材料,都具有良好的屏蔽效能。

7.3　涂层及抗电磁织物整理

涂层整理是在织物表面均匀地覆盖一层或几层高分子物质,赋予织物某些特性的一种表面整理技术。通过涂层整理,可改变织物的外观和风格,使织物增加诸多新的功能。

涂层整理方法有许多,目前用于工业生产的主要是干法涂层、湿法涂层和层压法。

7.3.1　涂层整理方法

7.3.1.1　干法涂层

干法涂层是用溶剂或水稀释涂层剂,并添加必要的助剂配制成涂布浆,通过涂布器均匀地涂于基布上,然后经加热,使溶剂或水汽化,涂层剂在基布表面形成坚韧的薄膜。干法涂层包括直接涂层和转移涂层两类。

(1)直接涂层。直接涂层是比较简单的涂层整理工艺,它是将添加了必要助剂的涂层剂,用涂布器均匀涂在基布上,再经过烘干、焙烘,使溶剂蒸发,在基布上形成一层薄膜。

(2)转移涂层。采用的涂层剂主要是聚氯乙烯树脂及聚氨酯,其加工设备主要由刮涂装置及层压装置组成。转移涂层是将涂布浆涂在转移纸或金属带上,叠合后经轧压转移到基布上,再进行冷却,将织物与转移纸分离。

7.3.1.2 湿法涂层

湿法涂层又叫凝固涂层,是利用强极性溶剂如二甲基甲酰胺(DMF),将直链分子的聚氨酯溶解制成涂布浆。经聚氨酯/二甲基甲酰胺涂层的基布与水溶液接触,基布表面的二甲基甲酰胺向水相溶出,而聚氨酯不溶于水,其浓度迅速提高,分子间的凝聚力增大,即形成半渗透膜。通过半渗透膜,二甲基甲酰胺向水相扩散,而水也向涂层扩散渗透。涂层浆由于组成变化和浓度迅速提高形成不稳态,在基布上形成骨架结构。由于半渗透膜能产生强烈的渗透作用,促使涂布浆中的二甲基甲酰胺处于挤出状态。因此,在最外的涂层表面会出现垂直于膜表面的二甲基甲酰胺溶出通路痕迹,最终生成微孔薄膜。

7.3.1.3 其他方法

(1)泡沫涂层。将涂层剂发泡后涂布到织物上,再经烘干、轧压,使泡沫破碎成形。泡沫涂层剂的主体是聚丙烯酸酯类。

(2)洗旧涂层。将原白坯布经过特殊涂层整理,获得类似于洗旧牛仔布的产品。

(3)植绒涂层。在涂层生产线上加入植绒设备,织物正面进行静电植绒,再进行涂层加工。

(4)离膜涂层。涂层剂与转移纸或钢带分离后形成单一膜,基布不经涂层。

(5)层压法。把薄片状材料一层层地叠合,通过加压黏结成为一体。

7.3.2 纺织品抗电磁辐射

抗电磁辐射织物的防护原理与传统的屏蔽材料相似,也是限制电磁能量从织物的一侧向另一侧传递。电磁波传播到抗电磁辐射织物表面时,其衰减机理通常有三种(图7-3):在入射表面的反射衰减、没有被反射的电磁波进入抗电磁辐射织物的内部时被吸收衰减、在抗电磁辐射织物的内部多次反射衰减[15]。

鉴于电磁辐射对人体的危害,迫切需要开发抗电磁辐射纺织品。市场上的常见抗电磁辐射织物种类见表7-3。

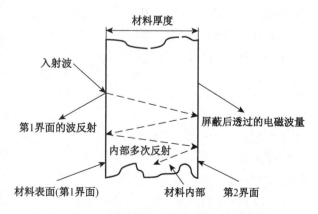

图7-3 抗电磁辐射织物的电磁波衰减机理

表 7-3 常见抗电磁辐射织物

类别	主要原料
金属丝和纱线的混编织物	一般为 Cu、Ni、不锈钢及它们的合金,个别采用银丝
金属纤维和纺织纤维混纺织物	主要为 Ni、不锈钢,其直径为 4、6、8、10 μm,混纺比例 5%~20%,或>20%甚至纯纺
化学镀金属织物	真空镀铝、金属膜转移、金属溅射等
涂覆金属盐的织物	含 CuS 导电腈纶纤维制成的织物
金属纤维填充型屏蔽织物	金属纤维与有机高聚物进行复合纺丝
合成高分子屏蔽织物	聚苯胺、聚噻吩、聚吡咯等系列结构型导电聚合物
纳米材料屏蔽织物	纺丝时在纤维表面或中心加入导电的微小颗粒

7.4 防电磁辐射纺织品的评价指标及相关标准

7.4.1 主要评价指标

平面材料的电磁屏蔽效果的评价指标通常有屏蔽效能(SE)和衰减率。假定 P_1、P_2 分别为未加载防电磁辐射服装时所测的场强(功率密度)和加载防电磁辐射服装时所测的场强,单位为 $\mu W/cm^2$ 或 mW/cm^2,计算公式可表示为:

$$SE = 20 \lg \frac{P_1}{P_2};衰减率 = \frac{P_1 - P_2}{P_1} \times 100\%$$

7.4.2 织物屏蔽性能的评价标准

目前,我国关于纺织品防辐射性能的评价标准不多,现行标准只有GB/T 26383—2011《抗电磁辐射精梳毛织品》,适用于各种电磁辐射机织服用纯毛、毛混纺和交织及化纤仿毛织品,但不适用于特种作业防护面料。此标准中规定了优等品的抗电磁辐射性能,根据加工方法的不同,其具体要求为多离子屏蔽面料≥39.5 dB,不锈钢合金纤维屏蔽面料≥28.0 dB,析镀金属离子面料≥69.5 dB,银离子防辐射面料≥44.5 dB。关于其他类别的防辐射纺织品,我国尚无专门的评价标准。

7.4.3 服装屏蔽性能的评价标准

我国现行的关于服装防辐射性能的产品标准主要有两个,其中GB/T 23463—2009《防护服装 微波辐射防护服》为专用防辐射服装的产品标准,GB/T 22583—2009《防辐射针织品》适用于民用防辐射针织产品。关于消费者日常接触最多的机织类防辐射服装,我国尚未建立相关的产品标准。

参考文献

[1] 朱莉娜,孙晓志,弓保津.高校实验室安全基础[M].天津:天津大学出版社,2014.

[2] 刘博.农村和外来务工人员安全生产教育读本最新版[M].北京:气象出版社,2014.

[3] 陈国建,韩要星,胡勇,等.纳米导电粉在抗静电纤维制备中的应用[J].纺织科学研究,2004(1):15-19.

[4] 松井雅男,村田太郎,张林.日本的最新功能性纤维[J].广东化纤技术通讯,1990(4):48-51.

[5] 松井雅男,肖长发.吸水性丙烯腈纤维阿夸纶[J].国外纺织技术(化纤、染整、环境保护分册),1983(3):13-17.

[6] 王青,王永志.聚酯材料抗静电方法[J].聚酯工业,2008,21(6):9-11.

[7] 金玉顺.新型抗静电 PET 纤维的研究[D].成都:四川大学,2000.

[8] 金玉顺,高绪珊,刘光臻.新型抗静电 PET 纤维的开发[J].合成纤维,2000(6):26-28.

[9] 松井雅男,施祖培.高感性纤维的纺丝[J].国外纺织技术,1997(5):17-24.

[10] 松井雅男,赵洪.微细纤维的历史、现状及未来[J].合成纤维,1992(6):32-40.

[11] 松井雅男,章谭莉,俞中兴.共扼纤维[J].国外纺织技术(化纤、染整、环境保护分册),1982(5):1-5.

[12] 车耀,沈新元.聚丙烯腈纤维抗静电改性的技术现状与发展趋势[J].纺织导报,2006(11):76-78.

[13] 贺洋,沈红玲,白志强,等.SnO₂/硅灰石抗静电材料的制备及性能[J].硅酸盐学报,2012,40(1):121-125.

[14] 卢伟哲,李志,狄泽超,等.碳纳米管/PP 纤维抗静电性能研究[J].合成纤维,2002,31(6):19-21.

[15] 肖鹏远,焦晓宁.电磁屏蔽原理及其电磁屏蔽材料制造方法的研究[J].非织造布.2010(5):15-19.

第八章
纳米医用纺织品

8.1 纳米医用纺织品简介

8.1.1 概述

　　纳米医用材料指应用于生物医学领域的纳米材料。纳米医用材料包括纳米级药物(有很强的靶向性,能制作"生物导弹"药物,增强其疗效)、纳米表面特性置换物(对人工脏器表面或整体进行纳米改性,减小其毒副作用,延长其使用寿命和安全性)、纳米级微小检测仪器(纳米颗粒可有效进入体内细小组织,大大提高疾病的诊断率)等方面。

　　20世纪30年代以来,生物医用材料随着工业发展得到显著进步与发展。目前,生物医用材料需求巨大且性能要求越来越高。近年来,随着纳米技术的重大突破,纳米医用材料应运而生。应用纳米技术制成的纳米医用材料具有许多令人惊奇的特性。如纳米金属的毒性低,其传感特性和弹性模量接近正常的天然生物组织,可使细胞在其表面生长,并具有修复病变组织的功能。在医学方面,纳米技术提供的可塑性纳米溶胶制剂超越了外科植入手术的局限性,使植入剂具有与天然材料相同的表面特性和同质性。利用纳米技术将生物材料制成纳米级胶体颗粒、超微小装置或纳米器械等,可用作药物载体、医用材料或医学设备等。纳米材料与器件在癌症监测、治疗、细胞及蛋白质分离、靶向和缓释控药物中,具有重要作用。纳米医用材料由于具有独特的力学性能、可靠的生物相容性、良好的降解性能、高度的靶向性等优点,成为生物医用材料的新星。专家预计,在20世纪人类未能彻底攻克的主要疾病,如心脏病、艾滋病、中风、糖尿病等,都有望在21世纪纳米生物和医学的成功应用中得到解决[1-2]。

8.1.2 纳米医用材料的分类

　　纳米医用材料是一个多学科交叉、前景十分广阔的领域,按其组成可分为纳米无机医用材料、纳米高分子医用材料、纳米医用复合材料等。

8.1.2.1 纳米无机医用材料

　　纳米无机医用材料可分为纳米陶瓷材料、纳米碳材料、纳米玻璃陶瓷等,其中应用最广泛的是纳米陶瓷材料与纳米碳材料等。

　　生物陶瓷在临床上已有广泛的应用,主要用于制造人工骨、骨螺钉、人工齿、牙种植体,以及骨的髓内固定材料等。生物陶瓷包括生物活性玻璃、羟基磷灰石、磷酸三钙等,多与高分子材料复合,用于人工骨、人工关节和牙种植体等组织工程。纳米陶瓷的制备使陶瓷材料的强度、硬度、韧性和超塑性都大大提高,具有更广泛的应用和发展前景。纳米陶瓷是由纳米级结构组成的新型陶瓷材料,它的晶粒尺寸、晶界宽度、第二相分布、气孔尺寸、缺陷尺寸等,都限于 100 nm 量级[3]。纳米微粒所具有的小尺寸效应、表面与界面效应,使纳米陶瓷呈现出与传统陶瓷显著不同的独特性能[4]。纳米陶瓷已成为材料科学、凝聚态物理研究的前沿热点领域,是纳米科学技术的重要组成部分[5]。Li 等[6]将肝细胞与无机纳米微粒共同培养,发现肝细胞生长、增殖状况良好。Can 等[7]引入无机纳米粒子分离肝细胞,不但实现了快速分离,而且得到了高纯度的肝细胞。

由碳元素组成的碳纳米材料统称为纳米碳材料。纳米碳材料主要包括碳纳米管、气相生长碳纤维、类金刚石碳等。碳纳米管、纳米碳纤维通常是以过渡金属如 Fe、Co、Ni 及其合金为催化剂,以低碳烃化合物为原材料,以氢气为载气,在 873～1 473 K 的温度下生成的。其中的超微型气相生长碳纤维又称为碳晶须,具有超常的物化特性,被认为是超强纤维。以碳晶须作为增强剂制成的碳纤维增强复合材料,其力学、热学及光学、电学等性能显著改善,在催化剂载体、储能材料、电极材料、高效吸附剂、分离剂、结构增强材料等领域,都有广阔的应用前景[8]。

由于具有量子尺寸效应、极大的比表面积和不同的抗菌机制,无机纳米抗菌剂(如纳米 TiO_2、ZnO、SiO_2 及银系纳米复合粉)具有传统无机抗菌剂(如 TiO_2、ZnO、沸石、磷灰石等多孔性物质,以及银、铜、金等金属及其离子化合物)所无法比拟的优良抗菌效果,而且优于有机类和天然类抗菌剂,对绿脓杆菌、大肠杆菌、金黄色葡萄球菌、沙门氏菌、芽枝菌和曲霉菌等具有很强的杀伤能力。无机纳米抗菌剂不仅抗菌能力强、范围广,而且具有极高的安全性,是一种长效抗菌剂,可载入伤口敷料[9]。Ag 可使细胞膜上蛋白失去活性,从而杀死细菌。添加纳米银粒子制成的医用敷料对金黄色葡萄球菌、大肠杆菌、绿脓杆菌等临床常见的40 余种外科感染细菌有较好的抑制作用[10]。利用羟基磷灰石(HAP)纳米颗粒在体外细胞培养实验,发现其对正常细胞的活性无影响,可解释为 HAP 纳米微晶对癌细胞脱氧核糖核酸(DNA)合成有抑制作用。

8.1.2.2 纳米高分子医用材料

纳米高分子医用材料可分为天然纳米高分子医用材料和合成纳米高分子医用材料,根据其稳定性可分为生物降解型高分子医用材料和不可降解型高分子医用材料,根据其应用可分为人工脏器、固定/缝合材料、药用高分子材料、诊断用高分子材料及血液净化高分子材料等[11]。

纳米高分子医用材料可通过微乳液聚合方法得到,可用于某些疑难病的介入诊断和治疗。由于纳米粒子比红细胞小得多,可以在血液中自由运动。因此,可注入各种对机体无害的纳米粒子到达人体的各部位,检查病变和进行治疗。例如,将载有地塞米松的乳酸乙酸共聚物纳米粒子,通过动脉给药的方法送入血管内,可以有效治疗动脉再狭窄;将载有抗增生药物的乳酸乙醇酸共聚物纳米粒子,经冠状动脉给药,可以有效防止冠状动脉再狭窄。聚合物纳米粒子还可用于生物物质的分离,将纳米颗粒压成薄片制成过滤器,由于过滤孔径为纳米级,在医药工业中可用于血清的消毒等[12]。通过对纳米粒子进行修饰,可以增加其对肿瘤组织的靶向特异性,有时候药效可以提高几十倍。纳米粒子作为基因载体输送核苷酸也有很多优越性,结合核苷酸后具有对抗核酸酶的作用,防止了核酸的降解,同时具有靶向输送功能并增加其在细胞内的稳定性。

高分子具有易于大规模合成且一般比无机金属质量小的特点,常作为临床需求量大且有一定力学性能的医用材料(如手术器械、支架),对防止手术创伤感染及提高支架在人体组织内的相容性都有帮助。

纳米高分子医用材料可以制作人工脏器、人工血管、人工骨骼、人工关节等,凭借其表面效应,具有很好的生物相容性,对人体的危害小。目前,得到应用的高分子材料很多,见表 8-1[13]。

表 8-1 制备人工脏器常用的高分子材料

人工脏器	高分子材料
心脏	嵌段聚醚氨酯弹性体,硅橡胶
肾脏	铜氨法再生纤维素,醋酸纤维素,聚甲基烯酸甲酯,聚丙烯腈,聚砜,乙烯-乙烯醇共聚物(EVA),聚氨酯,聚丙烯,聚碳酸酯,聚甲基丙烯酸 β-羟乙酯
肝脏	赛璐玢,聚甲基丙烯酸 β-羟乙酯
胰脏	丙烯酸酯共聚酯中空纤维
肺	硅橡胶,聚丙烯中空纤维,聚烷砜
关节、骨	超高相对分子质量聚乙烯($M>300$ 万),高密度聚乙烯,聚甲基丙烯酸甲酯,尼龙,聚酯
皮肤	硝基纤维素,聚硅酮-尼龙复合物,聚酯,甲壳素
角膜	聚甲基丙烯酸甲酯,聚甲基丙烯酸 β-羟乙酯,硅橡胶
玻璃体	硅油
鼻、耳	硅橡胶,聚乙烯
乳房	聚硅酮
血管	聚酯纤维,聚四氟乙烯,嵌段聚醚氨酯
人工红血球	全氟烃
人工血浆	羟乙基淀粉,聚乙烯吡咯酮
胆管	硅橡胶
鼓膜	硅橡胶
食道	聚硅酮,聚酯纤维
喉头	聚四氟乙烯,聚硅酮,聚乙烯
气管	聚乙烯,聚四氟乙烯,聚硅酮,聚酯纤维
腹膜	聚硅酮,聚乙烯,聚酯纤维
尿道	硅橡胶,聚酯纤维

8.1.2.3 纳米医用复合材料

纳米复合材料(Nanocomposites)的概念由 Roy 等提出[14]。与单一组分的纳米结晶材料和纳米相材料不同,它是由两相(或多相)组成的,其中至少有一相的一维尺度达到纳米级。由于纳米复合材料的结构单元或尺寸为纳米数量级,自由表面(界面)显著增多,各纳米单元之间存在相互作用,纳米复合材料具有一些独特的效应,包括小尺寸效应和表面与界面效应等[15]。

纳米医用复合材料的构想源于天然组织。实际上,人体的绝大多数组织都可以视为复合材料。其中,牙齿和骨骼是由纳米磷灰石晶体和高分子组成的纳米复合材料,它们都具有良好的力学性能。通过对天然组织的模仿,人们已经制备出一些纳米医用复合材料。纳米医用复合材料因能模拟与人体组织相似的细胞基质微环境,是生物材料尤其是组织工程支架研究中应用最广泛的材料[16]。纳米复合材料包括三种形式,即由两种以上纳米粒子复合或两种以上厚薄不同的薄膜交替叠合或纳米粒子和薄膜复合而成。从材料学观点讲,生物体内多数组织可视为由各种基质材料构成的复合材料,以无机/有机纳米生物复合材料最为常见。研究和开发无机/无机、有机/无机、有机/有机,以及生物活性/非生物活性的纳米复合材料,用于细胞种植、生长,使种植的细胞保持活性和增殖能力,是组织工程学研究的重点内容之一。

纳米医用复合材料一般由经过纳米技术处理的基体材料与增强材料组成。目前来说,一般方法很难获得一种均匀的复合材料或无法获得纳米级细晶材料,这还是一个技术难题,如果解决,将可以制作出很接近人体诸如骨骼等的材料。复合材料本身具有单纯无机或有机材料所不具备的优良力学性能等,纳米医用复合材料的性能则更加优越,大多具有良好的生物相容性和生物活性,常用于骨修复、骨替代、假牙、整形美容填充物等。

现在研究比较火热的有羟基磷灰石(HA)体系的复合材料等。HA是人体和动物骨骼的主要无机成分。近年来,接近或类似于自然骨成分的无机生物医用材料的研究极其活跃,其中特别值得重视的是与骨组织生物相容性最好的HA活性材料的研究。HA/PA66复合材料与人体皮质骨很接近,并有软骨诱导性,可考虑为理想的骨代替或修复材料。Kikuchi等[17]通过化学反应合成的羟基磷灰石胶原复合纳米材料的力学强度为正常骨组织的1/4。体内实验表明,该材料通过破骨细胞的吞噬作用降解,并可在材料附近诱导成骨细胞形成新的骨组织。Tan等[18]将壳聚糖与胶原蛋白按不同比例混合,制备了具有纳米结构的复合材料用于支架,随着壳聚糖比例的增大,支架的力学强度增加,孔径增大,支架上生长的K562细胞功能得到显著增强。有人用聚氨酯和有机蒙脱土经溶液插层、溶胶凝胶制成的纳米复合材料,在改善聚氨酯材料力学性能的同时,显著地降低了水蒸气及空气的透过率,能更好地满足全人工心脏等人工器官的应用要求。

纳米医用复合材料各方面性能突出,是各种纳米医用材料中最具发展潜力的。它的比强度、比模量高,抗疲劳性能好,抗生理腐蚀性好,力学相容性好。将来,如果突破复合材料技术上的难题,能够大规模合成具有纳米效应、晶体均匀且无毒副作用的医用复合材料,是广大患者的福音,也能产生巨大的经济效益。

8.1.3 总结

纳米医用材料可解决人们对高性能组织修复、器官替换、疾病诊断与治疗等方面的迫切需求,是将来医用材料的发展主流。纳米医用材料的发展趋势将以复合材料为主,兼顾无机和高分子材料,重点研究取材绿色环保且能够大规模生产。最终产品要求具有高度靶向性,增强药物疗效或延长药物作用时间,对外科有微创或无创的益处,以及可安全长久替换和修复人体组织脏器等功能。

然而,我国纳米技术在生物材料中的应用研究尚处于初期阶段,临床应用还有很多问题有待解决:如何构建理想的细胞-纳米材料界面;如何使纳米材料支架上培养的异体生物组织和细胞免受受体免疫系统的识别排斥;如何较长时间地保持培养细胞的存活率并维持其功能;如何进一步提高纳米材料的生物相容性等。组织工程的发展促使第二代生物材料——活性和降解材料向第三代生物材料——细胞和基因活化仿生材料发展[19]。因此,制备具有特定功能的纳米仿生"智能"基质材料,以更好地调控种子细胞的特异性黏附、增殖和定向分化等生物学行为,使其获得良好的生物活性和良好的生物相容性并最终应用于临床,将成为解决上述问题的关键。

8.2 微胶囊与药物包裹技术

8.2.1 微胶囊概述

微胶囊是一种具有聚合物壁壳的微型容器或包装物,具有半透性或密封性的微小粒子,其中被包裹的物质称为芯材,包裹芯材的物质称为壁材,其大小在几微米至几百微米(直径一般在 $5\sim200~\mu m$),需通过显微镜才能观察到[20]。

微胶囊技术是一种将成膜材料(常选用热塑性高分子材料)作为壳物质,用固体、液体或气体为芯物质,包覆成壳核结构的胶囊,壳的厚度为 $0.2\sim10~\mu m$。壳核结构使微胶囊具有保护、阻隔性,使受外壳保护的芯物质既不会受到外界环境的侵入影响,同时具有不会向外界逸出的阻隔性能[21]。

微胶囊的大小和形状与其制备工艺有关[22]。微胶囊的形状多种多样,一般呈球形,有的呈谷粒或无定形等。芯材可以由一种或多种物质构成,壁材可以是单层、双层和多层。微胶囊最基本的形态为单核微胶囊和多核微胶囊,还有多壁微胶囊、不规则微胶囊、微胶囊簇等[23],如图 8-1 所示。

单核型　　多核型　　多壁型　　不规则　　胶囊簇

图 8-1　微胶囊的形态

微胶囊技术的研究始于 20 世纪 30 年代,是由美国大西洋海岸渔业公司提出的制备鱼肝油微胶囊的方法。1954 年,美国 NCR 公司的 Green 采用复凝聚法成功制备出含油的明胶微胶囊,并用于制备无碳复写纸[24-36]。由于具有能够改变物料的状态、质量、体积和性能,保护敏感成分,增强稳定性,控制芯材释放,降低或掩盖不良味道,降低挥发性,隔离组分等功能,微胶囊技术在食品、医药、纺织、涂料、农业、化妆品工业等方面得到了广泛的应用。随着微胶囊技术的发展,微胶囊有了许多新的产品,如相变微胶囊、留香微胶囊、自修复微胶囊、缓释微胶囊、纳米微胶囊等,大大拓展了其应用范围。

8.2.2 微胶囊壁材

微胶囊技术的应用效果在很大程度上取决于壁材的选择,因为壁材会影响微胶囊的缓释性能、流动性、溶解性、渗透性等。因此,微胶囊技术应用的前提是解决壁材的问题。微胶囊壁材的选择要遵循几个原则:壁材能与芯材互相配伍,但不发生化学反应;耐高温,耐挤压;具有一定的渗透性、吸湿性、溶解性和稳定性;传质性能良好,性质稳定,不易被生物分解;来源广泛,容易得到,价格低廉等[27]。

8.2.2.1 传统壁材

可以用作微胶囊壁材的物质很多。只要材料的成膜性好,能够在芯材周围沉积,并且具有一定的强度与韧性,就可作为壁材。天然高分子材料具有无毒、成膜性好的优点,是最常用的微胶囊壁材,主要包括碳水化合物类、蛋白质类、脂类。其中,碳水化合物类的壁材主要有壳聚糖、阿拉伯胶、纤维素、海藻酸钠等;蛋白质类的壁材主要有明胶、白蛋白、大豆蛋白等;脂类的壁材主要有油脂、硬脂酸、卵磷脂等。在这些壁材中,海藻酸钠、壳聚糖和明胶是最常用的。

(1)海藻酸钠。海藻酸钠的分子式为$(C_6H_7O_6Na)_n$,呈白色或淡黄色不定形粉末,无味,易溶于水,吸湿性强,持水性能好,不溶于酒精、氯仿等有机溶剂,是一种天然多糖,具有生物黏附性、生物相容性且可生物降解等特点。它的黏度因聚合度、浓度和温度不同而不同。海藻酸钠具有药物制剂辅料所需的稳定性、溶解性、黏附性和安全性,适用于制备药物制剂。

(2)壳聚糖。壳聚糖也称几丁聚糖,是甲壳素经浓碱加热处理脱去 N-乙酰基的产物,呈白色或微黄色片状固体。壳聚糖含有氨基,是天然多糖中唯一的碱性多糖,易溶于盐酸和大多数有机酸,不溶于水和碱溶液。壳聚糖具有良好的生物黏附性、生物相容性、生物降解性及较好的成膜性,由于其优越的功能性和独特的分子结构,作为可生物降解材料用于新型给药系统,通过改变给药途径可大大提高药物疗效,具有控制释放、增加靶向性、减少刺激和降低毒副作用,以及提高疏水性药物通过细胞膜,增加药物稳定性等作用[28]。

壳聚糖大分子链上有两种较活泼的反应性基团,游离氨基在弱酸溶液中可以结合质子,成为带有正电荷的聚电解质,有很强的吸附和螯合能力,可作为细胞及生物大分子的固定化载体,并易于进行化学修饰;N-乙酰胺基可与羟基、氨基形成各种分子内和分子间的氢键,使壳聚糖分子更容易结晶,结晶度较高,具有很好的吸附性、成膜性、成纤性和保湿性等[29]。

(3)明胶。明胶是一种不溶于冷水但可以溶于热水的蛋白质混合物,又名白明胶,其外观为无色或淡黄色的透明薄片或微粒,可吸收本身质量 5～10 倍的水而膨胀,不溶于乙醇、氯仿、乙醚等。明胶能与甲醛等醛类发生交联反应,形成缓释层。明胶具有生物相容性、生物降解性及凝胶形成性,适宜于做微胶囊壁材。

由于单一的壁材很难满足微胶囊各方面的要求,近年来很多学者研究微胶囊时采用混合壁材。肖道安等[30]选用阿拉伯胶和 β-环状糊精作为杜仲叶提取物的微胶囊壁材,利用喷雾干燥进行微胶囊化。研究发现,阿拉伯胶和 β-环状糊精的配比为 1∶1 时,微胶囊化能够达到较好的效果。查恩辉等[31]采用明胶和蔗糖以 3∶7 的质量比混合作为壁材,另加入少量的蔗糖酯,包埋番茄红素,微胶囊的效率和产率最高,分别为 91.26% 和89.35%。杜静玲等[32]以聚天冬氨酸和明胶混合作为壁材,采用单凝聚结合喷雾干燥法制备 VA 棕榈酸酯微胶囊,并经过 7 天的高温加速氧化实验。研究表明,聚天冬氨酸和明胶的质量比为 1∶1 时,微胶囊化效果较好,可以较好地增加 VA 棕榈酸酯微胶囊的稳定性。Gao 等[33]用聚脲-三聚氰胺甲醛树脂作为壁材制备出微胶囊,其密封效果和热力学稳定性优于单一的聚脲壁材。

8.2.2.2 新型壁材

随着微胶囊技术的发展,出现了新型的微胶囊壁材,如 Frederiksen 等[34]制备出可生物降解的脂质体材料壁材的微胶囊。还有学者采用微生物细胞壁作为微胶囊的壁材,需先用酶溶解掉微生物细胞内的可溶成分,使微生物细胞壁内部空洞化,然后将微胶囊芯材与空洞细胞壁高频接触,使细胞壁包裹芯材,再通过离心分离除去未包埋的芯材,制成微胶囊。李川等[35]以酵母细胞壁作为壁材,对姜油微胶囊化,实验表明,酵母细胞壁微胶囊化姜油能明显降低姜油香味的释放速度,延长姜油的使用寿命且包埋率较高。王金宇等[36]以干酵母细胞作为壁材包埋丁香油,发现丁香油被包埋到酵母细胞中形成微胶囊后,挥发性显著降低,有利于持久地发挥功效。以酵母菌细胞壁作为微胶囊壁材,具有制备过程简单、包埋率高和不引入有机溶剂的优点,制得的微胶囊尺寸均一、形状规则、颗粒直径相差很小。

多孔淀粉是一种新型变性淀粉,它是将天然生淀粉经酶处理,使其表面形成小孔并一直延伸到颗粒内部而形成的,是一种类似马蜂窝状的中空颗粒,可以盛装各种物质,具有良好的吸附性。近年来有学者用多孔淀粉作为微胶囊壁材,取得了较好的效果。许丽娜等[37]用多孔淀粉包埋葡萄籽油,并进行氧化实验,结果表明产品的抗氧化性明显提高,可显著延长保质期。刘勋等[38]采用多孔淀粉包埋花椒精油,认为此方法工艺简单,只需在常温常压下将多孔淀粉和花椒精油混合均匀,多孔淀粉对花椒精油的吸附量达到0.92 g/g,包埋率达48%,高于其他包埋材料,且微胶囊化后的产品具有良好的贮存稳定性和使用更方便等特点。

8.2.3　微胶囊的药物包裹技术

微胶囊技术的应用范围十分广泛。自微胶囊技术问世以来,其制备方法或工艺一直是很多学者研究的重点。据统计,现在已有的微胶囊制备方法达 200 余种。微胶囊的制备方法主要有物理法、化学法、物理化学法三类。其中,物理法主要包括静电沉积法、沸腾床涂布法、空气悬浮法、离心挤压法、旋转悬挂分离法、气相沉积法等;化学法有复凝聚法、单凝聚法、界面聚合法、原位聚合法、锐孔-凝固浴法、乳化法等;物理化学法主要包括相分离法、溶剂蒸发法、界面沉积法及喷雾干燥法等。随着微胶囊技术的发展,出现了许多新的制备方法,如超临界流体快速膨胀法、分子包埋法、微通道乳化法等。

8.2.3.1　常规制备方法

(1)复凝聚法。复凝聚法利用两种带有相反电荷的高分子材料,以离子间的作用相互交联,制成复合型壁材的微胶囊。将一种带正电荷的胶体溶液与另一种带负电荷的胶体溶液混合,由于异种电荷之间的相互作用,形成聚电解质复合物而发生分离,沉积在芯材周围,得到微胶囊。复合凝聚法是水相分离法的一种。复凝聚法同时受 pH 值和浓度的影响,所以较难控制反应条件,只有当两种物质的电荷相等时才能获得最大产率。但是,复凝聚法具有可以不使用有机溶剂和化学交联剂的优点,可以将非水溶性液体微胶囊化,而且产率较高。冯岩等[39]以明胶和阿拉伯胶为壁材,采用复合凝聚法制备 VE 微胶囊,取得了很好的效果,包埋效率可达到 92.78% 左右。董志俭等[40]以复合凝聚法制备薄荷油微胶囊,制得球状的多核微胶囊,其具有较好的释放性能、耐高温高湿等特性。Dai 等[41]以明胶、羧甲基纤维素钠、二辛基磺基琥珀酸钠混合作为壁材,并以具有电泳性质的液体作为芯材,用复凝聚法制备出微胶囊,通过光学显微镜、扫描电镜、粒径分析仪、热重分析仪等,表明产品的壁材表面性质较好,具有很好的保护性能且热稳定性良好,并通过低电压试验证明产品在电泳领域有广阔的应用前景。复凝聚法制备抗菌微胶囊流程如图 8-2 所示。

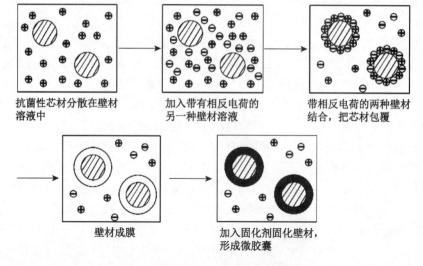

图 8-2 复凝聚法制备抗菌微胶囊流程

（2）单凝聚法。单凝聚法通常又称为沉淀法。该方法通过在含有芯材的某种聚合物溶液中加入沉淀剂,使聚合物的溶解性降低,聚合物和芯材一起从溶液中析出,制得微胶囊。该方法不需要事先制备乳液,也可以不使用有机交联剂,可以避免有机溶剂的使用,但制得的微胶囊粒径较大。杜静玲等[32]以聚天冬氨酸和明胶为壁材,采用单凝聚法制备 VA 棕榈酸酯微胶囊,微胶囊中 VA 棕榈酸酯的初始含量达到84.3%,并经过高温试验证明该产品可以很好地提高 VA 棕榈酸酯的稳定性。单凝聚法制备抗菌微胶囊流程如图 8-3 所示。

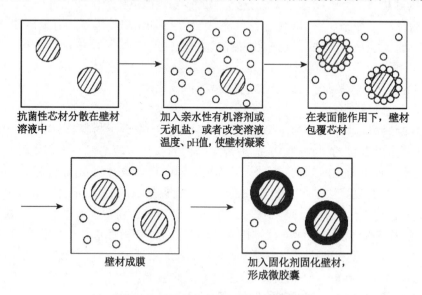

图 8-3 单凝聚法制备抗菌微胶囊流程

（3）界面聚合法。界面聚合法将两种发生聚合反应的单体分别溶于水和有机溶剂中,其中芯材处于分散相溶剂中。然后,将两种液体加入乳化剂形成乳液,两种反应单体分别从两相内部向液滴界面移动,并在界面上发生反应,生成聚合物将芯材包裹,形成微胶囊。该法的优点是反应物从液相进入聚合反应区比从固相进入更容易,所以制备的微胶囊适用于包裹液体,微胶囊的致密性好。利用界面聚合法制备微胶囊时,分散状态在很大程度上决定着微胶囊的性能,搅拌速度、溶液黏度,以及乳化剂和稳定剂的种类、用量,对微胶囊的性质也有很大的影响。江定心等[42]采用界面聚合法制取植物源农药印楝素微胶囊,近球形,外壁光滑,微胶囊中印楝素的包埋率约为83.16%,并通过盆栽试验证明该产品的杀菌效果和持续性较好。王丹等[43]采用界面聚合法,以富马海松酸酰氯为油溶性单体,以二乙烯三胺为水溶性单体,在稳定的乳化体系中得到高分子聚合物为壁材的包油微胶囊,微胶囊包埋率为85.4%,包埋度为74.7%。董利敏等[44]以聚氨酯为壁材,以橄榄油为芯材,用界面聚合法制得了护肤微胶囊,微胶囊粒径分布范围窄,颗粒大小均匀,形状规整。该产品受温度的影响较小,稳定性好。界面聚合法制备微胶囊流程如图8-4所示。

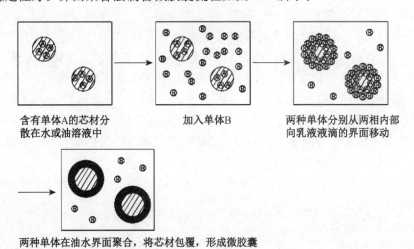

含有单体A的芯材分　　　　　　加入单体B　　　　　　两种单体分别从两相内部
散在水或油溶液中　　　　　　　　　　　　　　　向乳液液滴的界面移动

两种单体在油水界面聚合,将芯材包覆,形成微胶囊

图8-4　界面聚合法制备微胶囊流程

(4) 原位聚合法。原位聚合法应用的前提是形成壁材的聚合物单体可溶,而聚合物不溶。该法需先将聚合物单体溶解在含有乳化剂的水溶液中,然后加入不溶于水的芯材,经过剧烈搅拌使单体较好地分散在溶液中,单体在芯材液滴表面定向排列,再经过加热,单体交联,形成微胶囊。如何让单体在芯材表面形成聚合物,是该法控制的重点。黄国清等[45]利用原位聚合法制备香精微胶囊,香精含量为32.5%,包埋后低沸点组分有一定的损失,但高沸点组分保留较好,体香和尾香较强;经扫描电镜发现,香精微胶囊粒径分布较均匀,微胶囊颗粒接近球形。来水利等[46]以环氧树脂和苯甲醇作为芯材,苯乙烯-二乙烯基苯为壁材,通过原位聚合法制备出具有自修复功能的微胶囊,其在医药、食品、纺织、涂料、印刷等方面有广阔的应用前景。

(5) 锐孔-凝固浴法。锐孔-凝固浴法要求壁材可溶,通常将芯材和高聚物壁材溶解在同一溶液中,然后借助于滴管或注射器等微孔装置,将溶液滴加到固化剂中,高聚物在固化剂中迅速固化,形成微胶囊。由于高聚物的固化是瞬间进行并完成的,将含有芯材的聚合物溶液加入固化剂之前应预先成形,所以需要借助于注射器等微孔装置。锐孔-凝固浴法的固化过程可能是化学变化或物理变化。李琴等[47]通过锐孔-凝固浴法,采用海藻酸钠作为壁材,氯化钙为凝固剂,制备出桑椹红色素微胶囊,发现微胶囊化效果好,包埋率较高且产品颗粒圆整、粒径均匀。杜双奎等[48]利用响应面分析法优化工艺条件,发现当海藻酸钠用量30 g/L、氯化钙用量5 g/L、食醋用量4%、操作温度为45 ℃时,采用锐孔-凝固浴法制备的食醋微胶囊,包埋率可达75.52%,微胶囊呈米黄色,颗粒圆整,大小均匀,具有较好的硬度和弹性。

(6)喷雾干燥法。喷雾干燥法首先将芯材分散在壁材的乳液中,再利用喷雾装置将乳液以细微液滴的形式喷入高温干燥介质中,通过细小的雾滴与干燥介质之间的热量交换,将溶剂快速蒸发,使囊膜快速固化,制取微胶囊。喷雾干燥法操作简单,综合成本较低,易实现大规模生产。但采用该方法制备微胶囊时,芯材处于高温气流中,有些活性物质容易失活,而且溶剂蒸发较快,微胶囊的囊壁容易出现裂缝,致密性有待提高[49]。该方法目前主要用于生产粉末香料和粉末油脂。姚翾等[50]用喷雾干燥法制备宝石鱼油微胶囊,得到的产品色泽一致、颗粒均匀,无杂质、无腥酸味,包埋率达到94.1%。黄卉等[61]用喷雾干燥法制备罗非鱼油微胶囊,通过优化试验条件制得的产品包埋率达到72.04%,经过加速氧化试验15天后,过氧化值(POV)仅为对照试验的1/2,罗非鱼油的抗氧化能力得到显著提高。张卫明等[52]选用阿拉伯胶、麦芽糊精和大豆蛋白作为壁材,利用喷雾干燥法制备生姜精油微胶囊,得到最佳工艺条件为芯材、阿拉伯胶、麦芽糊精和大豆蛋白的质量比为4∶3∶9∶4,此时微胶囊化效果最优。Petrovic等[53]采用喷雾干燥法制备出以羧甲基纤维素为壁材的向日葵油微胶囊,并研究阴离子表面活性剂(SDS)对微胶囊形成过程的影响,当SDS浓度增加时,微胶囊的粒径降低,制得的产品在水中有很好的再分散性。

上述方法是微胶囊化最常用的几种方法,此外还有空气悬浮法、沸腾床涂布法、离心挤压法、旋转悬挂分离法等。

8.2.3.2 新型制备方法

随着微胶囊技术的发展,出现了很多新的微胶囊制备方法,如分子包埋法、微通道乳化法、超临界流体快速膨胀法、酵母微胶囊法、层-层自组装法、模板法等。

(1)分子包埋法。分子包埋法又称为分子包接法或分子包囊法。此法采用的芯材必须含有疏水端,一般用β-环糊精作为壁材,因为β-环糊精的环状分子上有疏水性空腔。含有疏水端的芯材可以进入空腔内,靠分子间的作用力结合,形成微胶囊。陈梅香等[54]用该法制备抗氧化剂BHT微胶囊,取得了较好的效果。该法操作简单、成本较低,具有广阔的应用前景。

(2)微通道乳化法。微通道乳化法是一种制备尺寸均一的微胶囊的有效方法。该方法利用表面张力形成微小液滴,微通道的尺寸决定了液滴的尺寸。可以选择适当孔径的膜制备出所需粒径的微胶囊。微通道乳化法的出现,产生了单分散乳液微胶囊,促进了微胶囊技术在微细加工和生物医药等领域的应用[55]。胡雪等[56]采用T型微通道装置制备出尺寸均一的壳聚糖微球。微通道装置的水相通道直径65 m,油相通道直径350 m,得到的壳聚糖微球粒径分布系数低于10%,球形较好,单分散性良好。朱丽萍等[57]设计了一种共轴微通道反应器,分别以聚乳酸的二氯甲烷溶液和海藻酸钠水溶液作为分散相,制备出单分散的聚合物微球,粒径分布均匀,分散系数低至2.16%,大大降低了制备过程中通道堵塞的概率。

(3)超临界流体快速膨胀法。难挥发物质在超临界流体中有很大的溶解度。如果将溶质溶解在超临界流体中,然后通过小孔毛细管等减压,可在很短的时间内快速膨胀,使溶质产生很大的过饱和度,形成大量细小微粒[58]。超临界流体快速膨胀法首先将某种溶质溶解在超临界流体中，然后通过减压膨胀，使溶质以小颗粒的形式析出。通过控制试验条件，可以析出具有一定粒径的空心微囊，然后将空心微囊与芯材高频接触碰撞，空心微囊可均匀包裹在芯材外部，再除去未包埋的芯材，即制得微胶囊。胡国勤等[59]用超临界 CO_2 快速膨胀法制备出灰黄霉素超细微颗粒，并用扫描电镜、X 射线衍射等进行表征，证实制得的超细微颗粒粒径均匀，粒径达到 1 μm 左右。

（4）酵母微胶囊法。酵母微胶囊法采用酵母菌的细胞壁作为微胶囊的壁材。该法需先将酵母菌用酶溶解掉细胞内部的可溶成分，使酵母菌的细胞壁内部成为空腔，即可以作为微胶囊壁材，再让芯材与酵母菌细胞壁空腔高频接触，使芯材进入细胞壁内部形成微胶囊，再除去多余的芯材即可[35]。

（5）层-层自组装法。层-层自组装法利用逐层交替沉积的方法，借助各层分子间的弱相互作用（如静电引力、氢键、配位键），使层与层自发地缔合，形成结构完整、性能稳定、具有某种特定功能的分子聚集体或超分子结构[60]。层-层自组装法主要用于构筑纳米尺度的多层超薄膜并实现膜的功能化，近来也有人利用这种方法制备了直径在几百到几千纳米的中空微胶囊[61]。层-层自组装法制备微胶囊的显著优越性在于能够在纳米尺度对胶囊的大小、组成、结构形态和囊壁厚度进行精确的控制[62]。

（6）模板法。模板法基于模板粒子形成聚合物壳，然后移去模板粒子，获得具有中空结构的聚合物微球。已用的模板有实心结构模板（如带电乳胶粒、无机粒子等）、囊泡（双分子层）结构模板（如脂质体红血球与二甲基二十八烷基溴化铵、二乙基己基磷酸钠等）。按合成机理，用模板法制备中空聚合物微球，有转录合成和形态合成两种方法[63]。

8.3 医用纺织品

随着纤维技术的进步，纺织品已进入医用领域。目前，医用纤维材料与制品主要包括：①医用防护纺织品，如手术室用衣、消毒包扎用布和湿巾、面罩、医务人员制服以及医院床单、窗帘、揩布等；②外用医疗纺织用品，如创伤敷料、矫正绷带、矫正袜套、压力服装等；③可植入纤维材料及制品，如缝合线、人工血管、人工结扎线等；④体外制品，如血液过滤、人工肝脏、人工肾等；⑤牙科用敷料，如 PTFE 丝线等。

医用纤维材料及合成聚合物的种类繁多。天然纤维材料包括棉、真丝、再生纤维素、甲壳素、骨胶原及藻酸纤维等；合成聚合物如 PA、PET、PP、PTFE、PU，以及用于缝合线及组织工程的生物可降解聚合物如聚乙交酯（PGA）、聚羟基脂肪酸酯（PHA）和聚乳酸（PLA）等。

近年来，医用纤维材料及其技术取得了巨大进步。生物材料已用于外科临床移植，以置换危损的组织器官，修补肌体。医用纤维材料及其制品进入了一个高速发展阶段，2006 年全球消耗量达 31.8 万吨，目前年增长率在 3.5% 左右。据统计，世界卫生保健用纺织品市场规模约 750 亿美元，北美占 33% 左右，欧洲市场约占 30%；外部医用纺织品（如用于创伤处理的纺织品）约 50 亿美元，北美、欧洲各占 35%，年增长率为 6%～8%，其中，高性能创伤处理纺织品的年增长率达到 10%～12%，生物医用制品增长率则高达 25%～30%。另外，纳米纤维技术的高速发展和规模化生产，给组织工程、可移植材料、医药制剂控制与释放等医用领域提供了高性能纤维材料[64]。

8.3.1　医用纺织品的要求

医用纺织品必须无毒、无过敏、无致癌性，消毒时不发生物理或化学性能变化。棉、真丝和黏胶人造丝广泛地作为非移植材料（伤口敷料、绷带等）和卫生保健用品（床上用品、衣物、尿布、卫生巾、揩拭布等）；常使用的化学纤维包括聚酯纤维、聚酰胺纤维、聚四氟乙烯（PTFE）纤维、聚丙烯纤维等。与传统的纯棉机织医用纺织品相比，医用非织造物具有对细菌和尘埃的过滤性高、手术感染率低、消毒灭菌方便、易于与其他材料复合等特点。非织造产品作为用即弃医疗用品，不仅使用卫生便利，还能有效防止细菌感染和医原性交叉感染。此外，新型复合产品也得到了广泛应用，如水凝胶敷料、水胶体敷料、薄膜类敷料等。据国外对医用棉织物和医用非织造物进行的比较测定，前者感染率为 6.41%，后者仅为 2.27%。日本对两类医用纺织品的细菌透过性做了试验，结果表明，机织物上仅 3 min 就有 5 000 个以上的细菌透过，非织造织物经 20 h 才有少量细菌透过。列入纺织行业"十二五"科技攻关项目的医用纺织材料技术主要有两项：一是人工肾的开发；二是防蚊纺织品的产业化研发。人工肾的开发需要解决的关键技术是采用聚砜、聚丙烯腈为原料，经中空纺丝制成中空纤维超滤膜，再组装成透析器；在防蚊纺织品方面，国内已有喷涂类防蚊产品，但复合纺丝技术程度不高。中国产业用纺织品行业协会指出，医用纺织品是以材料为先导，以织物为基础的创新性产业。随着人们对医疗卫生用纺织品需求的多样化，以及纺织新材料、新技术的迅速崛起，医用纺织品是一个具有很大发展潜力的领域[65]。

8.3.2　医用纺织品的分类

医用纺织品根据用途可分为四大类：非植入材料、植入材料、体外装置、医用和卫生用纺织品。

8.3.2.1　非植入材料

如伤口护理材料：复合材料、纱布、棉绒及衬垫。其作用是吸收血液并防止血液渗出，预防伤口感染，促进康复，一般用于对伤口的药敷。

8.3.2.2　植入材料

应能满足人体的生物相容性，不引起免疫性反应和过敏，不会形成人体排异，对人体细胞生长无不良影响，适用于修复人体，如人造血管、人造韧带等。人造血管采用聚酯或聚四氟乙烯纤维，通过针织或机织制得。针织人造血管具有多孔结构，易与人体组织相容，但移植后会引起血液渗出，因而在编织中将其内外表面拉拢，填补空隙。手术移植材料在国内医院有一定的使用量，但基本上依靠进口，国内产品有待开发。

8.3.2.3　体外装置

体外装置是指人工肾、人工肝、人工肺等体外治疗用的器官替代物，采用纺织工艺制成中空纤维膜，组装成血液透析和净化器等。通过形成膜状的中空纤维，有时也使用多层不同密度的针刺滤材渗透血液，滤除血液中的废料。

8.3.2.4　医用和卫生用纺织品

按加工工艺不同，医用纺织品可分为普通纺织品、无纺布、针织品、特殊织物（如打孔织物等透气性好的织物，可用于皮肤贴剂等产品）。

根据用途和性能,可以将医用纺织品分为普通医用纺织品和高性能医用纺织品。普通医用纺织品包括外科手术缝合线、消毒湿巾、伤口敷料、止血贴、纱布球、吸液垫、纱布片、手术巾等。高性能医用纺织品一般采用高技术纤维材料制成,具有不同功能,大体可以分为四类:

(1) 保健类。医疗保健用的绷带、口罩、头罩、可溶性止血纱布、医疗用的床单及寝具。保健纺织品中,约85%可用于护理,仅15%可用于手术室或者加强护理室。据相关调查,对保健、洗涤、再次使用等方面的技术和功能性要求及员工的工作条件,被认为是最重要的。由于许多保健医用纺织品可以再次使用,要求这些产品可以洗涤、灭菌、消毒。

(2) 治疗类。舒适功能纺织品、消痒、止血纺织品、除螨用纺织品等。

(3) 仿器类。人工肺、人工血管、人工心脏瓣膜、人工气管等。

(4) 防护类。防毒服装及各种防辐射服装(防X射线、防静电、防电磁辐射等)[66]。

8.3.3 医用纺织品的技术现状

8.3.3.1 外部医用制品

传统的创伤医用敷料面临着革新和发展,如纤维素/聚酯非织造物制成的医用纱布,可明显改进纱布的导液性能,并减少使用中可能产生的纤维屑。对传统的创伤包扎敷料进行铜/银表面处理,可赋予产品抗微生物功能。美国卡普诺公司成功添加氧化铜制剂于成纤聚合物中,制得的PET、PE、PU和PA包扎敷料已投放市场。

高性能创伤处理敷料要求具有融入伤口愈合过程或直接进行创伤治理的功能,并形成一个湿润环境,支持伤口自然愈合。美国强生公司采用纤维素和胶原加工的双组分纤维,具有明显的伤口愈合效果。另一类创伤处理产品具有三维结构,当伤口愈合或再生时,可提供一个生物细胞附着于表面,形成组织支架。瑞士Tissupore公司开发的此类产品为多层结构织物,外部是质地密实的防护层,复合层为非织造布,具有吸收渗出物的功能。

在传统外部医用敷料制品的基础上,人们开发研究了新型外部医用敷料,如水凝胶类敷料、薄膜类敷料、泡沫类敷料、水胶体类敷料和藻酸盐类敷料等,这些敷料均有各自的特点和适用领域。水凝胶类敷料[67]能保持创面湿润,可以连续吸收创面渗出液,还可负载各种药物和生长因子,其透明外观利于观察创面愈合状况,适用于皮肤擦伤、激光和化学损伤等方面。薄膜类敷料[68]主要由聚氨酯类材料制成,敷料的一侧加有黏性材料,透气性、阻菌性及贴附性好,可维持创面湿润,透明状外观便于观察创面,但吸收性差,只适用于相对清洁的创面,不适用于渗出液较多的创面。泡沫类敷料[69]对创面渗出液的吸收能力较强,但黏附性较差,需外固定材料,敷料不透明,难以观察创面愈合状况,并且创面肉芽组织易长入敷料多孔结构内部,造成脱模困难,且易受细菌污染。水胶体类敷料[70]具有完全密闭性,敷料厚度决定其吸收能力,不适用于渗出液较多的创面。藻酸盐类敷料[71]具有较强的吸水膨胀性,能吸收约为自身质量20倍的液体,并且具有止血缓痛作用,但黏附性较差,敷料本身脓液样的外观也易与感染的创面混淆,适用于术后需促进止血的创面及高渗出液的慢性创面。

8.3.3.2 可移植材料

完美的人工移植材料要求具有生物特性:①多孔性,孔隙度要利于组织生长和被包容;②纤维直径小且呈圆形截面,比纤度粗、不规则截面的植入材料更易于人体组织封合;③无毒性,聚合物或成形加工过程必须无毒、无污染;④生物可降解性和稳定性,更适宜与人体细胞相容,并随着时间推移趋于稳定。主要医用可移植材料的技术特征如表 8-2 所示。

表 8-2　主要医用可移植材料的技术特征

应用		材质	产品类型
缝合线	生物可降解型 非生物可降解型	PLA、骨胶原、聚乙交酯 PA、PET、PTFE、PP、钢质材料	单丝、编织物 单丝、编织物
软组织移植	人造筋、腱 人造结扎线 人造软骨 人造皮肤 隐形眼镜/人造角膜 人造关节/骨骼	PEFE、PET、PA、PE、真丝 PET、CF LDPE 甲壳素 聚甲基丙烯酸甲酯、骨胶原、硅制品 硅制品、聚缩醛、PE	机织物、编织物 编织物 非织造布 非织造布 — —
心脏血管移植	血管 心脏瓣膜	PET、PTFE PET	针织物、机织物 针织物、机织物

（1）缝合线与结扎线。结扎线用于血管或其他部位的结扎处理,缝合线是外科手术后影响伤口定位和恢复的关键因素之一。

20 世纪 40 年代末,PA、PET、聚烯烃长丝开始用于创伤缝合,至 70 年代中叶,生物可降解缝合线如 PHA、聚乙交酯（PGA）等纷纷投入使用。目前,PHA 缝合线已进入临床阶段。

缝合线可使用单丝或复丝纱线。缝合线要求具有柔软的外表面,能顺利通过皮肤而不出现阻断,并易于扎紧成扣。理想的缝合线性能和使用拟编入电脑程序,包括缝合线可溶性范围 5～100 天、强力可从数克至 50 kg、手感要满足外科医生的临床要求等。此外,缝合线成圈结扣的稳定性、伸长和弹性的可选择性及其他技术要求,也应纳入程序,便于科学使用。

目前,临床使用的缝合线主要采用 PGA、PGA/PLA 共聚物、聚己内酯（PCL）等。使用 PHA 可以制得高强力或低强力缝合线,也可制备弹性或无弹性缝合线。PBT 缝合线具有适宜的强力及柔软表面,是使用较广的缝合线之一。直径在亚微米级的单丝缝合线通常用于眼科手术。

缝合线按材质分有生物可降解或非生物可降解两种。生物可降解缝合线主要用于内创伤缝合;非生物可降解缝合线多用于暴露的外部伤口,便于伤口愈合后拆线。

缝合线可以使用天然材质或合成聚合物,选择的依据是其物理、化学性能及生物特性;可吸收缝合肠线的最大优点在于使用中出现的反应平和,而胶原缝合线在强力、纯度和成本方面优于肠线;可吸收 PLA 缝合线具有极好的强力、很小的肌体组织反应和优良的结扣性能,不足之处是临床上出现非特异性无菌炎症的频率较高,强力损失较大,仅限于 15 天内;采用 PLA 共聚物制作的缝合线,强力损失优于 PLA,可达 4～6 周。常用的不可吸收聚合物缝合线包括 PA、PP、PET 及 PE 等材料。Vicry 是全球第一款抗霉菌医用缝合线,具有抑制和降低霉菌生长的特性。

（2）血管移植。目前,血管移植是相当普遍的医疗程序。血管或动脉局部血管置换,临床使用已与活体血管接近。

在血管疾病的外科手术中,人工植入材料引起血栓、结块、堵塞和感染最为敏感。源于蛋白、组织吸收和凝血反应的一系列外科手术问题，约占临床手术的10％，其中包括2％的血管感染病人。

人工动脉或静脉血管主要用于置换人体心脏、血管系统的阻力或机能变弱的部分，使用直径在6、8和10 mm，植入阻塞部位并形成旁通，以重建恢复循环。直线和分支型移植器官可采用经编或纬编工艺。多孔Teflon®制品展示了很好的生物相容性和抗凝血活性。研究结果表明，Teflon®人工血管不可过细，直径应不低于3 mm，同时需具有血液相容性、适宜的孔结构和可再吸收性，并利于组织生长及避免出现堵塞现象，管材本身可满足强度要求。目前，PHA制品在心脏瓣膜、心血管的临床中已有使用。

（3）软组织移植。软组织植入可与修复结合，涉及皮肤、韧带、肌肉筋腱和软骨等，包括血管组织中的血管、心脏瓣膜，以及器官方面的心脏、胰腺和肾脏等。大多数软组织植入使用合成聚合物材料。植入材料需具有与人体组织相容的特性。美国Clemson大学提出一种方法，即赋予植入物膨化结构，形成微细表面，使其与人体组织的相容性达到最佳，从而避免引起植入部位出现炎症。

生物医用材料可用于软组织人工修补，即人造皮肤、人造筋和人造角膜等方面，重要的是可促进细胞与组织生长。因此，对生物医用材料的化学结构、电性能、亲水性、疏水性、表面粗糙度、品质均一性和挠性等，都有十分严格的要求。目前，用于软组织植入的可容性生物聚合物有骨胶原、丝蛋白、纤维素、甲壳质和壳聚糖等，其中人造移植材料包括硅橡胶、PU、水凝胶及碳纤维等。

（4）疝气修复。用于疝气修复和腹内置换的制品对力学强度和挠性指标的要求十分严格，且要求制品有一定的孔隙度，结构需保证长期使用过程中处于最佳功能状态，通常采用机织或针织工艺。

PP网材用于疝气修复临床治疗，显示出具有抗感染和抗过敏功能。在疝气治疗的Gore-Tex软组织修补中，已使用PTFE制品。

（5）硬组织移植。硬组织可相容材料必须具有良好的力学性能。硬组织置换用聚合物的主要技术要求在于良好的加工性能、化学稳定性和生物相容性。硬组织植入主要涉及人造骨骼、骨黏合制品、人造关节等，整形植入主要包括置换骨骼、关节和固定板以固定断裂的骨骼。西南交通大学[72]采用多孔生物陶瓷球形颗粒堆积的方式，构建了大尺寸多孔支架，用于治疗骨缺损，有很好的促进骨骼生长的作用。

（6）人工神经导管。中枢神经导管制品是医用纺织品研究的一个新领域，主要用于连接损坏的神经末梢和促进神经分泌微量物的通过，阻止纤维组织渗透，有利于修复损伤的神经。在该领域，使用可导电聚合物是一项发现，如PP可形成局部电刺激，达到促进神经恢复再生的效果。在PHA系列医用制品中，聚3-羟基丁酸酯人工神经导管的吸收时间达6个月以上，由于该材料的压电性能，神经组织生长可借助电荷刺激作用。神经导管可以是单根连续空心管材，也可以由连续中空纤维制成。

8.3.3.3　体外医用制品

体外医用制品主要涉及血液净化、人工肺、人工肝脏和人工肾透析器等。中空纤维膜与超滤膜材料主要采用醋酸纤维素（CA）、三醋酸纤维素（CTA）、铜氨纤维、乙烯/醋酸乙烯共聚物（EVAL）、PMMA、聚砜（PSU）和PAN等。

8.3.4 我国医用纺织品存在问题

(1) 价高质低,功能性和舒适性差。医疗系统仅对产品供应商有一定的认证要求,缺乏统一的材料和产品采购标准、认证办法和配送管理体系,并缺乏质量监管机构。我国医院以采购非一次性用品为主,一次性用品也仅限于口罩、帽子之类的常规产品,一次性隔离衣和手术衣、一次性防护服的使用率较低。大部分科室、区域使用普通棉布防护衣,只有传染病区和重症监护病房使用一次性防护服、防护镜及医疗橡胶手套,使用率也不高。医用纺织品的产品结构不合理,已经成为阻碍其健康发展的严重问题。

(2) 标准制定滞后,导致产品质量参差不齐。据统计,和医疗与卫生用纺织品相关的现行标准共 32 个,其中有 3 个是 2003 年"非典"时期紧急制定的国标,其他均为医疗系统制定的行业标准,且多为产品标准或术语,直接有关纺织品的标准不超过 12 个。国际上采用的医疗卫生用纺织品标准超过 60 项,且主要为材料测试方法及对产品通用要求的标准规范。目前为止,我国医疗与卫生用纺织品的相关标准基本上以卫生系统为主导制定。

(3) 资质认证空白。由于缺少标准和使用规范的技术支撑,我国医疗用纺织品行业的认证相对空白,特别是医疗用防护产品审批认证机制混乱。普通棉布防护衣和普通非织造布防护衣为一类医疗器械,可由市级医疗器械管理部门审批;医疗一次性和多次性防护服属二类医疗器械,由省级医疗器械管理部门审批。但是,对于材料和产品的相应技术标准和生产规范,并未认证和规定。国内医疗用纺织品的流通渠道复杂,优异产品使用成本昂贵,更多产品存在优质不优价现象。医疗用纺织品的产品信息跟踪管理和售后服务水平低,也给交叉感染医疗事故埋下了隐患。另一方面,我国生产的大量高档医用手术衣、口罩等产品,出口经国外权威检测机构认定和包装后,高价返销回国内,流通环节以多倍价格增加了最终用户的成本,不仅给行业健康带来了阻滞,而且抑制了高性能产品在国内医院的推广[73]。

8.3.5 我国医用纺织品发展趋势

据中国产业用纺织品行业协会统计,2002 年至 2010 年,我国医疗与卫生用纺织品行业的发展速度超过 20%,出口增速超过 29%。但是,我国医疗用纺织品的综合技术性能不能充分满足需求,尤其在外科用植入性纺织品和体外过滤用纺织品方面,目前主要依靠进口。在美国,90%以上的医院选择一次性医疗用品。这类产品更多采用非织造材料,手术室用非织造布产品等高档次、开发领域巨大的产品,因其科技含量高、利润可观,成为其中的发展重点。目前,世界各国对医用非织造布产品的开发正在提速,欧洲、美国、日本、韩国等国家和地区不惜花费巨资加大该领域的研发。

8.4 医用微纳米纺织品性能评价

8.4.1 纳米纤维材料在医用纺织品领域的应用

当聚合物纤维的直径从微米向亚微米-纳米尺度转化时,它们能显现出一系列的特征,如巨大的比表面积、表面能及突出的力学性能等。这些变化给聚合物纳米纤维的使用提供了巨大的空间。特别是生物可降解聚合物的融入,使聚合物纳米纤维最先成为医用领域的选择,其在药液控释、组织支架、软组织修补、矫形植入及创伤处理等方面的开发与应用,已成为近代医学领域的重要变革之一。

8.4.1.1 组织工程支架

组织支架具有多孔结构,特别是细胞基质,它能支撑和引导细胞组织生长,并呈三维空间,帮助细胞再生。采用纳米纤维制成的纺织制品支架已成功应用于组织工程,如皮肤养护多孔膜、血管与中枢神经再生的管状纳米纤维制品、骨骼和软组织再生的三维空间组织支架等。

8.4.1.2 创伤包扎材料

纳米纤维材料可用于人体皮肤创伤和烧伤处理,作为止血材料亦具有独特的性能。采用静电纺丝的方式将生物可降解聚合物直接喷纺于人体皮肤的损伤部位,形成纤维网状包扎层,可促进皮肤组织生长,使伤口愈合,同时可减轻或消除传统创伤处理方式造成的疤痕。

8.4.1.3 药物控释系统

对于临床病人来说,药物控释系统是生理上最易接受的方法,也是医学领域十分关注的课题。一般来说,药剂粉粒尺寸相当小,需要人工包敷材料予以封装,以更利于人体吸收。通过聚合物纳米纤维进行药液控释的基本原理是,药物粉粒的溶解度基于药剂和载体比表面积的变化而变化。对于药剂组分来说,纳米纤维可以改变药剂溶解度,即可使药剂通过持续或脉冲方式进行输送。

8.4.2 性能评价

8.4.2.1 生物相容性

组织工程中的支架材料是为细胞获取养份、气体交换、排泄废物和生长代谢的场所,是形成新的具有形态和功能的组织、器官的物质基础。用于表征组织工程支架植入生物体后与生物体之间相互作用的生物相容性,通常涉及组织相容性、血液相容性,两者是生物体免疫系统作用的结果。组织相容性是指植入肌体内的材料不能对周围组织产生严重的毒副作用,尤其不能诱发组织致畸和基因病变;反过来,植入肌体周围的组织也不能对材料产生强烈的腐蚀作用和排斥反应。血液相容性考察与血液接触的材料应该无溶血作用,不能破坏血液组织成分,不能有凝血作用。

一般来说,医用材料生物相容性的评价方法主要包括体外细胞培养法和体内埋植法。其中,体外细胞培养法可以直接观察细胞在医用材料上的生长情况,可以从细胞水平、分子水平探讨材料与细胞之间的相互作用,便于了解细胞与材料相互作用的生物学反应,有助于组织工程支架材料的筛选,结果的客观性比复杂的体内试验结果更好,而且用该方法检测材料对细胞的亲和作用,简单易行,重复性好,对材料的毒性更敏感[74]。

体外细胞培养法快速、简便、重复性好又廉价,在材料生物相容性评价中起着越来越重要的作用。以往对材料生物相容性的评价往往着眼于细胞形态与数量的变化,近年研究材料对细胞生长、附着、增殖及代谢方面影响的报道日趋增多。免疫化学放射及影像学等多学科的技术发展,使人们进一步深入了解细胞结构和功能的变化关系,进而阐明材料对细胞的作用机制,是今后体外细胞培养法评价材料生物相容性的发展方向[75]。

MTT 比色法是一种常用的检测细胞存活和生长的方法,其检测原理是,活细胞线粒体中的琥珀酸脱氢酶能使外源性 MTT 还原为水不溶性的蓝紫色结晶甲瓒(Formazan)并沉积在细胞中,甲瓒结晶的生成量仅与活细胞数量成正比(死细胞中的琥珀酸脱氢酶消失,不能将 MTT 还原)。二甲基亚砜(DMSO)能溶解细胞中的甲瓒,用酶联免疫检测仪在波长 570 nm(或 492 nm)处测定其吸光值,可间接反映活细胞数量。在一定的细胞数量范围内,MTT 结晶形成的量与细胞数量成正比,吸光值与活细胞数量之间有良好的线性关系。

8.4.2.2 抗菌性

人体皮肤是维持体内环境稳定和阻止微生物侵入的重要屏障。医用敷料用来保护裸露的创面,并且促进组织修复。英国学者 Winter 提出,伤口在湿润的环境下比干燥的环境下愈合得快,这使得人们对伤口愈合过程有了新的认识[76]。随着这个理论的提出,新型敷料也应运而生。据调查,目前市场上的伤口敷料已有 2 400 多种[77]。

纳米银医用抗菌敷料是将纳米银附着于医用脱脂纱布或医用非织造布而制成的新型抗菌敷料。目前,国内外有多家生产企业推出了含银敷料[78]。纳米银医用抗菌敷料的抗菌性能检测,对保证其安全有效的应用极为重要。然而,目前我国还没有针对纳米银医用抗菌敷料抗菌性能评价的检测方法和检测标准。迄今为止,因抗菌剂的多样性和辅料组成织物的不同,很难用统一的测试方法评价抗菌敷料的抗菌效果,而且国际上也没有统一的定量性测试标准。国内报道的相关抗菌敷料的抗菌性能检测方法多由国外的方法翻译而来,由于实验室环境测试条件的差异,测试的结果差别较大。因此,应根据抗菌敷料的不同材质,选用适宜的检测方法。GB/T 15979—2002 规定了织物与菌液接触反应时间为 1 h,转速为300 r/min,试验温度 25 ℃。更具体的测试条件可查阅此标准。

8.4.2.3 刺激响应性

刺激响应性自组装系统的研究进步,促进了智能药物控释载体的发展。智能药物控释载体在特殊的细胞信号刺激下,能高效地促使生物因子的释放,如药物、基因和蛋白质等[79-81]。为了加强治疗效率,智能药物控释载体往往在以下几个方面进行改进:增加血液中的稳定性;在到达靶向目标之前减少药物泄露;在靶向细胞中能特异性地释放药物[82]。在众多的纳米载体中,两亲性共聚物或三聚物的自组装颗粒已经成为细胞内药物运输载体的研究热点[83-85]。但是,这些自组装颗粒结构不稳定,并且在静脉注射后会迅速发生药物泄露,造成正常器官的损伤[86]。聚合物纳米颗粒由于具有延长血液循环、在肿瘤组织处高度聚集的特点,被广泛应用于体内药物输送系统[87]。聚合物纳米颗粒的上述性能归功于其能逃避淋巴系统的排泄功能,从而能高效地通过肿瘤组织血管处的多孔状脉管系统,继而到达肿瘤组织处,这就是所谓的 EPR 效应[88-90]。此外,聚合物纳米颗粒表面官能团多样化使其易交联上生物分子,如抗体、蛋白质等,从而加强其靶向性[91]。纳米颗粒作为药物载体的主要研究热点是,其在体内的生物分布及有效地治疗肿瘤[91]。透明质酸(HA)是一种天然多糖,被广泛发现于细胞外基质及人体滑膜液中,由于其表面易交联上靶向因子 CD44,成为药物载体,在肿瘤治疗方面吸引了科研工作者的关注[92-97]。聚乳酸(PLA)是一种生物相容性良好的材料,而且具有良好的生物可降解性,能被生物有机体分解成无毒的代谢产物[98-100]。因此,PLA 作为纳米药物载体已经得到广泛认可,具有很大的临床应用价值。利用细胞中存在的谷胱甘肽(GSH)诱导二硫键的化学断裂和硫醇配体的转化反应等,已应用于药物载体的设计[101-102]。GSH 广泛存在于细胞中,是一种包含硫醇键的多肽,具有使二硫键断裂的作用。细胞内的 GSH 浓度约为 10 mmol/L,远远高于细胞外的浓度(约 2 μmol/L),而在肿瘤环境处,这个差异更加显著[103]。因此,细胞内外的 GSH 浓度差异为设计胞内药物载体提供了很好的方向,如图 8-5 所示。

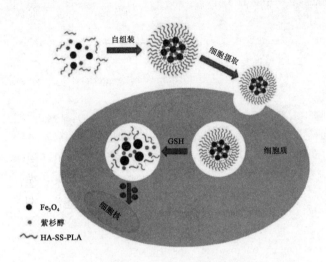

图 8-5　还原响应性磁性自组装分子的构建及细胞内释放示意

参考文献

[1] http://3y.uu456.com/bp_50x4091m875dq8m1sb6k_1.html.

[2] 方红. 生物医学纳米材料研究现状与发展趋势的分析[D]. 南京:东南大学,2004.

[3] 郭景坤,徐跃萍. 纳米陶瓷及其发展[J]. 硅酸盐学报,1992,20(3):286-291.

[4] 严东升. 纳米陶瓷的合成与纸杯[J]. 无机材料学报,1995,10(1):1-6.

[5] Abrahan T. Advanceded ceramic powder and nanosized ceramic powder: An industry and market overview[J]. Ceramic Trans. , 1996,62:3-13.

[6] Li D L, Li D, Wang X. Effects of inorganic nanoparticle sonhuman cell's reproduction and bramble tissue culture[J]. Journal of Xuzhou Normal University(Natural Science Edition),2002,20(2):51-53.

[7] Can X Y, Yan Y H, Yang M J, et al. The improved technology and observed by electron microscopy on the primary culture of hepatocyte[J]. Journal of Wuhan University of Technology, 2001,23(4):35-36.

[8] 张锡玮. 纳米碳纤维[J]. 高等学校化学学报,1997,18(11):1899-1901.

[9] 纳米材料在医学上的应用前景广阔[J]. 技术与市场. 2005(7):6.

[10] 师昌绪. 材料大词典[M]. 北京:化学工业出版社,1994.

[11] 罗延龄. 新型生物医用高分子材料的合成、结构表征与性能研究[D]. 西安:陕西师范大学,2012.

[12] Song C X, Labhasetwar V, Murphy H, et al. Formulation and characterzation of biodegradable nanoparticles for intravas cularlocal drug delivery[J]. Controlled Release, 1997, 43:197-212.

[13] 余传威. 纳米生物医用材料[DB/OL]. www.doc88.com/p-703899361622.html,2012-12-15/2017-12-01.

[14] Roy R, Komarneni S, Roy D M. Multi-phasiccera miccomposites made by sol-gel technique. Mater.

Res. Soc. Symp. Proc., 1984,32:347-59.

[15] 张立德,牟季美. 纳米材料和纳米结构[M]. 北京:科学出版社,2001:1-50.

[16] Prokop A. Bioartificial organs in the twenty-first century[J]. Ann. New York Acad. Sci., 2001 (944):472-490.

[17] Kikuchi M, Itoh S, Ichinose S, et al. Self-organization mechanism in abone-like hydroxy apatite collagen nanocompostie synthesized in vitro and its biological reaction in vivo[J]. Biomaterials, 2001, 22:1705-1711.

[18] Tan W, Krishnaraj R, Desai T A. Evaluation of nanostructured composite collagen-chitosan matrices for tissue engineering[J]. Tissue Eng., 2001, 7(2):203-210.

[19] Hench L L, Polak J M. Third-generation biomedical materials[J]. Science, 2002, 295(5557): 1014-1020.

[20] 许燕侠,赵亮,刘挺,等. 微胶囊的制备技术[J]. 上海化工,2005(3):21-4.

[21] 徐炽焕. 微胶囊的制备及其应用[J]. 化工新型材料,2005(11):78-81.

[22] 赵永金,吴海燕. 微胶囊技术应用进展[J]. 兵团教育学院学报,2000(3):42.

[23] 蔡涛,王丹,宋志祥,等. 微胶囊的制备技术及其国内应用进展[J]. 化学推进剂与高分子材料,2010,8 (2):20-26.

[24] Green B K, Sandberg R W. Manifold record material and process for making it:US 18353350A[P]. 1951-04-24.

[25] Green B K. Oil-containing microscopic capsules and method of making them:US 36510653A: 1957-07-23.

[26] Green B K. Process of making pressure sensitive record material:US 6321448A[P]. 1950-04-25.

[27] 李莹,靳烨,黄少磊,等. 微胶囊技术的应用及其常用壁材[J]. 农产品加工,2008(1):65.

[28] 蒋挺大. 壳聚糖[M]. 北京:化学工业出版社,2001.

[29] 孟哲,胡章记,毛宝玲. 壳聚糖的结构特性及其衍生物的应用[J]. 化学教育,2006,27(8):1-2.

[30] 肖道安,李秋红,陈芳. 杜仲叶提取物微胶囊化研究[J]. 赣南医学院学报,2007,27(3):321-3.

[31] 查恩辉,王玉田,李娜,等. 番茄红素的提取及其微胶囊化的研究[J]. 中国调味品,2008,33(3):45-48.

[32] 杜静玲,谭天伟. V_A 棕榈酸酯微胶囊的制备及性能研究[J]. 食品与发酵工业,2007,33(1):48-50.

[33] Gao G B, Qian C X, Gao M J. Preparation and characterization of hexadecane microcapsule with polyurea-melamine formaldehyde resin shell materials[J]. 中国化学快报(英文版),2010,21(5): 533-7.

[34] Frederiksen L, Anton K, Hoogevest P V, et al. Preparation of liposomes encapsulating water-soluble compounds using supercritical carbon dioxide[J]. Journal of Pharmaceutical Sciences, 1997,86(8): 921-8.

[35] 李川,李兆华,蒋和体,等. 微生物细胞壁微囊化姜油及其缓释效应研究[J]. 中国高新技术企业,2009 (14):8-9.

[36] 王金宇,李淑芬,关文强. 丁香油的超临界 CO_2 萃取及其微胶囊的制备[J]. 高校化学工程学报,2007, 21(1):37-42.

[37] 许丽娜,董海洲,刘传富,等. 多孔淀粉包埋葡萄籽油微胶囊化技术研究[J]. 粮食与油脂,2009(2): 21-23.

[38] 刘勋,宋正富,胡敏,等. 多孔淀粉制备微胶囊化粉末花椒精油的研究[J]. 现代食品科技,2009,25(4): 408-10.

[39] 冯岩,张晓鸣,路宏波,等. 复合凝聚法制备 VE 微胶囊工艺的研究[J]. 食品与机械,2008,24(3): 39-43.

[40] 董志俭,沈煜,夏书芹,等.复合凝聚球状多核薄荷油微胶囊的壁材选择及固化研究[J].食品与发酵工业,2009(8):40-44.

[41] Dai R, Wu G, Li W, et al. Gelatin/carboxymethylcellulose/dioctyl sulfosuccinate sodium microcapsule by complex coacervation and its application for electrophoretic display[J]. Colloids & Surfaces A Physicochemical & Engineering Aspects, 2010,362(362):84-89.

[42] 江定心,徐汉虹,杨晓云.植物源农药印楝素微胶囊化工艺及防虫效果[J].农业工程学报,2008,24(2):205-208.

[43] 王丹,于钢,刘文波,等.松香改性新型微胶囊壁材的制备研究[J].林产化学与工业,2005,25(sl):51-54.

[44] 董利敏,邵建中,柴丽琴,等.基于界面聚合法的橄榄油聚氨酯微胶囊制备[J].纺织学报,2009,30(8):73-8.

[45] 黄国清,肖军霞.一种原位包埋微胶囊香精性质的研究[J].化工时刊,2009,23(2):1-3.

[46] 来水利,王克玲,陈峰.自修复基材微胶囊的制备和表征[J].新型建筑材料,2009,36(9):65-68.

[47] 李琴,徐建国,董俊荣,等.桑椹红色素的微胶囊化工艺研究[J].农业与技术,2008(5):61-65.

[48] 杜双奎,吕新刚,于修烛,等.锐孔法制作食醋微胶囊[J].食品与发酵工业,2009,35(5):85-89.

[49] Gombotz W R, Healy M S, Brown L R. Very low temperature casting of controlled release microspheres: US 07/346143[P]. 1991-05-28.

[50] 姚翾,陶宁萍,王锡昌.宝石鱼油的微胶囊化研究[J].食品科学,2008,29(9):254-259.

[51] 黄卉,李来好,杨贤庆,等.喷雾干燥微胶囊化罗非鱼油的研究[J].南方水产科学,2009,5(5):19-23.

[52] 张卫明,石雪萍,孙晓明.生姜精油微胶囊化工艺研究[J].林产化学与工业,2008,28(5):65-69.

[53] Petrovic L B, Sovilj V J, Katona J M, et al. Influence of polymer-surfactant interactions on o/w emulsion properties and microcapsule formation[J]. Journal of Colloid and Inferface Science, 2010,342(2):333-339.

[54] 陈梅香,张雅稚.用分子包埋法对BHT进行微胶囊化研究及应用[J].肉类研究,2007(3):22-26.

[55] 许时婴,等.微胶囊技术原理与应用[M].北京:化学工业出版社,2006.

[56] 胡雪,魏炜,雷建都,等.T型微通道装置制备尺寸均一壳聚糖微球[J].过程工程学报,2008,8(1):130-134.

[57] 毛煜,杨峰.超临界流体技术应用进展[J].化学研究与应用,2001,13(2):111-116.

[58] polymer & ndash;surfactant interactions on o/w emulsion properties and microcapsule formation. Journal of Colloid and Interface Science, 2010,342:333-339.

[59] 胡国勤,陈琪,邓修.超临界溶液快速膨胀制备灰黄霉素超细微粒的表征与溶解性研究[J].中国抗生素杂志,2010,35(9):671-674.

[60] Zhang Y J, Yang S G. Xu J, et al. Fabrication of stable hollow capsules by covalent layer-by-layer self-assembly[J]. Macromolecules, 2003,36(11):4238-4240.

[61] Zhang Y, Guan Y, Yang S, et al. Fabrication of hollow capsules based on hydrogen bonding. Advanced Materials, 2003,15(10):832-835.

[62] 梁振鹏,王朝阳,孙启龙,等.LbL层层纳米自组装法制备新型微胶囊.化学进展,2004,16(4):485-491.

[63] 白飞燕,方仕江.模板法技术制备中空聚合物微球的进展[J].胶体与聚合物,2004,22(4):26-30.

[64] 芦长椿.医用纺织品及其纤维技术的发展[J].纺织导报,2008(9):76-80.

[65] 秦益民,陈燕珍,张策,等.抗菌甲壳胺纤维的制备和性能[J].纺织学报,2012(5):23-26.

[66] 负秋霞.医用纺织品的发展及应用[J].合成材料老化与应用,2015(4):142-145.

[67] Motta G, Dunham L, Dye T, et al. Clinical efficacy and cost-dffectiveness of a new synthetic polymer

sheet wound dressing[J]. Ostomy Wound Manage, 1999, 45(10):41, 44-46,48-49.

[68] 谈敏,李临生. 敷料与人工皮肤技术研究进展[J]. 化学通报,2000,63(11):7-12.

[69] Bogaerdt A J, Ulrich M M, Galen M J, et al. Upside-down transfer of porcineker atinocytes from aporous, aynthetic dressing to experimental full-thickness wounds [J]. Wound Repair and Regeneration, 2004,12(2):225-234.

[70] 杨连利,梁国正. 水凝胶在医用领域的热点研究及应用[J]. 材料导报,2007,21(2):112-115.

[71] 贾赤宇,陈璧. 创面敷料的研究进展[J]. 中华整形外科杂志,1998,14(4):300-302.

[72] 彭谦. 新型多孔磷酸钙陶瓷支架构建及其体内培育大尺寸活体骨修复体[D]. 成都:西南交通大学,2010.

[73] 李睿. 不同纺织基人造血管的结构特性浅析[J]. 纺织科技进展,2007(6):12-14.

[74] Mcguigan A P, Sefton M V. The influence of biomaterials on endothelial cell thrombogenicity[J]. Biomaterials, 2007,28(16):2547-2571.

[75] Scherlie R. The MTT assay as tool to evaluate and compare excipient toxicity in vitro on respiratory epithelial cells[J]. International Journal of Pharmaceutics, 2011,411(1-2):98-105.

[76] Kannon G A, Garrett A B. Moist wound healing with occlusive dressings[J]. Dermatologic Surgery, 1995,21(21):583-590.

[77] Kuehn B M. Chronic wound care guidelines issued[J]. Journal of the American Medical Association, 2007,297(9):938-939.

[78] Ke L N, Feng X M, Wang C R. Recent research and progress of medical dressings[J]. Journal of Clinical Rehabilitative Tissue Engineering Research, 2010,14(3):521-524.

[79] Sun H K, Ji H J, Lee S H, et al. Local and systemic delivery of VEGF siRNA using polyelectrolyte complex micelles for effective treatment of cancer[J]. Journal of the Controlled Release Society, 2008, 129(2):107-116.

[80] Lee Y, Shigeto Fukushima, Younsoo Bae,et al. A protein nanocarrier from charge-conversion polymer in response to endosomal pH. Journal of the American Chemical Society, 2007,129(17):5362-5363.

[81] Oh K T, Yin H, Lee E S, et al. Polymeric nanovehicles for anticancer drugs with triggering release mechanisms[J]. Journal of Materials Chemistry, 2007,17(17):3987-4001.

[82] Kim M H, Wang N, Mcdonald T, et al. Hydrotropic polymeric micelles for enhanced paclitaxel solubility: In vitro and in vivo characterization[J]. Biomacromolecules, 2007,8(1):202-208.

[83] Schmidt B V K J, Hetzer M, Ritter H, et al. UV light and temperature responsive supramolecular ABA triblock copolymers via reversible cyclodextrin complexation[J]. Macromolecules, 2013,46(46): 1054-1065.

[84] Jeong B, Bae Y H, Lee D S, et al. Biodegradable block copolymers as injectable drug-delivery systems [J]. Nature, 1997,388(6645):860-862.

[85] Li X, Qian Y, Liu T, et al. Amphiphilic multiarm star block copolymer-based multifunctional unimolecular micelles for cancer targeted drug delivery and MR imaging[J]. Biomaterials, 2011,32 (32):6595-6605.

[86] Min K H, Kim J H, Sang M B, et al. Tumoral acidic pH-responsive MPEG-poly(β-amino ester) polymeric micelles for cancer targeting therapy[J]. Journal of Controlled Release, 2010,144(2): 259-266.

[87] Torchilin V. Tumor delivery of macromolecular drugs based on the EPR effect[J]. Advanced Drug Delivery Reviews, 2011,63(3):131-135.

[88] Maeda H, Wu J, Sawa T, et al. Tumor vascular permeability and the EPR effect in macromolecular

therapeutics：A review[J]. Journal of the Controlled Release Society，2000，65(1-2)：271-284.

[89] Maeda H，Sawa T，Konno T. Mechanism of tumor-targeted delivery of macromolecular drugs，including the EPR effect in solid tumor and clinical overview of the prototype polymeric drug SMANCS [J]. Journal of the Controlled Release Society，2001，74(1-3)：47-61.

[90] Byrne J D，Betancourt T，Brannon-Peppas L. Active targeting schemes for nanoparticle systems in cancer therapeutics[J]. Advanced Drug Delivery Reviews，2008，60(15)：1615-1626.

[91] Choi K Y，Hong Y Y，Kim J H，et al. Smart nanocarrier based on PEGylated hyaluronic acid for cancer therapy[J]. Acs Nano，2011，5(11)：8591-8599.

[92] Hong Y Y，Koo H，Choi K Y，et al. Tumor-targeting hyaluronic acid nanoparticles for photodynamic imaging and therapy[J]. Biomaterials，2012，33(15)：3980-3989.

[93] Luo Y，Kirker K R，Prestwich G D. Cross-linked hyaluronic acid hydrogel films：new biomaterials for drug delivery[J]. Journal of Controlled Release，2000，69(1)：169-184.

[94] Kothapalli C R，Shaw M T，Mei W. Biodegradable HA-PLA 3-D porous scaffolds：Effect of nano-sized filler content on scaffold properties[J]. Acta Biomaterialia，2005，1(6)：653-662.

[95] Palazzo B，Iafisco M，Laforgia M，et al. Biomimetic hydroxyapatite — Drug nanocrystals as potential bone substitutes with antitumor drug delivery properties[J]. Advanced Functional Materials，2007，17(13)：2180-2188.

[96] Kim H W，Knowles J C，Kim H E. Hydroxyapatite/poly(ε-caprolactone) composite coatings on hydroxyapatite porous bone scaffold for drug delivery[J]. Biomaterials，2004，25(7-8)：1279-1287.

[97] Zhu A，Lu P，Wu H. Immobilization of poly(ε-caprolactone)-poly(ethylene oxide)-poly(ε-caprolactone) triblock copolymer on poly(lactide-co-glycolide) surface and dual biofunctional effects [J]. Applied Surface Science，2007，253(6)：3247-3253.

[98] Zhang J F，Sun X. Mechanical properties of poly(lactic acid)/starch composites compatibilized by maleic anhydride[J]. Biomacromolecules，2004，5(4)：1446-1451.

[99] Gupta A P，Kumar V. New emerging trends in synthetic biodegradable polymers-polylactide：A critique[J]. European Polymer Journal，2007，43(10)：4053-4074.

[100] Hong R，Han G，Fernández J M，et al. Glutathionevmediated delivery and release using monolayer protected nanoparticle carriers[J]. Journal of the American Chemical Society，2006，128(4)：1078-1079.

[101] Chong S F，Chandrawati R，Städler B，et al. Stabilization of polymer — Hydrogel capsules via thiol-disulfide exchange[J]. Small，2009，5(22)：2601-2610.

[102] Liu C，Shen C. Glutathione measurement in human plasma. Evaluation of sample collection，storage and derivatization conditions for analysis of dansyl derivatives by HPLC[J]. Clinica Chimica Acta，1998，275(2)：175-184.

[103] 姬书亮. 壳聚糖/两性表面活性剂——艾蒿油微胶囊的研制[D]. 西安：陕西科技大学，2012.

附　录

测试标准	测试原理
ISO 10993-3《医疗器械生物学评价第 3 部分：遗传毒性、致癌性与生殖毒性》	琼脂覆盖法：将含有培养液的琼脂层平铺在有单层细胞的培养皿中，再在固化的琼脂层上放上试样，进行细胞培养
ISO 10993-4《医疗器械生物学评价第 4 部分：与血液相互作用实验》	分子滤过法：评价生物材料对单层细胞琥珀酸脱氢酶活性的影响
ISO 10993-5《医疗器械生物学评价第 5 部分：细胞毒性实验（体外法）》	同位素标记法：包括铬释放法、H-leucine 掺入法、I-UdR（脱氧尿嘧啶核苷）释放法、放射性核苷酸前体物掺入法等
ISO 10993-6《医疗器械生物学评价第 6 部分：植入后局部反应实验》	流式细胞术：利用鞘流原理使被荧光标记的单个悬浮细胞排成单列，按照重力方向流动，细胞被激光照射后发射荧光，利用检测器逐个对细胞的荧光强度进行测定
ISO 10993-11《医疗器械生物学评价第 11 部分：全身毒性实验》	色度法：线粒体琥珀酸脱氢酶能够催化四甲基偶氮唑盐形成蓝紫色结晶物并沉积于细胞中，二甲基亚砜（DMSO）可使结晶物溶解显色，结晶物结晶形成数目与活细胞的数目和功能、状态呈正相关
ISO 10993-10《医疗器械生物学评价第 10 部分：刺激与致敏实验》	乳酸盐脱氢酶效能测定：又称为 LDH 测定。通过测定进入介质的 LDH 释放的渗透性能够检测细胞膜的完整性，LDH 的活性可以反映细胞线粒体的代谢和功能状况，进而反映细胞活性

第九章
微纳米纺织品色光性能

9.1 概述

9.1.1 纳米颗粒发光现象

发致发光是指在一定波长的光的照射下,被激发到高能级激发态的电子重新跃回到低能级,被空穴俘获而发射出光子的现象。

电子跃迁分为非辐射跃迁和辐射跃迁。通常,当能级间距很小时,电子跃迁通过非辐射性过程发射声子,此时不发射光子。只有当能级间距较大时,才有可能实现辐射跃迁,发射出光子。

纳米材料的以下特点导致其发光不同于常规材料:

(1)由于颗粒很小,出现量子限域效应。界面结构的无序性使激子,特别是表面激子很容易形成,因此容易产生激子发光带。

(2)界面体积大,存在大量缺陷,使能隙中产生许多附加能级。

(3)平移周期被破坏,在 K 空间常规材料中电子跃迁的选择定则可能不适用。

1990 年,日本佳能公司的 Tabagi 发现纳米硅发光,当用紫外光激发纳米硅样品时,粒径小于 6 nm 的硅在室温下发射可见光,而且随着粒径的减小,发射带强度增强并移向短方向,当粒径大于 6 nm 时,发光现象消失。Brus 认为大块硅不发光是它的结构存在平移对称性,由平移对称性产生的选择定则使其不可能发光。当粒径小到某一尺寸时,该平移对称性消失,因此出现发光现象[1]。

众所周知,ZnO 是一种典型的 N 型半导体,ZnO 表面吸附的氧分子捕获 ZnO 导带上的自由电子,变成氧负离子(O_2^-、O^-、O_2^-),致使在空气状态下 ZnO 近表面附近形成一个高电阻的耗尽层。当用质子能高于 ZnO 禁带宽度的紫外光辐射时,价带电子被激发到导带,形成自由移动的带负电的电子(e^-)和带正电的空穴(h^+),载流子数目增多,使电流增大。电流升高趋势可分为两个阶段:快速升高阶段和缓慢升高阶段。

在紫外光辐射的起始阶段,电流快速升高,这是由于紫外光辐射激发形成大量的电子-空穴对,使 ZnO 纤维中的载流子数量迅速增多。其中,带正电的空穴迁移到 ZnO 表面中和氧负离子,剩下未配对的电子,成为控制电流的主要载流子,电流随紫外光辐射缓慢升高。关掉紫外灯后,空穴与电子复合,氧分子逐渐被吸附于 ZnO 表面捕获电子,导致电流下降。在光敏性测试中发现,当 ZnO 纤维被高能紫外光活化前,随着紫外光辐射循环次数的增多,电流变化情况不同,如图 9-1 所示。ZnO 纤维稳定 1 min 后,用 365 nm 的紫外光辐射

5 min，然后关掉紫外光，5 min 后电流基本恢复到起始值；然后进行第二次紫外光辐射，循环 5 次，发现随着循环次数的增多，电流增加得越多，这表明上一次循环中被激发的电子在下一次循环中比那些一直未被激发的电子更容易被激发。所以，在测试前，样品先用高能紫外光辐射活化 12 h，使电子的受激发程度和概率一致，消除紫外光辐射循环次数对电流升高幅度的影响。

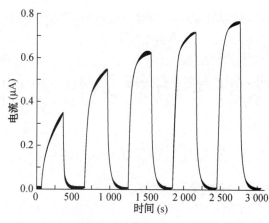

图 9-1　用高能紫外光辐射活化前 ZnO 纤维的电流随紫外光辐射循环次数的变化情况

9.1.2　紫外光敏性及机理分析

图 9-2 和图 9-3 所示分别为对 365 nm 和 254 nm 紫外光的可逆光敏性，表明纳米纤维具有较好的可逆光敏性。紫外光辐射前，ZnO 纳米纤维和 Au/ZnO 纳米纤维样品的起始电流都在 10^{-9} A 数量级。为了对比紫外光辐射后电流升高幅度，将样品的起始电流统一为 5.36×10^{-9} A 作图。紫外光辐射下，样品的电流都迅速增大，365 nm 紫外光辐射下样品的电流升高幅度高于 254 nm 紫外光辐射时，这是因为 ZnO 在 386 nm 附近吸收强紫外光。还可看到，Au/ZnO 纳米纤维的电流在同样条件下比 ZnO 纳米纤维升高得更快、更多，表明掺杂 Au 颗粒提高了 ZnO 的可逆光敏性[2]。

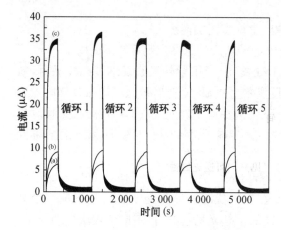

(a) ZnO　(b) 0.05 mol％Au/ZnO　(c) 0.20 mol％Au/ZnO

图 9-2　对 365 nm 紫外光的可逆光敏性

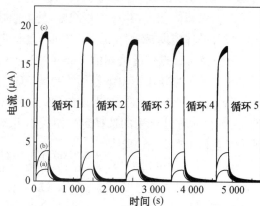

(a) ZnO　(b) 0.05 mol％Au/ZnO　(c) 0.20 mol％Au/ZnO

图 9-3　对 254 nm 紫外光的可逆光敏性

为分析光敏性的提高机理，图 9-4 给出了 Au 与 ZnO 的能带示意。Au 的功函值约 5.30 eV，ZnO 的功函值约 5.10 eV，Au 的功函值高于 ZnO 的功函值，也就是说 ZnO 的费米能级高于 Au 的费米能级，ZnO 上的电子将向 Au 颗粒迁移直至达到平衡，最后在 ZnO 与 Au 颗粒界面形成肖特基势垒。Au 颗粒与 ZnO 界面上形成的肖特基势垒是影响 ZnO 光学性和光敏性的一个重要因素。关于 Au 颗粒对 ZnO 光学性质和电学性质影响的报道,普遍认为 Au 与 ZnO 界面的肖特基势垒提高了 ZnO 的表面能带弯曲程度,且提高了光照下所产生的电子-空穴对的空间分开效应,延长了自由电子的寿命。另外,Au 颗粒的存在提高了光吸收效率,从而产生更多的电子-空穴对。这些可解释 Au/ZnO 纳米纤维光敏性提高的原因。

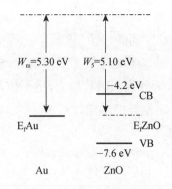

图 9-4　Au 与 ZnO 的能带示意

9.1.3　可见光敏性及机理分析

ZnO 禁带宽度约 3.4 eV,使用质子能高于 3.4 eV 的紫外光辐射 ZnO,会产生电子-空穴对,这是 ZnO 电流升高的主要原因,所以 ZnO 常应用于紫外光探测器。ZnO 纤维对可见光(其质子能低于 ZnO 禁带宽度)则几乎没反应,但掺杂 Au 颗粒的 Au/ZnO 纤维对可见光呈现可逆光敏性,Au 颗粒含量越高,Au/ZnO 纤维对可见光的敏感性越强,如图 9-5 所示。Au 颗粒对可见光有吸收作用,因此掺杂 Au 颗粒的 Au/ZnO 纤维在可见光区有吸收。

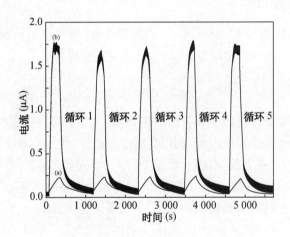

(a) 0.05 mol%Au/ZnO　(b) 0.20 mol%Au/ZnO

图 9-5　Au/ZnO 纤维对可见光的可逆光敏性

9.2　纳米粒子光学性能

纳米材料在结构上与常规晶态和非晶态材料有很大差异,表现为尺寸小、能级离散性显著、表(界)面原子比例高、界面原子排列和键的组态的无规则性较大等。这些特征导致纳米材料的光学性能不同于常规晶态和非晶态材料。

纳米粒子的光学性能表现为其光学非线性、光吸收、光发射和发光等与其尺寸存在显著的依赖关系。因此,可以利用纳米技术制备具有特殊光学性能的高技术产品。

9.2.1　光吸收材料

利用量子尺寸效应诱导光吸收带发生蓝移,能使常规材料经纳米技术改造产生宽频带紫外光强吸收能力,用于生产紫外光屏蔽、紫外光过滤、防老化等材料。Al_2O_3、TiO_2、Fe_2O_3 等纳米微粉在 $4\sim25\ \mu m$ 红外光波段的吸收强度达到 92%,用于军事上的隐身涂层。

光吸收带蓝移的原因:

(1) 量子尺寸效应。颗粒尺寸下降导致能隙变宽,使光吸收带移向短波方向。目前的普适性解释是,被电子占据的分子轨道能级与未被电子占据的分子轨道能级之间的宽度(能隙),随颗粒直径减小而增大,从而导致蓝移现象。该解释对半导体和绝缘体均适用。

(2) 表面效应。纳米颗粒的大表面张力使其晶格畸变,晶格常数变小。对纳米氧化物和氮化物的研究表明,第一近邻和第二近邻的距离变短,键长缩短导致纳米颗粒的键本征振动频率增大,结果使红外吸收带移向高波数。

9.2.2　光反射材料

利用纳米微粉制成的金属薄膜、多层干涉膜等,具有优良的红外光反射能力。利用 SiO_2 和 TiO_2 纳米微粉制成的多层复合材料,具有强冷光反射能力。

9.2.3　发光材料

利用纳米材料的量子尺寸效应和表面效应,对其发光波段进行调整;利用小尺寸效应,使原来不发光的材料在纳米尺度发光;利用孔洞限制效应,使发光增强。目前有关的研究十分活跃,如多孔硅发射可见光效应在 20 世纪 90 年代引起轰动[3]。可以应用的发光材料包括电致发光材料(如 ZnS)、光致发光材料(如 Eu)和阴极射线致发光材料(如 Ag)等。其他用于纳米发光元件的材料有多孔硅、纳米硅和多孔碳化硅等。

光作用下的电化学过程,就是分子、离子及固体吸收光能,使电子处于激发态而产生的电荷传递过程。若将一个金属辅助电极与一个块状半导体用导线连接并放入电解质溶液中,当块状半导体吸收等于或大于其禁带宽度的光子能量后,电子便从价带跃迁到导带,并在价带上留下空穴。在静电作用下,被束缚在一起的电子-空穴对的能级位于导带下缘稍低处,它表征电荷载体处于不能独立运动的束缚状态。由于电子-空穴对的最低激发态非常接近于导带,热激活常常导致电子-空穴对衰变,产生自由的电荷载体即光生载流子。这些光生电子-空穴对主要通过其与电解质溶液中的氧化-还原对之间的电荷迁移过程被输送或消耗掉,形成流经金属辅助电极并与外电路构成回路的光电流。

已有的研究表明,利用半导体纳米粒子可以制备出光电转化效率更高且在阴雨天能正常工作的新型太阳能电池。另外,由于半导体纳米粒子受光照射时产生的电子和空穴具有较强的还原和氧化能力,能氧化有毒的无机物,降解大多数有机物,最终生成无毒无味的 CO_2、H_2O 及一些简单的无机物。因此,借助半导体纳米粒子,利用太阳能催化分解无机物和有机物的方法,已受到广泛的重视。

9.3　纺织品纳米结构与光学性能

随着功能性材料的发展,人们对材料的要求越来越严格。为了满足不同用途的要求,需要对材料的性能有充分的了解。织物的光学性能是其中较为重要的内容。光磁波波谱图如图9-6所示[4]。

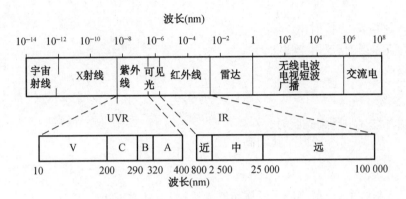

图9-6　光磁波波谱图

不同织物对光的作用不同,同一织物对不同波段的光的作用也不同。因此,应用于不同场合的织物对光作用的要求不同:夏季服装要求织物透射和吸收的光少,尤其是对紫外光,而织物的光反射性能更重要,因为反射的光多,织物不易发热;冬季服装要求织物透过和吸收的光多,而反射的光少,尤其是对红外光;防紫外线或红外伪装的织物要求紫外光、红外光的透射量低,而反射量或吸收量高;产业用纺织品要求光照后不发生老化,故希望光的反射量大而吸收量小[5]。

9.3.1　光的反射

当光照射织物表面时,同时发生反射、透射和吸收三个过程,其中反射量的大小直接影响吸收量的大小,并最终影响织物的发热程度。

不同表面对光的反射作用不同(图9-7):对于漫反射表面,其反射光强在各个方向相等;对于有限反射表面,考虑到其对各个方向的投影截面,其反射光强在各个方向服从余弦分布;对于镜面反射表面,其正反射方向的反射光强最大,而其他方向近似为零。实际物体对光的反射应介于漫反射和镜面反射这两种极限情况之间,但是光入射角度较大时,反射光强略高于余弦曲线。由于纤维在纱线中处于三维弯曲状态,纱线在织物中也处于三维弯曲状态,加上织物表面的织纹、毛羽和织物中纤维的多层反射,其结果是织物对光的反射类似于漫反射。

光由光疏介质(折射率为 n_1)入射到光密介质(折射率为 n_2)时,根据菲涅尔公式,光密介质外表面的反射率 $R(\theta)$、透射率 $T(\theta)$ 如下:

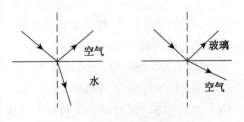

图9-7　不同表面对光的反射作用

$$R(\theta) = \frac{1}{2}\left[\frac{\tan^2(\theta-\varphi)}{\tan^2(\theta+\varphi)} + \frac{\sin^2(\theta-\varphi)}{\sin^2(\theta+\varphi)}\right]$$

$$T(\theta) = 2\left[\frac{\sin^2\varphi\cos^2\theta}{\sin^2(\theta+\varphi)\cos^2(\theta-\varphi)} + \frac{\sin^2\varphi\cos^2\theta}{\sin^2(\theta+\varphi)}\right]$$

因而,各部分光强分别为:

$$I_R(\theta) = R(\theta)I(\theta) = R(\theta)I_0\cos\theta, \quad I_T(\theta) = T(\theta)I_0\cos\theta$$

$$I_{Ri}(\theta) = R^{(i-1)}(\theta)T(\theta)I_0\cos(\theta), \quad I_{Ti}(\theta) = R^{(1-2)}(\theta)T^2(\theta)I_0\cos\theta \quad (i = 2, 3, \cdots)$$

式中:θ 为入射角;φ 为折射角。

当光垂直入射时,反射率简化为:

$$R = \frac{(n_2 - n_1)^2}{(n_2 + n_1)^2}$$

当织物在空气中受到光照射时:

$$R = \frac{(n-1)^2}{(n+1)^2}$$

如果光倾斜入射,反射率随 θ 增加而增大,透射率随之减小。

纤维的折射率 n 一般为 1.5～1.6,其反射率 R 一般为 0.04～0.053。如果纤维的内部透射比(或称透过率或透明度)$t_i = 1 - R$,则透过率在 95% 左右,光的反射很少,大部分透射。光入射角、纤维截面形态、纤维表面平整度、纤维中掺有的杂质及表层附着或涂覆的物质、入射光波长等,都会影响光的反射作用。纺织纤维中加入消光剂 TiO_2(其折射率为 2.73),会导致发生多次反射及散射作用增大,可达到消光作用。织物在红外波段的反射率很高,一般在 50% 以上。

9.3.2 光的吸收

光辐射在通过透明或半透明介质的过程中,会有部分被介质吸收,这就是光的吸收,其本质是光量子与介质分子发生碰撞时的能量转移。吸收的光,更确切地说是光子的能量,转换为原子中电子云的偏移振动、电子能级的跃迁、非弹性振动和碰撞、物质的发热、分子间和分子内作用力的破坏,以及键断裂产生游离基的化学能等所需要的能量。

依据光吸收定律——比尔定律,有以下表达式:

$$A = \lg\left(\frac{I_0}{I}\right) = kbc$$

式中:A 为吸光度;I_0 和 I 分别为透射光强和入射光强;k 为摩尔吸收系数;b 为物质厚度;c 为物质的量浓度。

其中,摩尔吸收系数 k 代表物质吸收光辐射的能力。k 与俘获截面积 a 成正比,$a = \sigma p/3$,其中:σ 代表分子截面积,一般为 10^{-5} cm^2;p 代表跃迁概率,一般在 0.05～0.5。由于 p 的取值与波长有关,所以它是不确定的,因此,a 只在特定波长条件下才是常数。

9.3.3 纤维的光学性质

用平行均匀光束垂直照射纤维,单位面积上的光强为 I_0,由图 9-8 可知,$dS=dS_0/\cos\theta$,所以入射到纤维表面的光强 $I(\theta)$ 按余弦规律分布:

$$I(\theta) = I_0\cos\theta \qquad (-\pi/2 \leqslant \theta \leqslant \pi/2)$$

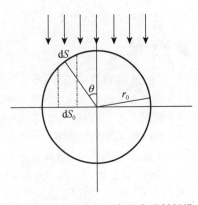

9.3.4 织物的光学性质

纺织品具有纤维、纱线和织物三个不同层次。当纤维以不同形式构成织物时,无论是用纱线织造形成的织物,还是用纤维直接构成的非织造物,它们的纤维和纤维

图 9-8 平行均匀光束垂直照射纤维

之间或纱线和纱线之间都存在大量的缝隙和孔洞。当光照射这些织物时,不只是从纤维或纱线透射,有相当一部分是从缝隙和孔洞透射的,另外一部分从织物表面反射出去,形成宏观上能测试的反射量、透射量和织物温升。由于织物内部结构的复杂性,透射织物的光能量与入射织物的光能量之间的关系不会完全服从比尔定律,反射的光线属于漫反射,织物所吸收的能量将大于理想的等质量同种材料所吸收的能量[6]。

9.4 复合颜料的光致荧光光谱

图 9-9 给出了 ZnO 颜料及 $x=0.36$ 的 $ZnO(1-x)-SiO_2(x)$ 混合粉体经 $900\sim1\,200\ ℃$ 热处理 4 h 制备的三种复合颜料的光致荧光(PL)光谱,可见 ZnO 颜料分别在约 395 nm 和 515 nm 处出现较强的紫外和绿光发光峰。一般认为,ZnO 的 PL 光谱上的紫外发光峰与带边激子复合有关,称为近代边发射(NBE);其绿光发光峰源于 ZnO 能带上的本征缺陷,如氧空位等。

经 900 ℃ 热处理制备的复合颜料的 PL 光谱上也存在绿光发光峰,但其强度约为 ZnO 颜料的绿光发光峰强度的一半,这是因为经 900 ℃ 热处理制备的复合颜料中尚有未完全反应的 ZnO。当热处理温度升高至 1 050 ℃ 和 1 200 ℃ 时,复合颜料的 PL 光谱上不再出现绿光发光峰,表明 ZnO 已完全反应,这与复合颜料的 XRD 光谱分析结果一致。

此外,由图 9-9 可见,复合颜料的 PL 光谱上在 365 nm 处出现随热处理温度升高而增强的发光峰。当热处理温度达 1 050 ℃ 和 1 200 ℃ 时所得的复合颜料可视为纯 Zn_2SiO_4 粉体,因此复合颜料的 PL 光谱上 365 nm 处的发光峰应是由 Zn_2SiO_4 引起的特征发光峰。Zn_2SiO_4 在 365 nm 处的发光峰可能是由其禁带上某一能级为 3.4 eV 的本征缺陷引起。产生

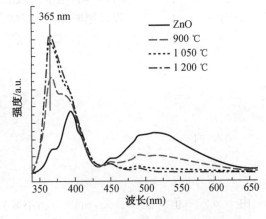

图 9-9 ZnO 颜料和复合颜料的光致荧光光谱

这一发光峰的缺陷种类和发光机制有待进一步研究。

参考文献

［1］于江波,袁曦明,陈敬中.纳米发光材料的研究现状及进展[J].材料导报,2001(1):30-32.

［2］徐小秋.ZnO中本征缺陷和掺杂与发光的关系及其作用机理[D].合肥:中国科学技术大学,2009.

［3］张保国,徐卫林,石天威,等.织物红外反射性能的研究[J].西北纺织工学院学报,2001(2):84-87.

［4］刘帅男.机织物规格要素与其光泽性能的关系研究[D].杭州:浙江理工大学,2010.

［5］朱航艳.纺织品光学性能的表征与评价[D].上海:东华大学,2004.

［6］李锦.Ag-SiO$_2$复合薄膜的制备及其光致发光性能的研究[D].武汉:武汉理工大学,2006.

第十章
纳米光催化自清洁纺织品

纺织品获得自清洁功能的主要途径,一是形成超疏水化表面,二是形成光催化表面。形成超疏水化表面,主要是对纺织品进行超疏水化处理,使其表面水滴在运动状态下处于 Cassie 态,此时很大一部分水滴与空气接触,当水滴发生相对运动时受到的摩擦阻力很小。

10.1 纳米光催化自清洁纺织品简介

10.1.1 光催化技术概况

光催化技术将光化学和催化相结合。1938 年,Goodeve 和 Kitchener 首次使用 TiO_2 在波长 365 nm 的紫外光照射下光催化氯唑天蓝。之后,Filimonov、Kato 和 Mashio 探索使用 TiO_2 和 ZnO 光催化萘和异丙醇。1972 年,日本学者 Fujishima 和 Honda 做了进一步的突破,他们在《自然》杂志上发表论文,报道了在光电池中当光辐射 TiO_2 时,TiO_2 单晶电极光分解水,可持续地发生水的氧化还原反应,并产生了氢气。这使人们看到了光催化在新能源开发和利用方面的巨大潜力,标志着多相光催化时代的开始。在过去的几十年中,科学家们在探索光催化机理,以及提高半导体颗粒的光催化活性和光催化效率方面,进行了大量研究。

1976 年,John 等发现在紫外光照射下,在 TiO_2 悬浊液中,浓度约为 50 μg/L 的联苯氯化物经过 0.5 h 即完全脱氯,且中间产物没有联苯。这一研究结果很快应用于环境治理,被认为是光催化技术在环境污染处理方面的首创性研究工作。Goswami 综述了 300 多种可被光催化氧化的有机物,其中美国环保总局公布的 114 种有机污染物被证实均可通过光催化氧化消除,光催化技术用于废水处理显示出诱人的应用前景。

10.1.2 纳米光催化材料

光催化是指半导体材料在光照射下,通过光能转化为化学能,促进有机物降解和金属离子还原等过程。

光催化反应主要有两类:一类是上坡反应(即自由能上升的反应),可以把光能转化成化学能,如光的水解反应,但转化率太低,实际应用还较远;另一类是下坡反应(即自由能下降的反应),可处理废气、废水和固体有机废弃物,改善环境。

10.1.3 光催化原理

半导体粒子含有能带结构,通常由一个充满电子的低能价带和一个空的高能导带构成,它们之间由禁带分开。当用能量等于或大于禁带宽度的光照射半导体时,其价带上的电子被激发,越过禁带并进入导带,同时价带上产生相应的空穴。TiO_2、ZnO、CdS 和 PbS 等半导体超细粒子在光的作用下由于电子跃迁产生电子-空穴对,它们与溶解氧和水发生作用所生成的自由基可以把有机污染物彻底氧化为 CO_2 和 H_2O 等无机物。

10.1.4　TiO_2 光催化机理

TiO_2 具有很多优越性:不发生光腐蚀,耐酸碱性好,化学性质稳定,对生物无毒性,来源丰富,能隙较大,光生空穴的电位为 3.2 eV,有很强的氧化性。

当 TiO_2 被能量大于其禁带宽度的光照射时,光能激发电子跃迁至导带,形成导带电子(e^-),同时价带上留下空穴(h^+)。由于半导体能带的不连续性,电子和空穴的寿命较长,它们能够在电场作用下或通过扩散的方式运动,与吸附在 TiO_2 粒子表面的物质发生氧化还原反应。空穴能够与 TiO_2 粒子表面的 OH^- 或 H_2O 发生作用生成 $\cdot OH$。$\cdot OH$ 的活性很高,能够无选择地氧化多种有机物并使之矿化,通常被认为是光催化体系中的主要氧化剂。光生电子也能够与 O_2 发生作用生成 $HO_2\cdot$ 和 $O_2\cdot$ 等活性氧化合物,它们的自由基也能参与氧化还原反应,如图 10-1 所示。

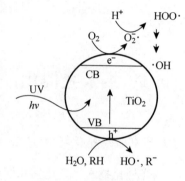

图 10-1　TiO_2 光催化机理

反应方程式:

$$TiO_2 + h\nu \longrightarrow TiO_2(e^-,\ h^+)$$
$$e^- + h^+ \longrightarrow 热\ or\ h\nu$$
$$h^+ + OH_{ads}\cdot \longrightarrow \cdot OH$$
$$h^+\ H_2O_{ads} \longrightarrow \cdot OH + H^+$$
$$e^- + O_2 \longrightarrow O_2^-\cdot$$

$\cdot OH$ 能与电子给体发生作用而将其氧化,e^- 能够与电子受体发生作用而将其还原,同时 h^+ 能够与有机物发生作用而将其氧化,反应方程式:

$$\cdot OH + D \longrightarrow D^+\cdot + H_2O$$
$$e^- + A \longrightarrow A^-\cdot$$
$$h^+ + D \longrightarrow D^+\cdot$$

10.2　纳米光催化材料制备及应用

10.2.1　制备方法

10.2.1.1　溶胶-凝胶法

室温下将 1.5 mL $TiCl_4$ 缓慢滴加到 15 mL 无水乙醇中,经 15 min 超声振荡得到均匀透明的淡黄色溶液,其在密闭环境中静置一定时间,获得具有一定黏度的透明溶胶。该溶胶经 353 K 热处理,去除溶剂,形成淡黄色的干凝胶,再经不同温度(573~773 K)热处理 1 h,得到 TiO_2 微粉。经 773 K 煅烧 1 h 形成的 TiO_2 微粉具有锐钛矿型晶相结构,粒径分布均匀,平均粒径为 10 nm[1]。

10.2.1.2 水热合成法

称取 18 g 硫酸钛溶于 150 mL 水中并不断搅拌,再称取 9 g 尿素溶于上述溶液中,继续搅拌至尿素完全溶解。反应液中硫酸钛和尿素的浓度分别为 0.5、1.0 mol/L。将反应液放入 200 mL 反应釜中,在不同温度下水热处理一段时间。反应完成后取出反应釜,冷却至室温,将分离的沉淀物用蒸馏水反复洗涤至中性,最后经 80 ℃ 真空干燥,得到白色的 TiO_2 粉末[2]。

10.2.1.3 化学气相沉积法

化学气相沉积法中的 $TiCl_4$ 气相氧化法主要用于生产粒径 250 nm 左右的金红石型涂料钛白。通过工艺条件的控制,该法能快速形成纳米级锐钛矿型、金红石型或混晶型 TiO_2 微粉[3-4],后处理简单,连续化程度高,对环境的影响较小[5]。通过调节反应温度和物料停留时间,控制粒子形态,制备不同晶型和粒径的 TiO_2 粉末。

10.2.1.4 微乳液法

(1) 微乳液制备。将 TX-100 和正己醇按质量比 3∶2 混合,加入适量环己烷,使 TX-100 的浓度分别为 0.77、0.58、0.39 mol/L,混合均匀,形成三种混合液。各取 5.0 mL 混合液于 15 mL 离心试管中,分别加入一定体积的 0.14 mol/L $TiCl_4$/盐酸溶液(盐酸浓度 0.10 mol/L),充分乳化,得到三种含 $TiCl_4$ 盐酸溶液的微乳液。

(2) 粒子制备。将三种不同电解质浓度的微乳液混合,此时溶液基本透明,充分搅拌 3 h 后,溶液呈白色半透明,以 4 000 r/min 速度离心分离 10 min,吸取清洗,沉淀物用体积比为 1∶1 的丙酮/乙醇混合液充分洗涤、离心,反复三次,然后干燥至质量恒定,得到水合 TiO_2[6]。

几种制备方法的优点与不足见表 10-1。

表 10-1 几种制备方法的优点与不足

制备方法	优点	不足
溶胶-凝胶法	粒径小,分布窄,晶型为锐钛矿型,纯度高,热稳定性好	前驱体为钛醇盐,成本高
水热合成法	晶粒完整,粒径小,分布均匀,原料要求不高,成本较低	反应条件为高温、高压,材质要求高
化学气相沉积法	粒径小,分散性好,分布窄,化学活性高,可连续生产	技术和材质要求高,工艺复杂,投资大
微乳液法	可有效控制粒径	易团聚

10.2.2 负载型 TiO_2/凹凸棒石纳米材料的制备

凹凸棒石是层链状结构的镁铝硅酸盐黏土矿物,显微结构呈针状、纤维状或纤维集合状,直径一般为 40～50 nm,长几百纳米至几微米,具有很大的比表面积、很强的表面活性和吸附性能,具有潜在的活性位点分布,是一种性能优异的天然纳米矿物材料。以凹凸棒石为载体可以制备负载型 TiO_2 光催化材料(图 10-2、图 10-3)。

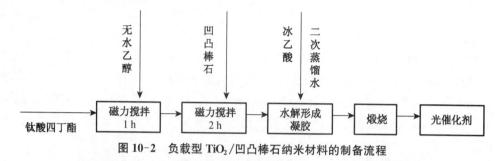

图 10-2　负载型 TiO_2/凹凸棒石纳米材料的制备流程

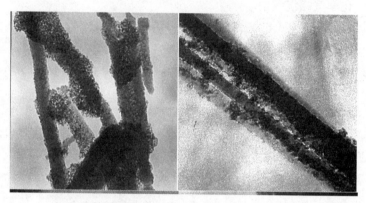

图 10-3　负载型 TiO_2/凹凸棒石纳米材料 TEM 照片

10.2.3　纳米二氧化钛光催化材料的应用

纳米二氧化钛光催化材料的应用领域包括污水处理、空气净化器、防雾及自清洁涂层、抗菌材料、光催化分解水、防结雾和自清洁涂层。

图 10-4 所示为光催化净化原理,图 10-5 所示为光催化空气净化器的净化流程。

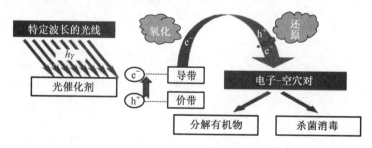

图 10-4　光催化净化原理

在紫外光照射下,水在二氧化钛薄膜上完全浸润。因此,在浴室镜面、汽车玻璃及后视镜等表面涂覆一层二氧化钛薄膜,可以起到防结雾的作用;在窗玻璃、建筑物的外墙砖、高速公路的护栏、路灯等表面涂覆一层二氧化钛薄膜,利用二氧化钛薄膜在太阳光照射下产生的强氧化能力和超亲水性,可以实现表面自清洁(图 10-6)。

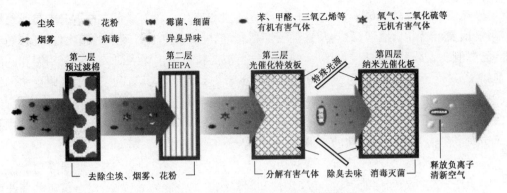

图 10-5　光催化空气净化器的净化流程

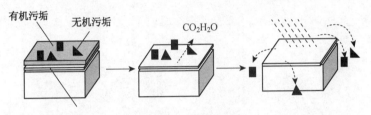

图 10-6　自清洁机理

活性超氧离子自由基和羟基自由基能穿透细菌的细胞壁,破坏细胞膜质,进入菌体,阻止成膜物质的传输,阻断其呼吸系统和电子传输系统,从而有效地杀灭细菌。研究范围包括 TiO_2 光催化细菌、病毒、真菌、藻类和癌细胞等。利用二氧化钛光催化分解水,产生氢气和氧气,可提供无污染、高效、无害的清洁能源(图 10-7)。

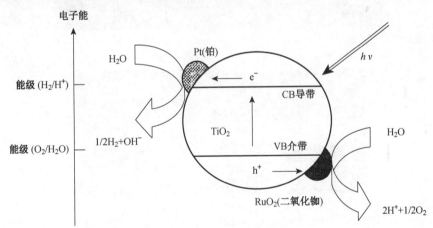

图 10-7　二氧化钛光催化分解水的机理

10.3　纳米光催化纺织品

2004 年,有研究人员用棉布和 TiO_2 溶液制得自洁净纺织品[7]。当纺织品的表面覆盖一层 TiO_2 时,在光照条件下反应,产生自由电子和空穴,它们使空气中的氧活化,产生活性氧和自由基,最终将某些有机污染物分解为 CO_2 和 H_2O,起到洁净环境和除臭等作用。

TiO_2 只要在阳光下就能发挥催化作用，其自洁净效果持久。含有 TiO_2 的非织造布或纺织品，可制成窗帘、床单、地毯、家具及各种装饰用品，也可用于空气及废水的净化处理。

已有研究人员对羊毛和丝绸织物的光催化自清洁技术做了深入研究[7]。采用温和的酰化剂如丁二酸酐对羊毛织物进行预处理，在羊毛表面接枝羧基，其有利于羊毛吸附更多的锐钛矿型 TiO_2。将整理后的羊毛织物以红酒沾污，暴露于日光模拟器下进行光催化反应，红酒污渍几乎被完全降解（图 10-8）。Hurren 等在羊毛织物表面进行 TiO_2 溶胶-凝胶涂层，有效实现了织物表面红酒污渍的光催化降解[8]。

光催化自清洁纤维不仅具有自清洁功能，而且被赋予抗菌、除臭、防紫外线等功能。棉纤维用紫外光进行光催化处理后，光稳定性和紫外线防护性能显著提高，对金黄色葡萄球菌的抗菌性能也同时提高（图 10-9）。

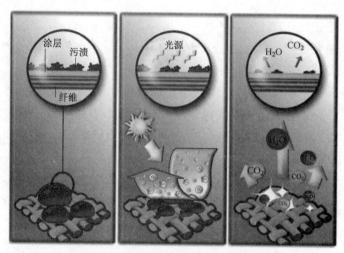

图 10-8　羊毛织物的光催化自清洁机理

图 10-9　棉纤维经光催化处理后对金黄色葡萄球菌的抗菌效果

10.4　纳米光催化纺织品的性能评价与测试

10.4.1　性能评价

光催化自清洁纤维的研究进展迅速，但目前为止，国际上还没有相应的标准和有效的测试方法。因此,建立一套通用客观的测试方法和评价体系相当迫切。纳米光催化纺织品的性能评价主要包括两个方面,一是人体健康潜在安全风险,二是光催化的效率和稳定性。

通常认为 TiO_2 是安全的。但是,纳尺度的 TiO_2 可能对人体存在潜在危险,因为试验表明纳米颗粒对小鼠的肺有毒,具有对人体造成类似过敏的潜在风险。考虑到纤维材料上的纳米颗粒可能会脱落,一旦被吸入或穿过人体皮肤进入血液,积聚在体内,会造成肺部或其他器官的炎症。光催化效率和稳定性的评价主要包括纤维材料基板的选择性、纳米颗粒的分散技术、光源对自清洁性能的影响及其稳定性。

10.4.2　测试技术

可采用以下仪器测试光催化纺织品的性能:

(1) X 射线衍射技术(XRD);

(2) 扫描电子显微镜(SEM);

(3) 透射电子显微镜(TEM);

(4) 红外光谱分析技术(FTIR)。

参考文献

[1] Eckert J, Holzer J C, Krill C E, et al. Structural and thermodynamic properties of nanocrystalline fcc metals perpared by mechanical attrition[J]. Journal of Materials Research,1992,7(7):1751-1761.

[2] 朱敏. 纳米结构合金的机械合金化制备[J]. 华南理工大学学报(自然科学版),2002,30(11):89-94.

[3] 李建林,曹广益,周勇,等. 高能球磨制备 TiB_2/TiC 纳米复合粉体[J]. 无机材料学报,2001,16(4):709-714.

[4] 李凤生. 特种超细粉体制备技术及应用[M]. 北京:国防工业出版社,2002.

[5] 施利毅,陈爱平,朱以华,等. 掺铝对气相合成 TiO_2 超细粒子形态的影响[J]. 化学反应工程与工艺,1999,15(2):213-217.

[6] 张庆生,张海峰,邱克强,等. 机械合金化 Zr-Al-Ni-Cu-Ag 非晶合金的晶化行为[J]. 材料研究学报,2002,16(1):9-12.

[7] Tung W S, Daoud W A. Self-cleaning fibers via nanotechnology:A virtual reality[J]. Journal of Materials Chemistry, 2011, 21 (22):7858-7869.

[8] Hurren C J, Liu R T, Liu X, et al. Photo-catalysis of red wine stains using titanium dioxide sol-gel coatings on wool fabrics[J]. Adv. Sci. Technol. , 2008, 60:111-116.

附录 A GB/T 23764—2009 相对于 JIS R 1703 - 1:2007 的技术性差异

表 A.1 给出了 GB/T 23764—2009《光催化自清洁材料性能测试方法》与 JIS R 1703 - 1:2007《光触媒材料的自清洁性能试验方法 第一部分:水接触角的测定》(日本版)的技术性差异。

表 A.1 GB/T 23764—2009 相对于 JIS R 1703 - 1:2007 的技术性差异

章节	技术性差异	原因
3	术语和定义的内容进行了删减	删除了没必要的术语和定义
11.1	未规定前处理程序	日本标准的处理程序主要为解释性的陈述

附录 B GB/T 23764—2009 与 JIS R 1703 - 1:2007 的结构性差异

表 B.1 给出了 GB/T 23764—2009《光催化自清洁材料性能测试方法》与 JIS R 1703 - 1:2007《光触媒材料的自清洁性能试验方法 第一部分:水接触角的测定》的结构性差异。

表 B.1 GB/T 23764—2009 与 JIS R 1703 - 1:2007 的结构性差异

GB/T 23764—2009		JIS R 1703 - 1:2007	
章节	内容	章节	内容
—	—	目次	目次
前言	前言	序文	序文
1	范围	1	适用范围
2	规范性引用文件	2	引用标准
3	术语与定义	3	用语与定义
4	安全提示	—	—
5	一般规定	—	—
6	原理	4	原理
7	试剂	—	—
8	设备	5	试验装置
9	试验环境	5.3	试验室的温度与湿度
10	样品制备	6	试验片的制备
11	分析步骤	7	试验操作
12	结果计算	8	试验结果的计算
13	试验报告	9	试验结果报告

附录 C 资料性附录

表 C.1 显示的是一例试验结果。

表 C.1 一例试验结果

试验片		5 点的测定值(°)					θ_n(°)	$\dfrac{s}{\bar{X}}$ (%)	连续 3 次的平均值
		1	2	3	4	5			
紫外光照射时间(h)	0	54.8	55.2	60.6	55.9	47.7	54.8	—	—
	2	55.9	60.3	60.9	59.2	59.4	59.1		
	4	57.8	60.2	60.9	62.3	59.3	60.1	4.9	58.0
	6	57.4	55.7	58.7	54.9	61.3	57.6	2.1	58.9
	24	45.5	27.1	14.8	19.8	16.1	24.7	41.6	47.5
	28	48.5	34.2	19.7	23.6	35.0	32.2	45.2	38.2
	48	12.8	8.3	9.8	10.0	10.8	10.3	49.7	22.4
	72	8.3	7.4	8.2	8.8	7.6	8.1	79.0	16.9
	74	7.3	8.2	9.8	7.9	7.5	8.1	14.4	8.8
	76	9.8	9.7	9.5	8.6	9.3	9.4	8.8	8.5

试验片的前处理(油酸的涂敷方法)为提拉法的一例

θ_j：试验片的初期接触角＝54.8°，而 54.8°＞20°，因此，试验成立。

最小接触角的计算：

θ_{n1}——紫外线照射 72 h 后的接触角，8.1°(n_1＝72)；

θ_{n2}——紫外线照射 74 h 后的接触角，8.1°(n_2＝74)；

θ_{n3}——紫外线照射 76 h 后的接触角，9.4°(n_3＝76)；

$\bar{X}$——连续 3 次的平均值，8.5°；

s——连续 3 次的平均偏差，0.75；

$s\sqrt{x}$——连续 3 次的变动系数，8.8%；

θ_f——最小接触角，8.5°；

当时的照射时间，76 h。

第十一章
远红外微纳米纺织品

11.1 远红外微纳米纺织品简介

在电磁波谱(图 11-1)中,红外线位于可见光和微波之间,其波长为 $0.76\sim1\,000\ \mu m$。红外线在电磁波谱中占据很宽的范围,可分为近、中、远三部分,其中波长在 $4\sim1\,000\ \mu m$ 的称为远红外线。

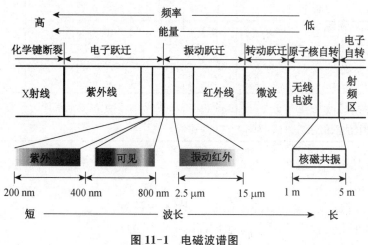

图 11-1　电磁波谱图

11.1.1 远红外特性

(1) 远红外线具有直进性、屈折性、反射性、穿透性。它的辐射能力很强,可对目标直接加热,但不会使相同空间内的气体或其他物体升温。

(2) 远红外线能被与其波长一致的各种物体吸收,产生共振效应与温热效应。

(3) 远红外线能渗透到人体皮肤下,通过介质传导和血液循环,到达细胞组织深处。

(4) 波长在 $4\sim16\ \mu m$ 的远红外线与生物细胞中水分子的运动频率相同,极易被吸收,因此可由内向外地辐射热能。

11.1.2 远红外材料的应用

远红外线具有一定的辐射作用。通常将常温下远红外发射率大于 65% 的织物称为远红外织物。性能优良的远红外织物在常温下的远红外发射率应在 80% 以上。

11.1.3　远红外纺织品特性

11.1.3.1　保温

远红外纺织品是积极保温材料,能吸收外界的热量并储存起来,在适当条件下再向人体辐射。远红外纺织品的保温机理如图11-2所示,在纤维或织物中添加具有远红外放射性的物质,其能吸收太阳能及人体散发的热量,并向人体放射所需的远红外线,利用远红外线的温热效应,达到积极保暖的效果。

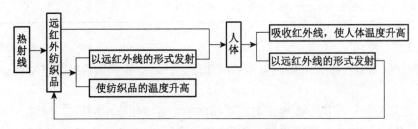

图11-2　远红外纺织品的保温机理

11.1.3.2　保健

远红外纺织品能在正常体温下发射出波长为 $4\sim14$ m 的远红外线,该波长与人体的远红外线辐射波长相匹配,容易被皮肤吸收。远红外线作用于皮肤,其能量被皮肤吸收并转化成热能,刺激皮肤内热感受器,通过下脑反射,使血管平滑松弛,血液循环特别是微循环加速,增加组织营养,改善供氧状态,加强细胞再生能力,加速有害物质的排泄,减轻神经末梢的化学刺激和机械刺激。其具体功能表现在:镇痛功能明显,能减轻神经痛、风湿关节痛、肌肉酸痛及女性生理期疼痛等症状;对气管炎、肠胃炎、前列腺炎等炎症有减缓作用;对冠心病、高血压等功能减弱有明显改善作用;对糖尿病症状如尿频有显著的抑制效果;迅速恢复体力,消除繁忙工作带来的疲劳和不适,使体力增强,精神焕发。试验表明,远红外纤维发射 $4\sim14$ μm 远红外线能使细胞中的钙离子增加,并使细胞活化,提高细胞的各种功能。远红外纺织品在保健方面的应用例子如表11-1所示。

表11-1　远红外纺织品在保健方面的应用例子

产品种类	适应症
生发帽	头屑多,脱发,斑秃,高血压,神经衰弱,偏头痛
面膜、枕巾	美容,消除黄褐斑、色素沉着、痤疮等,失眠,颈椎病,高血压,偏头痛,植物神经失调
颈托	颈椎病,偏头痛,神经性皮炎
护肩	肩周炎,偏头痛
护肘、护腕	车手关节综合征,雷诺氏综合征,关节风湿痛
手套	冻疮,皲裂,手癣,雷诺氏综合征,周围神经炎
胃带	消化性溃疡,慢性胃炎导致的胃痛

产品种类	适应症
护腰	慢性腰肌劳损,各种慢性腰痛
束腰	慢性肠炎,婴儿腹泻
护膝	各种膝关节疼痛症
保健袜	足癣,足臭,足汗,皲裂,冻疮,足跟高血压

11.1.3.3　抗菌

远红外织物对数种细菌有抑制其生长的作用[1]。远红外织物的抑菌作用可能源于两个方面:

其一,远红外纺织品能不断地发射出对细菌生长有抑制作用的远红外线。

其二,远红外织物中含有金属化合物、碳化物或硼化物,它们本身具有抑菌作用。

远红外织物表现出很高的抑菌率,可广泛用作内衣材料。

11.2　远红外材料的制备

11.2.1　远红外陶瓷

研究表明,具有远红外性能的物质主要是远红外陶瓷,具有远红外辐射性能的陶瓷粉体称为远红外陶瓷粉体。远红外陶瓷粉体主要有低温应用型和高温应用型,中温以上($>$150 ℃)远红外陶瓷粉体主要是含 Mn、Fe、Co、Ni、Cu、Cr 及其氧化物、SiC 等黑色陶瓷粉体,应用于高温加热炉、金属热处理炉、石油加热炉、锅炉、辐射加热器、烘干器的表面涂层。常温($\leqslant$150 ℃)远红外陶瓷粉体主要是 $MgO\text{-}Al_2O_3\text{-}TiO_2\text{-}ZrO_2$ 系的白色陶瓷粉体,用途广泛,采用掺入和涂覆的方法,可应用于塑料、纺织、服装、造纸、医疗器械等行业。低温型远红外陶瓷粉在室温附近($20\sim50$ ℃)能辐射出波长$3\sim15$ μm的远红外线,此波段与人体红外吸收谱匹配完美,被称为"生命热线"或"生理热线"。

目前主要的远红外陶瓷粉体制备配方见表 11-2 和表 11-3。

表 11-2　远红外陶瓷粉体的固相合成法制备配方(质量分数)

配方号	MgO	Al_2O_3	SiO_2	TiO_2	ZnO_2	Y_2O_3	Pb_2O_3
F_4	5	30	20	30	15	2	0.1
F_5	5	30	20	30	15	3	0.2
F_6	5	30	20	30	15	0	0

注:配料→球磨混合→高温合成→磨细→过筛→性能检测→成品。

表 11-3　远红外陶瓷粉体液相共沉积法制备配方(质量分数)

配方号	MgO$_2$	AlCl$_3$ · 6H$_2$O	SICl$_4$	TiCl$_4$	ZnOCl$_2$ · 8H$_2$O	YCl$_3$	PdCl$_3$	PEG+ CMC	S. T. O.	PVA+ EDTA
F$_1$	12	71	57	71	39	1.73	0.08	0	0	0
F$_2$	12	71	57	71	39	1.73	0.08	1.5	1.5	1.5
F$_3$	12	71	57	71	39	0	0	0	1.5	1.5

注:配料→溶解→加入"PEG+CMC"表面活性剂→加入氨水→共沉淀→过滤、水洗→加入"S. T. O"和"PVA+ EDTA",进行两次脱水处理→干燥→煅烧→气流粉碎→性能检测→成品。

11.2.2　海藻纤维

海藻纤维通常由可溶性海藻酸盐(常用海藻酸钠)溶于水中形成黏稠溶液,然后通过喷丝孔挤出到含有二价金属阳离子(Mg^{2+}除外)的凝固浴中,形成固态不溶性海藻酸盐纤维长丝[2]。海藻纤维具有高吸收性和成胶性,可用来制备创伤被覆材料。如加入抗菌剂,可减少细菌感染。海藻能产生远红外辐射和负离子,具有保健和医疗作用。负离子有利于加速新陈代谢和保持人体健康。在 35 ℃时,海藻纤维有高达 90% 的远红外发射率。远红外辐射将激活细胞分子,加速血液循环,有利于人体保暖。同时,细胞分子被激活,细胞将保持活力,人体的自然恢复能力提高。海藻纤维制备的纺织品可应用在衬衣、家用纺织品、床垫等方面。

11.2.3　竹炭纤维

竹炭纤维是以毛竹为原料,采用纯氧高温及氮气阻隔延时的煅烧工艺,使得竹炭天然具有的微孔更细化和蜂窝化,再与具有蜂窝状微孔结构的聚酯改性切片熔融纺丝而制成的。这种独特的纤维结构设计,能使竹炭具有的功能完全发挥。因此,竹炭是一种良好的远红外添加剂[3]。

竹炭纤维还具有良好的吸湿性、抗菌除臭性及防静电、抗电磁辐射功能,冬暖夏凉,抗起毛起球效果优良,易打理。已开发出竹炭纤维与 PTT、涤纶等的混纺纱线,面料手感舒适,保健功能强,而且非常环保,不会对人体产生伤害[4]。利用 TiO$_2$ 改性竹炭粉末,使其由黑色变成白色,解决了纤维染色问题。

11.3　远红外纺织品制备与后整理

11.3.1　制备

11.3.1.1　涂层法

涂层法是指在织物染整阶段,在织物上吸附或固着纳米粒子的"后加工型"工艺。

将远红外吸收剂、分散剂和黏合剂配成涂层液,通过喷涂、浸渍和辊涂等方式,将涂层液均匀地涂在织物上,经烘干即制得远红外纺织品。

优点:工艺操作简便,成本较低,对远红外陶瓷粉体的要求较低。

缺点:制品的手感及耐洗涤性能差。

11.3.1.2 纺丝法

纺丝法是指在聚合、纺丝阶段混合纳米粒子的"掺和型"工艺。

远红外添加剂可在聚合、纺丝工序加入,可分为全造粒法、母粒法、注射法、复合纺丝法。

(1)全造粒法。在聚合过程中加入远红外添加剂制得远红外切片,再经纺丝制得远红外纤维,即全造粒法。这种方法较常用,制作工艺简单,利于产业化生产。例如,将远红外材料加工成平均粒径为 0.1~2 μm 的微粉,和适当的助剂混合后,以适宜的比例与聚丙烯混合造粒,制成远红外切片,在常规纺丝设备上纺成短纤维或长丝,进一步加工成远红外丙纶织物。

何厚康等[5]采用全造粒法制备了纳米远红外保健异形锦纶。将纳米远红外粉体经过表面处理与 PA 6 共混制成远红外切片,再通过双螺杆挤出机熔融纺丝得到远红外纤维,其力学性能较纯 PA 6 纤维有一定提高。

在 PET 合成过程中,远红外粉末经研磨分散处理,在酯化反应后、缩聚反应前,与催化剂、热稳定剂一起加入单体反应物中,合成远红外 PET 切片再纺丝。结果证明,远红外 PET 切片具有良好的可纺性和拉伸性,远红外 PET 纤维的物理性能和后加工性能良好,具有 85% 的法向比辐射率[6]。

(2)母粒法。将较高比例的远红外添加剂与聚合物切片混合、干燥,由双螺杆挤出机生成远红外母粒,然后与聚合物切片混合均匀,再经纺丝制成远红外纤维,其工艺流程如图 11-3 所示。

肖哲等[7]采用高效陶瓷粒子 GT-96 与锦纶载体混合造粒,制成远红外母粒,其与锦纶共混纺丝,制备远红外纤维。结果表明:含 0.6% GT-96 的 PA 6 共混物具有良好的可纺性,纤维物理性能稍有下降,但能满足纺织加工和服用要求。

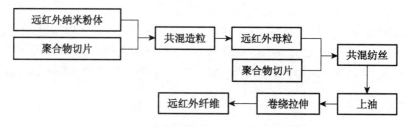

图 11-3 母粒法制备远红外纤维的工艺流程

(3)注射法。在纺丝过程中,利用注射器将远红外添加剂注射到高聚物纺丝熔体或溶液中,制备远红外纤维。所制备的纤维具有优良的保健功能、热效应和排湿透气、抑菌功能。该工艺虽然简便,但需增加注射器,若粉末状无机粒子未经处理,无机粒子与基体树脂间会存在明显的界面层,缺乏较厚的过渡层,从而影响纺丝熔体或溶液的过滤性、可纺性,最终影响成品的物理力学性能。

(4)复合纺丝法。以含远红外添加剂的纤维为芯层或皮层,用复合纺丝机纺制皮芯结构的远红外纤维。该工艺纺制的纤维性能较好,但技术难度高,设备复杂,投资较大,生产成本高。

11.3.2 后整理

把远红外微粉、黏合剂和助剂按一定比例配置成远红外浆,然后对织物进行浸轧、涂层和喷雾等加工。所用溶剂可以是水,也可以是有机溶剂。所用的黏合剂主要是聚氨酯、聚丙烯腈、丁腈橡胶等低温型黏合剂。由于远红外微粉的粒径决定了织物上黏附远红外物质的量及织物手感等,要求远红外微粉的粒径尽量小。

采用涂层法时应该特别注意助剂的选择,它对织物性能有显著影响:

(1) 分散剂。远红外粉属于无机粒子,平均粒径为 $0.1\sim2\ \mu m$,由于粒子小,比表面积大,常形成团聚体以达到稳定。分散剂的作用主要是防止已经分散的粒子再次团聚而沉降,保持悬浮状态稳定。

(2) 黏合剂。远红外微粒自身无法在织物上附着牢固,因此需要使用黏合剂,将它们与织物紧密结合。最终产品上远红外物质的附着牢度很大一部分是由黏合剂决定的。用于远红外浆的黏合剂应满足低温固着、耐水洗、无毒、无刺激、与远红外物质不反应等要求。

纳米技术产业是比较热门的高科技产业之一,主要利用纳米材料对纤维表面进行处理,在纤维表面实现纳米层级的修饰和改性。经过纳米界面处理的纺织品,一方面保持其原有的结构、成分、强力、牢度、色泽、风格、外观、透气等性能,另一方面又具有特殊功能。

在印染后整理方面,采用涂层、浸轧或"植入"等方法,可使天然纤维或普通化纤及其制品具有远红外功能。

11.4 远红外性能测试

11.4.1 温升法

温升法强调一定时间内织物温度的差异,由于织物吸收热量有快慢,造成其温升也有快慢。服装在使用过程中,在比较的长时间内处于一定的环境中,基本上会达到热量平衡。因此,测试织物温升应在红外灯照射下进行,测定织物处于热量平衡状态时的温度。温升法试验简单,能直接反映织物温升性能,但其结果只是远红外织物吸收红外线产生的热效应,不能反映远红外织物的保健功能。

11.4.1.1 红外测温仪法

在温度为 20 ℃、相对湿度为 60% 的恒温恒湿室内,以 100 W(或 250 W)的红外灯为光源,以 45°倾角在一定距离下分别照射同规格、同组织的普通纤维和远红外纤维的织物,记录不同时间间隔下两种织物的温度,然后求其差值。

11.4.1.2 不锈钢锅法

用薄不锈钢制成高 30 cm、容积为 250 mL 的不锈钢圆筒,圆筒上下底采用泡沫塑料,温度计插在盖上。分别将试样织物和对照样织物包覆在不锈钢圆筒外,在红外灯照射下,测定两种织物的温度,然后求其差值。

缺点：红外线照射织物时,透射和反射的红外线会严重干扰红外测温仪的读数,使织物表面的温度值不准确;另外,红外光源的均匀性较差,很难保证不同试样上的红外光强一致。

11.4.2　发射率法

与普通织物比较,远红外织物能辐射更多的远红外线,因此评价这种织物的性能时,应将其当作一个重要指标。

在实际应用中,常采用发射率,即在某一温度下实际物体的辐射功率(或辐射度)与黑体的辐射功率(或辐射度)之比。发射率的测试方法有直接法和间接法两种。

直接法可分为量热法和辐射法两类。

间接法是利用织物的红外反射率 ρ、吸收率 α 和通过率 γ 三者之间的关系($\rho+\alpha+\gamma=1$),通过测试发射率和通过率,得到吸收率。

缺点：发射率法不能完全排除纺织品表面结构、颜色、回潮率等因素的影响,因此发射率大小不能完全说明远红外纺织品的性能优劣。

11.4.3　人体试验法

人体试验法是指通过人体穿着远红外纺织品的感觉或升温幅度,评价其远红外性能,大概分为三类。

11.4.3.1　血液流速测定法

远红外织物有改善微循环、促进血液循环的作用,因此可以通过人体穿着远红外织物进行试验,测试其对人体的血液流速是否有加快的作用。

11.4.3.2　皮肤温度测定法

分别用普通织物和远红外织物制成护腕,套在健康者的手腕上,在室温下和一定的时间内,用测温仪测定皮肤表面的温度,求出温度差。

11.4.3.3　实用统计法

用普通纤维和远红外纤维制成棉絮类制品,分别供使用者试用,根据使用者的感受对比,统计出两种织物的保暖性能。

人体穿着测量法受外界环境、个体差异及心理因素的影响比较大,要获取比较准确的结论,对测试条件和试验人群数量的要求比较严格。

总而言之,我国功能性纺织品具有很大的市场潜力和发展机遇,市场上各种远红外纺织品非常普遍。但是,由于缺少完善的远红外性能评价体系,难以判断远红外制品性能的优劣。所以,需要能体现功能性和价值的准确测量方法加以规范和约束,使远红外性能测试标准化、规范化,促进远红外制品不断完善和进步。

参考文献

[1] 陈慰来,龚伟民,郑倩.纳米远红外抗菌保健无缝内衣的研制与开发[J].现代纺织技术,2009,17(3):42-43.

[2] 郭肖青,朱平,王新.海藻纤维的研究现状及其应用[J].染整技术,2006,28(7):1-4.

[3] 王劲松,刘金超,高景恒.生态健康与生命和谐——EME 生态能量金合晶及竹炭和竹炭纤维的功能与

应用[J].中国美容整形外科杂志,2010,21(7):379-380.

［4］赫淑彩.竹炭改性涤纶纤维性能研究及针织物开发[D].上海:东华大学,2008.

［5］何厚康,蒋翀,吴文华,等.纳米远红外保健异形锦纶的研究[J].合成纤维,2003,32(1):18-20.

［6］王静江.远红外 PET 的制备及其性能研究[J].合成纤维工业,2006,29(5):21-23.

［7］肖哲,曾红霞,高绪珊.远红外锦纶纺丝工艺探讨[J].合成纤维工业,2001,24(1):22-24.

附录 GB/T 30127—2013《纺织品 远红外性能的检测和评价》

1. 范围

本标准规定了采用远红外发射率和温升试验测定纺织品远红外性能的方法,并给出了远红外性能的评价。

本标准适用于各类纺织产品,包括纤维、纱线、织物、非织造布及其制品等。其他材料可参照采用。

本标准不涉及医疗作用的评价。

2. 规范性引用文件

下列文件对于本文件的应用是必不可少的。凡是注日期的引用文件,仅注日期的版本适用于本文件。凡是不注日期的引用文件,其最新版本(包括所有的修改单)适用于本文件。

GB/T 6529—2008《纺织品 调湿和试验用标准大气》

GB/T 8629—2001《纺织品 试验用家庭洗涤和干燥程序》

3. 术语和定义

下列术语和定义适用于本文件。

3.1

远红外发射率。

试样与同温度标准黑体板在规定条件下的法向远红外辐射强度之比。

4. 原理

4.1 远红外发射率的测定

将标准黑体板与试样先后置于热板上,依次调节热板表面温度,使之达到规定温度;用光谱响应范围覆盖 $5\sim14~\mu m$ 波段的远红外辐射测量系统,分别测定标准黑体板和试样覆盖在热板上达到稳定后的辐射强度,通过计算试样与标准黑体板的辐射强度之比,从而求出试样的远红外发射率。

4.2 温升的测定

远红外辐射源以恒定辐照强度辐照试样一定时间后,测定试样测试面表面的温度升高值。

5. 仪器和工具

5.1 远红外发射率测试装置

纺织品远红外发射率测试原理见附图1,主要参数应满足以下条件:

(a)试验热板和远红外检测传感器均处于黑体仓内。

(b)试验热板有效面积不低于直径 60 mm 的圆面积,温度(34 ± 0.1)℃。

(c) 远红外检测传感器检测波长范围满足 5 ～14 μm。

(d) 远红外辐射强度测定精度±0.10%。

(e) 标准黑体板的发射率达到 0.95 以上。

注:某些仪器如能直接计算远红外发射率,发射率测定精度±0.001。

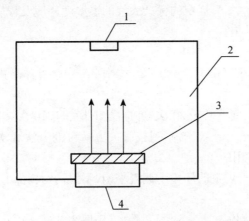

1—红外接收装置;2—黑体罩;3—试样;4—试验热板

附图 1　远红外发射率测试原理示意

5.2　远红外辐射温升测试装置

所有部件安装在平稳的架座上,远红外辐射温升测试装置见附图 2,主要参数应满足以下条件:

(a) 远红外辐射源:主波长 5～14 μm,辐射功率 150 W,直径 60～80 mm 的面辐射源。

(b) 试样架:试样表面至辐射源的距离 500 mm,试样架在辐射源垂直方向上开穿透孔,开孔直径为 60 mm。

(c) 测温仪:具有点状温度传感器,有金属箔防远红外辐射的屏蔽,点状温度传感器直径不超过 0.8 mm,测试范围至少 15～50 ℃,示值误差不大于 0.1 ℃,响应时间不大于 1 s。

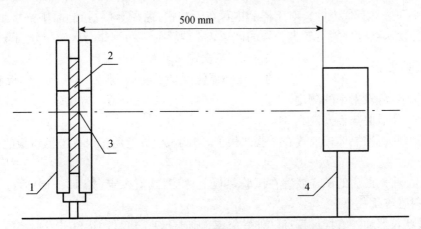

1—红外接收装置;2—黑体罩;3—试样;4—试验热板

附图 2　远红外辐射温升测试装置示意

5.3　敞口圆柱形金属容器(直径为 60 mm、高度为 30 mm)

5.4　纱线试样框架(有效试验尺寸不小于试验热板尺寸)

6. 试验环境和准备

6.1　试样调湿及环境要求

按照 GB/T 6529—2008 中规定的标准大气的温湿度环境及程序进行调湿,室内不应有其他热辐射源对其造成影响。

6.2　预处理

6.2.1　如果需要,按照 GB/T 8629—2001 中 7A 程序对样品进行洗涤,洗涤次数由有关各方商定。

注:洗涤次数,内穿类宜不低于 30 次,外穿类宜不低于 10 次,铺盖类宜不低于 5 次;多次洗涤时,可将时间累加进行连续洗涤,或按有关方认可的方法和次数进行洗涤,洗涤次数和方法在报告中说明。

6.2.2　将样品在 6.1 规定的环境下调湿平衡,不得沾污样品。

6.3　试样准备

6.3.1　纤维

测定远红外发射率时,将纤维试样开松成蓬松状态,取 0.5 g 纤维填充到直径为 60 mm、高度为 30 mm 的敞口圆柱形金属容器中,纤维完全充满容器,每份样品至少取 3 个试样;测定温升时,将纤维梳理成蓬松状态,均匀地铺成厚度约 34 mm、直径大于 60 mm 的均匀圆柱形絮片,每份样品至少取 3 个试样。

6.3.2　纱线

将纱线试样单层紧密平铺并固定于边长不小于 60 mm 的正方形金属试样框上,测定远红外发射率时将试样框平置并完全覆盖热板;测定温升时,将试样框竖直固定于温升装置试样架上,试样框的中心正对试样架开孔的中心,发射率和温升试验各取至少 3 个试样。

6.3.3　织物等片状样品

从每个样品上剪取发射率和温升试样各至少 3 个,试样尺寸不小于直径 60 mm。取样时试样应平整并具有代表性。对于样品中存在因结构、色泽等(包括制品中拼接组件)差异较大而可能使远红外性能有较大差异的区域,若无特别指明,则每个区域应分别取样。

7. 试验步骤

7.1　远红外发射率的测定

7.1.1　将试验热板升温至 34 ℃。

7.1.2　将标准黑体板放置在试验热板上,待测试值稳定后记录标准黑体板的远红外辐射强度 I_0。

7.1.3　将调湿后的试样放置在试验热板上,待测试值稳定(如 15 min)后记录试样的远红外辐射强度 I_0。

注:某些仪器如能直接计算远红外发射率,则记录每个试样的远红外发射率值。

7.1.4　按 7.1.3 的步骤测试剩余试样。

7.2　远红外辐照温升的测试

7.2.1　调节试样架与辐射源的距离,使试样表面至辐射源的距离为 500 mm。

7.2.2 将调湿后的试样待测试面朝向红外辐射源,夹在试样架中。将测温仪传感器触点固定在试样受辐射的区域表面中心位置。

7.2.3 记录试样表面初始温度 T_0。

7.2.4 开启远红外辐射源,记录试样辐照 30 s 时的表面温度 T。

7.2.5 重复 7.2.2~7.2.4 的步骤,测试剩余试样。

8. 结果计算与评价

8.1 结果计算

8.1.1 根据 7.1 测得标准黑体板和试样的远红外辐射强度,按式(1)计算每个试样的远红外发射率,并计算所有试样远红外发射率的平均值作为试验结果,修约至 0.01。

$$\eta = \frac{I}{I_0} \tag{1}$$

式中:η——试样远红外发射率,无量纲;

I_0——标准黑体板的远红外辐射强度,W/m^2;

I——试样的远红外辐射强度,W/m^2。

8.1.2 根据 7.2 的测定结果,按式(2)计算每个试样表面的温升,并计算所有试样温升的平均值作为试验结果,修约至 0.1 ℃:

$$\Delta T = T - T_0 \tag{2}$$

式中:ΔT——试样在辐射 30 s 内的温升,℃;

T_0——试样初始表面温度,℃;

T——试样在辐射 30 s 时的表面温度,℃。

8.2 纺织品远红外性能的评价

对于一般样品,若试样的远红外发射率不低于 0.88,且远红外辐射温升不低于 1.4 ℃,样品具有远红外性能。对于絮片类、非织造类、起毛绒类等疏松样品,远红外发射率不低于 0.83,且远红外辐射温升不低于 1.7 ℃,样品具有远红外性能。

注:由于纺纱织造及后整理工艺对最终纺织品的远红外性能有一定影响,纤维及纱线作为原料不予以评价,测试数据仅作为选料时的参考。

如样品经 6.2 的洗涤后仍达到上述指标要求,则样品具有经洗涤次数的洗涤耐久型远红外性能。

9. 试验报告

试验报告应包括下列内容:

(a)试验是按本标准进行的。

(b)样品描述。

(c)试验条件。

(d)仪器型号。

(e)试样数量。

（f）是否经过洗涤处理，如洗涤，注明洗涤次数和方法。

（g）试验结果，远红外发射率及（或）远红外辐射温升值。

（h）如果需要，对样品远红外性能给出评价。

（i）任何偏离本标准的细节。

第十二章
生态纺织品

12.1 生态纺织品概述

生态纺织品的概念最早源于欧洲。世界经济和科学技术的飞速发展,在提高人类生活质量的同时,也使人类赖以生存的环境遭受了巨大破坏。消费者越来越关注绿色、无毒、与环境友好的消费品,也更愿意选择对人体和环境无害的产品[1]。在纺织品领域,其所涉及的产品包括那些有可能直接和长期与人体皮肤或口腔接触的产品,如服装、被褥、毛巾、假发、帽子、尿布及其他卫生用品、鞋袜、手套、表带、椅套和玩具等。近年来,世界各国特别是发达国家纷纷建立生态纺织品市场准入体系,其迅速成为主导国际纺织品服装贸易的潮流,并将主宰未来的国际纺织品服装贸易市场。

12.1.1 生态纺织品的定义

生态纺织品有广义和狭义之分。

广义生态纺织品又称全生态纺织品,要求纺织品的整个生命周期,即从原料应用、生产制造、成品消费到废品处理的整个过程,都具有生态性,既对人体健康无害,其生产过程及废弃物处理又不污染环境。这是人类追求的目标,代表着生态纺织品研究、生产发展的方向。

狭义生态纺织品又称部分生态纺织品或半生态纺织品,是指符合某个国际性生态纺织品标准的要求,达到该标准规定的指标,或侧重消费、生产、废品处理某一方面生态性的纺织品[2]。

但是,受科技和生产技术水平、消费水平及人们对生态纺织品认识水平的制约,像中国这样的发展中国家,不可能一开始就推广全生态纺织品,只能从狭义生态纺织品起步,逐步向广义生态纺织品发展。

12.1.2 生态纺织品的四个基本前提

(1) 纤维原料资源可再生、可重复利用。

(2) 生产过程对环境不会造成不利的影响,即不会对环境产生污染。

(3) 使用过程不会对人体健康及环境造成危害。

(4) 废弃后能在自然条件下降解,不会对环境造成污染,即可回收、低污染、省能源[3]。

12.1.3 生态纺织品的五个基本环节

从纺织品生产到消费的全过程看,生态纺织品是一个系统工程,其包括五个基本环节:天然纤维种植或化学纤维生产呈生态性→纺纱织布必须利用生态性加工技术→漂染、印花、整理必须采用生态性(或环保型)加工技术→服装加工必须注重清洁生产管理→消费过程的质量与安全等。

12.1.3.1 纤维原料的生态性

纺织纤维分为天然纤维和化学纤维两大类。天然纤维有棉、麻、竹、毛、丝等。它们利用自然界中可再生资源进行循环生产,不会对自然环境产生毁灭性破坏。但是,为了达到高产丰收和减少病虫害,在棉花等生产过程中普遍施用农药(杀虫剂等)和化肥,从而在天然纤维上不可避免地残留部分农药或有害物质,其对人体健康构成威胁[4]。因此,必须对农药的生产与使用进行适当的立法和管理,以满足纺织工业对纤维生态性的要求。化学纤维中的合成纤维大多利用石油、煤等不可再生资源制备。根据目前人类所掌握的科学知识和生存需要,还不能停止这类生产活动。应在增加可生物降解合成纤维生产的同时,积极开发无污染或少污染的纤维品种。此外,在化学纤维生产过程中,会排放大量的废气、废水等,造成环境污染。应积极开发和推广物理力学性能良好且环保的生态纤维。

12.1.3.2 纺织加工技术的生态性

在纺织生产过程中,除了上浆过程中排放的有害废水和纱线上残留的有害化学物质以外,纤维制造过程对自然环境的影响不大,但生产场所的废气和噪声对工人的健康的影响不可忽视。严重的噪声和大量的短纤维尘埃会导致一些职业病,如长期在高浓度棉尘环境中工作,易出现胸闷、咳嗽等症状,情绪烦躁,严重时会导致噪声性耳聋。为了预防这些职业病的发生,一方面需要加快技术进步,研制低噪声、无尘埃或少尘埃的纺织生产设备;另一方面要尽快对生产环境和劳动保护立法,并加强监督和实施。

12.1.3.3 染整加工技术的生态性

在纺织生产过程中,染整加工是产生生态问题最多的环节。在这个环节中,采用的染料、助剂等化学药品会在纺织品上残留部分有害物质,影响人体健康,而且会产生大量的有害污水,严重污染环境。因此,要求选用无污染或少污染的环保型染料,及时处理污水,采用环境友好、无污染的染整工艺,将污染最严重的环节变成无污染或少污染的环节[5]。

12.1.3.4 服装加工的清洁生产管理

服装加工过程中的生态问题比其他环节少,主要涉及辅料的选用和工作环境两方面,它们都会影响人体健康。某些辅料(如黏合衬中的黏合剂、纽扣、金属扣件、拉链)可能含有对人体健康有害的物质,需要加强检测和监督与管理[6]。同时,服装加工业是劳动密集型产业,有不少企业的生产环境非常恶劣,而且经常加班,对工人的身体造成危害。这个问题需要通过劳动环境立法和贯彻劳动法加以解决。

12.1.3.5 消费过程的质量和安全

纺织品消费过程中的生态问题主要集中在两个方面:一是纺织品在消费过程中可能对消费者造成危害;二是纺织品废弃后可能造成环境污染,随着人们生活水平的不断提高,废弃纺织品引起的环境污染问题可能更严重。这两个方面归纳起来就是纺织品的质量和安全性,解决的关键是加强立法,健全法律法规,严格监督与管理。

12.2　生态纺织品标准

目前,生态纺织品主要指从生产生态学或人类生态学的要求出发,符合特定标准要求的产品,其中以后者占大多数,其重点是控制有毒染料、甲醛、重金属、整理剂、异味等有害物质。

12.2.1 国际标准

目前世界上许多国家对纺织品所含的有毒有害物质做了限量规定,形成了十几种绿色纺织品的标准和标志,代表性的有 Oeko-Tex Standard 100(生态纺织品标准 100)、MST(通过有害物质测试的纺织品)、Eco-Tex(国际生态协议)、MUT(无环境污染方法制造纺织品商标)、GUW(生态友好装饰织物协会印记)。这些标准和标志对纺织品所含的有害物质做了明确限制,综合检测项目多达 30 项。

目前,最有影响、使用最广泛、最具权威性的生态纺织品标准是 Oeko-Tex Standard 100。该标准于 1991 年由奥地利纺织研究院设计,1992 年由国际纺织品生态学研究与检测协会颁布,历经 1995 年、1997 年、1999 年和 2002 年几次修改后定稿,2003 年以后几乎每年做部分修订。一经颁布,此项标准就成为国际上判定纺织品生态性能的基准,具有广泛性和权威性。它首先引用生态纺织品的概念,以限制纺织品最终产品的有害化学物质为目的,强调的是产品本身的生态安全性,并采用绿色和黄色两种颜色生态标签,用以区别于非生态纺织品;同时,根据纺织品对人体健康的影响程度将纺织品分为四大类,即婴幼儿类、与皮肤直接接触类、与皮肤无直接接触类、装饰品类。

第一级:婴幼儿产品(3 岁以下儿童使用的纺织品)。这类产品指除皮革服装以外的 36 个月以下的婴儿和儿童产品,包括所有的基本原料、辅料。根据 Oeko-Tex Standard 100,婴幼儿需要特别的保护,特别考虑婴幼儿的敏感皮肤,所有婴幼儿用一级产品都经过最严格的测试;禁止使用含有甲醛的附件,对产品唾液牢度进行测试,保证纺织品上的染料或涂料在婴幼儿咬嚼状态下也不会从织物中渗出和淡化。

第二级:直接与皮肤接触产品。这类产品指那些穿着时大部分面积直接与皮肤接触的产品,如罩衣、衬衣、内衣等。

第三级:不与皮肤直接接触产品。这类产品指那些穿着时只有一小部分面积直接与皮肤接触的产品,如衬垫等。

第四级:装饰产品。这类产品指那些用于装饰用途的产品,包括最初的原料和副料,如桌布、墙壁覆盖物、家具用布、窗帘、装潢用布、地板遮盖物、地毯、墙纸、席梦思和床垫等[7]。

随着全球环保浪潮的兴起,欧美各国纷纷制定与纺织品贸易相关的法律法规和标准,限制非生态纺织品的进入。自 1994 年 7 月 15 日德国颁布禁用部分偶氮染料的法令以来,世界上不少国家和地区先后发布了一系列的相关法律法规,其内容和范围不断扩大。加入世贸后,中国纺织品在国际市场面临的关税和其他非关税措施逐步消亡,生态纺织品在纺织品贸易中的地位日渐突出。可以说,生态纺织品是扩大国际市场份额的最佳途径之一,申请生态纺织品认证已成为国内纺织企业的工作重点。

总部位于瑞士苏黎世的 TESTEX 瑞士纺织检定有限公司是国际环保纺织协会的重要成员机构。TESTEX 在亚洲的工作开始于 1995 年,但中国的纺织企业开始广泛认识和接受 Oeko-Tex Standard 100 则是在 1999 年。由于越来越多的国外买家强烈需求 Oeko-Tex Standard 100 认证产品,国内的纺织出口企业开始关注 Oeko-Tex Standard 100 认证。此后,获得认证的企业数量迅速增长,包括纺纱、面料、服装、染整和辅料、配件、家居用品等方面的企业。另外,随着生态纺织概念的日益普及,进行认证和咨询的企业由单纯的出口企业向间接出口企业甚至内销企业扩展。不止一家认证企业表示,在不久的将来,Oeko-Tex Standard 100 标签将用于内销产品。因此,国内的消费者有理由相信,生态纺织品不再是遥不可及的。

12.2.2 国内标准

Oeko-Tex Standard 100 的颁布和实施,在国际贸易领域掀起了一股绿色浪潮,这对纺织品出口量占世界第一位的我国提出了严峻的挑战。为了与国际最新发展的相关技术和标准接轨并打破国外的"绿色堡垒",我国逐步构筑、完善生态纺织品标准体系,现已取得突破性的进展。我国的生态纺织品标准体系已从过去的单一标准发展到与国际生态纺织品检测要求相适应的国家标准、行业标准和质量认证标准体系。我国生态纺织品标准主要以 Oeko-Tex Standard 100 为参照,在生态纺织品安全性能检测方面制定了一些法令法规,其内容涵盖国际贸易对纺织品生态安全性能的各项检测要求。目前主要有 4 个综合性法规,其中 GB/T 18885—2009《生态纺织品技术要求》、SN/T 1622—2005《进出口生态纺织品检测技术要求》和 HJ/T 307—2006《环境标志产品技术要求 生态纺织品》是参照 Oeko-Tex Standard 100 制定的,GB/T 22282—2008《纺织纤维中有毒有害物质的限量》是参照欧盟 Eco-Label 制定的。至此,生态纺织品检测方法标准的总体框架已经形成,使我国的生态纺织品检测方法和标准得到不断完善。

我国已颁布的生态纺织品标准主要包括:

(1) GB/T 24 000《环境管理体系》。

(2) HJBZ 30—2000《生态纺织品》。

(3) GB/T 18885—2009《生态纺织品技术要求》。

(4) GB 18401—2010《国家纺织产品基本安全技术规范》。

(5) GB/T 2912.1—2009《纺织品 甲醛的测定 第 1 部分:游离和水解的甲醛(水萃取法)》。

(6) GB/T 2912.2—2009《纺织品 甲醛的测定 第 2 部分:释放的甲醛(蒸汽吸收法)》。

(7) GB/T 5713—2013《纺织品 色牢度试验 耐水色牢度》。

(8) GB/T 3922—2013《纺织品 耐汗渍色牢度试验方法》。

(9) GB/T 3920—2008《纺织品 色牢度试验 耐摩擦色牢度》。

(10) GB/T 18886—2002《纺织品 色牢度试验 耐唾液色牢度》。

(11) GB/T 7573—2009《纺织品 水萃取液 pH 值的测定》。

(12) GB/T 17592—2011《纺织品 禁用偶氮染料的测定》。

(13) GB/T 17593.1—2006《纺织品 重金属的测定 第 1 部分:原子吸收分光光度法》。

(14) GB/T 17593.2—2007《纺织品 重金属的测定 第 2 部分:电感耦合等离子体原子发射光谱法》

(15) GB/T 17593.3—2006《纺织品 重金属的测定 第 3 部分:六价铬分光光度法》

(16) GB/T 18412.1—2006《纺织品 农药残留量的测定 2 第 1 部分:77 种农药》。

(17) GB/T 18412.2—2006《纺织品 农药残留量的测定 第 2 部分:有机氯农药》。

(18) GB/T 18412.3—2006《纺织品 农药残留量的测定 第 3 部分:有机磷农药》。

（19）GB/T 18412.4—2006《纺织品 农药残留量的测定 第 4 部分:拟除虫菊酯农药》。

（20）GB/T 18412.5—2008《纺织品 农药残留量的测定 第 5 部分:有机氮农药》。

（21）GB/T 18412.6—2006《纺织品 农药残留量的测定 第 6 部分:苯氧羧酸类农药》。

（22）GB/T 18412.7—2006《纺织品 农药残留量的测定 第 7 部分:毒杀芬》。

（23）GB/T 18413—2001《纺织品 2-萘酚残留量的测定》。

（24）GB/T 18414.1—2006《纺织品 含氯苯酚的测定 第 1 部分:气相色谱-质谱法》。

（25）GB/T 18414.2—2006《纺织品 含氯苯酚的测定 第 2 部分:气相色谱法》。

现对 GB/T 18885—2009《生态纺织品技术要求》做详细讲解。该标准的应用对象是各类纺织品及其附件,且可根据产品的最终用途分为四类[8]:

A 类:婴幼儿用品,供年龄在 2 岁及以下的婴幼儿使用的产品。

B 类:直接接触皮肤用品,在穿着或使用时,其大部分面积与人体皮肤直接接触的产品,如衬衫、内衣、毛巾、床单等。

C 类:非直接接触皮肤用品,在穿着或使用时,不直接接触皮肤或其小部分面积与人体皮肤直接接触的产品,如外衣等。

D 类:装饰材料,用于装饰的产品,如桌布、墙布、窗帘、地毯等。

其中,D 类的考核指标和限量与 C 类完全相同,都要求样品抽取后密封放置,不应进行任何处理。皮革制品可按照该标准执行,但化学品、助剂和染料不适用该标准。

12.3　生态纺织品检测

生态纺织品的检测主要针对狭义概念的有关内容。生态纺织品(包括皮革制品)的检测对象包括:

（1）服装、睡袋、床上用品、毛巾、发饰、假发、帽子尿片及其他卫生用品。

（2）鞋、袜、颈挂式钱袋、手套、表带、手袋、钱包(皮夹子)、行李箱、座椅套。

（3）纺织品或皮革制成的玩具,包括纺织品和皮革服装上的玩具。

（4）最终为消费者使用的纤维和织物。

残留在纺织品上的有害物质种类繁多,来源也不尽相同,但它们都会对人体健康构成威胁,对环境造成污染。随着人们环保意识的日益增强,对纺织品的生态性要求也越来越高,这已成为人们消费时十分关注的问题,在国际贸易中也成为"非技术壁垒"的主要内容。因此,各国相继制定了有关生态纺织品的法律法规和标准,旨在促进纺织品的消费和贸易。

根据生态纺织品的法律法规和标准,生态纺织品的主要监控内容包括:

①禁用偶氮染料;②致癌染料;③致敏染料;④可萃取重金属;⑤杀虫剂;⑥游离甲醛含量;⑦pH 值;⑧含氯酚(PCP 和 TeCp);⑨含氯有机载体;⑩六价铬;⑪多氯联苯衍生物;⑫有机锡化物;⑬镉含量;⑭镍标准释放量;⑮邻苯二甲酸脂类 PVC 增塑剂;⑯阻燃剂;⑰抗微生物整理剂;⑱色牢度;⑲气味;⑳消耗臭氧层的化学物质等。

除上述常规监控项目外,以下化品品和原材料有可能被一些买家列入监控范围:

酚类聚氧乙烯非离子表面活性剂,卤代脂肪族化合物,含氯漂白剂,二甲基甲酰胺,多种有机单体(如丙烯腈、二异氰酸酯等),石棉材料,部分芳香胺及其盐类,致癌、致突变的物质,防虫整理剂,放射性物质等。

我国已颁布的有关生态纺织品的法律和检测手段,还不能对所有项目进行检测,可根据国际动态和我国国情选择其中一部分项目进行检测,既可行又合理。随着科学技术的发展、新的测试仪器的问世和新的监测方法标准的颁布,再逐步扩大测试项目,使生态纺织品的监控内容和测试方法真正满足纺织品生态性的要求。不同材料纺织品及服装辅料有关的生态性检测项目见表 12-1。

表 12-1 不同材料纺织品及服装辅料有关的生态性检测项目

不同材料纺织品			服装辅料	
纯天然纤维 (含皮革)	纯聚酯纤维	非天然纤维	金属辅料	塑料和 木质品辅料
pH 值 甲醛 可萃取重金属 禁用偶氮染料 致癌染料 耐水洗色牢度 耐摩擦色牢度 耐汗渍色牢度 耐唾液色牢度 杀虫剂 PCP/TeCp	pH 值 甲醛 可萃取重金属 禁用偶氮染料 致癌染料 耐水洗色牢度 耐摩擦色牢度 耐汗渍色牢度 耐唾液色牢度 PCP/TeCp 致敏染料	pH 值 甲醛 可萃取重金属 禁用偶氮染料 致癌染料 耐水洗色牢度 耐摩擦色牢度 耐汗渍色牢度 耐唾液色牢度 PCP/TeCp	重金属 Ni 释放量	偶氮染料 镉(Cd)

Oeko-Tex Standard 100 用以检测纺织品和成衣制品在影响人体健康方面的性质,规定了纺织品、服装制品上可能存在的已知有害物质,包括 pH 值、甲醛、重金属、杀虫剂、可分解致癌芳香胺染料、致敏染料、氯化苯、有机锡化合物等。Oeko-Tex Standard 100(2003 版)主要检测项目限定值和相关有害物质的来源及危害性见表 12-2。

表 12-2 Oeko-Tex Standard 100(2003 版)主要检测项目限定值和相关有害物质的来源及危害性

检测 项目	限定值			有害物质来源	危害
	不直接与 皮肤接触	直接与 皮肤接触	婴儿与 儿童服装		
甲醛(mg/kg)	300	75	20	某些活性树脂用交联剂,染色用固色剂,棉用阻燃剂,印花用黏合剂	致癌,皮肤过敏,呼吸道发炎
多氯联苯	不得检出	不得检出	不得检出	抗静电剂,阻燃剂	致癌
pH 值	4.0~9.0	4.0~7.5	4.0~7.5	印染、碱、酸处理后的残留化学物	致癌
杀虫剂(mg/kg)	1	1	0.5	棉花培植过程中使用的杀虫剂,储存时使用的防蛀剂	致癌

检测项目	限定值			有害物质来源	危害
	不直接与皮肤接触	直接与皮肤接触	婴儿与儿童服装		
重金属离子含量(mg/kg)					
锑(Sb)	30	30	30	坯布,氧化剂,阻燃剂,染料,金属催化剂,易去污和拒水整理剂,干剥色剂	危害健康
砷(AS)	1	1	0.2		
铅(Pb)	1	1	0.2		
镉(Cd)	0.1	0.1	0.1		
汞(Hg)	0.01	0.01	0.01		
铜(Cu)	50	50	25		
铬(Cr)	1	1	2		
钴(Co)	4	4	1		
镍(Ni)	4	4	1		
五氯苯酚(mg/kg)	0.5	0.5	0.05	直接用于纱线或纺织品的防霉剂及防腐剂	致癌
偶氮染料	禁用	禁用	禁用	印染中使用的可分解出致癌芳香胺的染料,致癌、致敏染料	致敏致癌
氯化苯及氯化甲苯(mg/kg)	1	1	1	常温染色过程中用作媒介	致癌
色牢度(沾色)					
耐水洗牢度	3级	3级	3级	—	容易引起沾色
耐摩擦牢度 干摩	4级	4级	4级		
耐摩擦牢度 湿摩	2～3级	2～3级	2～3级		
耐汗渍牢度	3～4级	3～4级	3～4级		
异常气味	不得检出	不得检出	不得检出	有残留的化学试剂和单体	危害健康
其他化学残余物(mg/kg)	100	100	50	印染加工中使用的染料、助剂	致癌

12.3.1 甲醛

甲醛含量是纺织品上涉及人体健康和安全的一个有害物质指标,也是衡量纺织品安全性能的一个重要指标。甲醛的主要危害表现为对皮肤黏膜的刺激作用。甲醛是原浆毒物质,能与蛋白质结合。人们吸入高浓度甲醛时,可诱发支气管哮喘,可引起鼻咽肿瘤,还可诱发癌症,以及出现呼吸道严重的刺激和水肿、眼刺激、头痛等症状。皮肤直接接触甲醛,可引起过敏性皮炎、色斑、坏死。因此,准确地检测出纺织产品上的甲醛含量,是维护消费者安全的前提。甲醛来源于洗可穿免烫整理用氨基树脂,部分阻燃、防水、柔软整理剂,固色剂或固色工艺以及涂料印花黏合剂(自交联丙烯酸酯类)[8]等。我国规定生产车间内空气中的甲醛含量极限值,取样 8 h 以上时必须在 3 mg/m³ 以下。目前,日本和德国的纺织生态标准均规定:直接接触皮肤的服装(如内衣、床单)为 75 mg/kg,直接接触皮肤较少的服装(如衬衫)为 300 mg/kg,外衣为 1 000 mg/kg(日本)、300 mg/kg(德国),2 岁以下婴儿服装为 20 mg/kg。

目前的有关标准和规定中,纺织品上甲醛含量的分析方法有两种,国内外普遍采用比色分析法;气相色谱法也有应用,但操作繁杂,应用不普遍;高效液相色谱法也有报道,但扩大应用较困难。比色分析法中,乙酰丙酮法和络变酸法因操作简便、精确度高、重现性好,在国内外广泛采用。乙酰丙酮法的测试原理:甲醛与乙酰丙酮生成浅黄色溶液,利用分光光度计,在一定浓度范围,以特定波长,测定吸光度,再从标准曲线求得甲醛含量。

12.3.2　pH 值

对于织物 pH 值的测定,我国的现行国家标准是 GB/T 7573—2002《纺织品　水萃取液 pH 值的测定》,其规定的 pH 计方法的原理:把剪碎成小块的纺织品用蒸馏水按一定的浴比(100∶2)浸出其水溶物,然后在室温下,用带有玻璃电极的 pH 计测定纺织品水萃取液的 pH 值[9]。织物加工过程中使用的各种化学药剂未清洗干净,自来水、深井水或水质较差的水含碳酸氢钠,烘干后使织物带碱性。由于人体皮肤带一层弱酸性物质,能防止疾病的侵入,因此纺织品的 pH 值呈中性至弱酸性对皮肤最有益。规定一般纺织品的 pH 值为 4.8～7.5,羊毛织物的 pH 值为 4.0～7.5。

工厂检测时,可在织物的不同部位取样,剪碎混匀,称取混匀布样 5 g,加蒸馏水 100 mL,加热煮沸回流 30 min,冷却至室温,将清液倒入烧杯内,用 pH 计测量。

12.3.3　重金属

纺织品上可能超标的重金属及其危害见表 12-3。Oeko-Tex Standard 200 规定,纺织品上的重金属用人工酸性汗液萃取,按 ISO 105-E04(试验溶液Ⅱ)执行。有害金属少量由天然纤维从土壤中或食物中吸收而来,大量来自染料或助剂,包括金属络合染料或固色整理剂。部分防霉抗菌织物用 Hg、Gr 和 Cu 等处理,也会产生重金属污染。纺织品上可能残留的金属有 Cu、Cr、Co、Ni、Zn、Hg、As、Pb 和 Cd 等。纺织品上萃取下来的有害金属的检测有定性法和定量法。定性法使用点滴试验法,灵敏度不够高,但已能说明问题,国内外都在使用。定量法可以检测纺织品上有害金属含量,估测其对人体的毒害程度。制定环保标准时要用定量法,检测时首先制备试样,根据指标要求,可用萃取法和灰化法检测。萃取法条件:液体对试样质量比 20∶1,温度 40 ℃,时间 1 h。灰化法是将织物在规定温度下灰化,加酸制成溶液,其数据表示织物上全部有害金属的含量。定量法检测可使用分光光度计和原子吸收光谱仪。

表 12-3　纺织品上可能超标的重金属及其危害

重金属	重金属超标危害
铅(Pb)	损坏人的中枢神经(特别是儿童)、肾及免疫系统,潜在致癌
汞(Gg)	进入人体后大量沉入肝脏,损伤肾脏,可造成肾小管上皮细胞坏死,造成大脑及中枢神经损伤,可能致癌

重金属	重金属超标危害
铬(Cr)	可导致肺癌、鼻癌,引发血液疾病,损伤肝肾
砷(As)	能伤害中枢神经系统,引起心脏血管功能紊乱,使肠胃功能紊乱
镉(Cd)	加速骨骼钙质流失,引发骨折或变形;损伤肾小管,引起糖尿病,甚至肾衰竭;可引起肺部疾病甚至肺癌;引起心脑血管病
钴(Co)	可引起肺癌,对呼吸系统、眼、皮肤、心脏等器官造成不良影响
锑(Sb)	可引起肺癌,对皮肤有放射性损伤
锌(Zn)	减弱人体免疫功能,影响铁的利用,并可造成胆固醇代谢紊乱,甚至诱发癌症
镍(Ni)	对人体皮肤膜和呼吸道有刺激作用,可引起皮炎和气管炎,甚至发生肺炎;在肾、脾、肝部位具有积存作用,可诱发鼻咽癌和肺癌
铜(Cu)	引发贫血,对肝、肾、胃、肠的伤害极大

12.3.4 杀虫剂、防腐剂和整理剂

杀虫剂的种类多,应用广泛,对粮食生产和人类疾病的控制意义重大。杀虫剂在农产品和环境中的残留尤其受到人们的关注。按照化学结构不同,杀虫剂可分为有机氯杀虫剂、有机磷杀虫剂、氨基甲酸酯杀虫剂、有机氮杀虫剂、拟除虫菊酯杀虫剂等[10]。杀虫剂和除草剂在棉花播种阶段使用。天然纤维织造时,浆料中要加防腐剂。有些后整理包括抗菌防臭整理会用到对人体有害的整理剂。这些物质包括五氯苯酚、2,3,4,6-四氯苯酚、2,4,5-三氯苯酚、2,4-二氯苯酚、2-氯苯酚、六氯苯、苯酚、二苯酚等。检测时,可先称取一定量的样品(5~10 g)于索氏抽取器中,用适当的溶剂萃取 6~8 h,浓缩至一定体积,在容量瓶中用溶剂调整至规定体积(25 或 50 mL)进行定性或定量分析。测定方法可用 TLC 薄层色谱分析法、HPLC 高效液相色谱法或 GC 气相色谱。

12.3.5 致癌染料

禁用染料从染色纺织品上转移到皮肤上,在一定条件下发生还原反应,释放出致癌芳香胺。这些致癌物透过皮肤扩散到人体内,经过人体的代谢作用,使细胞的脱氧核糖核酸(DNA)结构与功能发生变化,成为人体病变的诱发因素,可能诱发癌症或引起过敏。规定织物上允许含有的致癌芳香胺最多为 30 mg/kg。

染色纺织品上禁用偶氮染料的分解产物即芳香胺的分析方法:将纺织品上的染料通过萃取和利用 $Na_2S_2O_4$ 还原成芳香胺,再用适当方法确定其是否存在致癌的芳香胺结构。目前国内采用 GC 和 GC-MS 联用法,其是将一定量的纺织品加入柠檬酸缓冲溶液,保温处理一定时间,再加入 $Na_2S_2O_4$,在规定温度下保温 30 min,冷却;然后用叔丁基甲醚或二氯甲烷萃取,制成甲醇溶液,最后用气相色谱-质谱仪进行分析。

12.3.6 染色牢度

染料(或部分化学品)与织物结合不牢固,由于汗液、唾液和物理摩擦等作用,染料在织

物上脱落、溶解,通过食道影响人体。特别是婴儿服装,由于婴儿喜欢咀嚼和吮吸衣服,他们会通过唾液吸收有害物质。有关标准对纺织品的耐水、耐摩、耐汗渍和耐唾液等性能均有规定。通常以 ISO 或 DIN 标准为基础,同时应指明 DIN 标准指标要求。Oeko-Tex Standard 100 规定的色牢度指标见表 12-4。

表 12-4　Oeko-Tex Standard 100 规定的色牢度指标

唾液(婴儿服)	汗渍(酸碱)	洗涤	强烈水洗	干摩擦	湿摩擦
耐抗(防流涎)	3~4 级	3~4 级	3 级	4 级	2~3 级

(1)耐水色牢度检测。日常生活中,纺织品经常需要被洗涤。在洗涤中,染料可能会从纺织品上脱落,改变纺织品原本的颜色,这种现象称为变色;在洗涤中,如果沾上其他纺织品脱落的颜色,也会改变纺织品原本的颜色,这种现象称为沾色[11]。

耐水色牢度按 GB/T 5713—2013《纺织品　色牢度试验　耐水色牢度》执行,等效采用 ISO105-E01:1994。首先,将纺织品试样与一块或两块规定的贴衬织物贴合在一起,浸入水中,挤去水分,置于试验装置的两块平板中间,承受 12.5 kPa 的压力,在烘箱中保持(37±2)℃处理 4 h。然后,将组合试样在不超过 65 ℃的空气中干燥,用灰色样卡评定试样和贴衬织物的沾色。

(2)耐摩擦色牢度检测。纺织品在使用过程中经常会与各种物体进行摩擦,还会在湿润状态下与各种物体摩擦,如果色牢度不是特别高,纺织品很容易沾上其他颜色。但是,通常是两个物体进行摩擦,所以一般只发生沾色,没有变色[12]。其检测标准为 GB/T 3920—2008《纺织品　色牢度试验　耐摩擦色牢度》,等效采用 ISO 105-X12:2001。

耐摩擦色牢度试验方法:在摩擦牢度试验机上,将标准摩擦白布(干态和湿态)固定于摩擦头上,在一定压力作用下,对试样进行规定次数的摩擦,试样干燥后在标准光源下用标准沾色灰卡评定标准摩擦白布的沾色程度并评级。

(3)耐汗渍色牢度检测。纺织品特别是衣物类的纺织品,与人体接触最多,与人体的汗液接触也最多。人体汗液的主要成分是盐,汗液有酸性和碱性之分。纺织品上的染料如果和人体汗液长时间接触,染料的色牢度可能会受到影响。纺织品用染料,有的不耐酸性,有的不耐碱性。耐汗渍色牢度检测是用不同酸碱性的人工汗液,模拟出汗时的情况,对纺织品进行试验[13]。其检测标准为 GB/T 3922—2013《纺织品　耐汗渍色牢度试验方法》,等效采用 ISO 105-E04:1994。

耐汗渍色牢度试验方法:将试样与标准贴衬织物缝合在一起,放在特定试剂中浸泡,然后放入烘箱中一定时间,最后取出试样和标准贴衬织物,用变色灰卡评定试样的变色程度(级数),用沾色灰卡评定标准贴衬织物的沾色程度(级数)。一级最差,五级最佳。

(4)耐唾液色牢度检测。耐唾液色牢度试验适用于检测各种染色、印花纺织品(不包括纱线)的耐唾液色牢度。其检测标准为 GB/T 18886—2002《纺织品　色牢度试验　耐唾液色牢度》。

耐唾液色牢度试验方法:将试样与规定的贴衬织物贴合在一起,于人工唾液中处理后去除试液,放在试验装置的两块平板之间,并施加规定的压力,然后将试样和贴衬织物分别干燥,用灰色样卡评定试样的变色和贴衬织物的沾色。

12.3.7　异味

　　纺织品上的异味对人体健康有很大的危害,其主要来源有两个方面:一是由纺织品上残留的化学整理剂和助剂生成;二是纺织品在生产、加工、运输、储存、销售过程中容易被微生物污染,从环境中吸附异味物质。因此,在 Oeko-Tex Standrd 200 和 Intertek 生态纺织品认证,以及我国的 GB/T 18885—2009《生态纺织品》、GB 18401—2003《国家纺织产品基本安全技术规范》、HJ/T 307—2006《环境标志产品技术要求 生态纺织品》等标准中,均对纺织品提出了异味测试要求。异味成为衡量纺织品质量的重要技术指标之一,亦成为消费者关注和检测机构重视的检测项目[14]。目前,国际上对纺织品异味的检测主要有三种方法:一是通过化学和仪器分析,检测纺织品上某些有异味的挥发性有机物质的含量;二是由有经验的专业人员通过嗅觉评判方式,判断纺织品上是否存在异味;三是由有经验的的专业人员通过嗅觉评判方式,评判纺织品上是否存在不能确定种类的异味,并根据人对其的耐受能力评定等级。

参考文献

[1] 何江星. 浅谈我国生态纺织品的生存与发展[J]. 济南纺织化纤科技,2009(4):22-23,26.

[2] 张长欢,陈丽华. 生态纺织品及其标准的发展[J]. 中国个体防护装备,2009(1):27-32.

[3] 张长欢. 国内外生态纺织品服装标准对比研究[D]. 北京:北京服装学院,2010.

[4] 李静. 棉纺织品生态设计研究[D]. 上海:东华大学,2012.

[5] 何华玲,于志财. 浅谈我国生态纺织品的现状及发展趋势[J]. 河北纺织,2009(1):9-13.

[6] 陈李红. 国内外纺织品服装安全消费的技术要求及召回机制与应对策略研究[D]. 上海:东华大学,2009.

[7] 王建平. 国内外纺织标准的发展与应用[J]. 印染,2004(18):37-41.

[8] 吴济宏,万德亮,白晶. 国家纺织标准与 ISO 标准接轨的探讨[J]. 武汉科技学院学报,2005(7):45-48.

[9] 何方容. 中国纺织品生态安全问题[J]. 染整技术,2014(11):47-50.

[10] 李胜臻. 生态纺织品基本安全性检验方法影响因素及不确定度的研究[D]. 上海:东华大学,2014.

[11] 窦明池,姚琦华,殷祥刚. 我国生态纺织品标准体系的内容研究[J]. 印染助剂,2010(11):51-55.

[12] 张文娜,李亚滨. 浅谈生态纺织品的标准与检测[J]. 上海毛麻科技,2008(2):39-42.

[13] 牛增元,叶曦雯,罗忻,等. 生态纺织品标准体系研究[J]. 棉纺织技术,2009(12):52-54.

[14] 朱进忠. 纺织标准学[M]. 北京:中国纺织出版社,2007.

第十三章
静电纺微纳米纤维纺织品

13.1 静电纺概述

1934~1944 年间，Formalas 公开了一系列使用静电力生产聚合物长丝的装置专利，开启了静电纺丝制备纳米纤维的大门。Formalas 申请公布的专利[1-6]描述了将聚合物溶液引入两个高压电极之间的电场，带电聚合物溶液在电场力作用下拉伸形成射流，随着溶剂挥发，聚合物纤维沉积在收集装置上的过程。

静电纺丝是利用高压静电场，使电场中的带电聚合物溶液或熔体发生形变，当电场力超过液体表面张力时，喷射出聚合物射流，其在电场力的驱动下受到高速拉伸，其中的溶剂挥发，射流固化沉积在接收装置上，形成聚合物纤维的加工技术。

静电纺丝技术作为一维无机或有机材料的通用加工方法，越来越受到人们的关注。静电纺丝技术可以加工亚微米纤维，其直径在 10~1 000 nm，较传统纤维小两个数量级。图 13-1 显示了静电纺纤维和头发的直径对比[7]。此外，静电纺纤维的比表面积较传统纤维大两个数量级。

静电纺丝技术可以加工合成聚合物或天然聚合物、聚合物合金、金属、陶瓷纤维等，也可以负载发色体、纳米颗粒、活性剂等对纤维进行功能化。采用不同的喷丝头装置，可以加工具有特殊结构的纤维，如核-壳结构[8]、中空结构[9]的纤维。静电纺纤维的应用遍布光电子学、电池、传感器、催化、过滤、生物医学等领域。

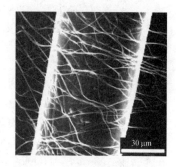

图 13-1 静电纺纤维与头发直径对比

13.1.1 纳米纤维制备技术概况

纳米纤维的定义：在三维空间中有两维处于纳米尺度的材料，即直径在 1~100 nm 的纤维。当聚合物纤维直径从微米尺度降至亚微米尺度或纳米尺度时，就会出现一系列惊奇的特性：非常大的体积比表面积，纳米纤维的体积比表面积约为微米纤维的 1 000 倍；可以灵活地进行表面功能化；与其他已知材料相比更优越的力学性能，如刚度、抗张强度等。这些杰出的性能使得纳米纤维成为许多重要应用的首选材料。

目前，制造纳米纤维的方法很多，主要包括拉伸法[10]、模板合成法[11-12]、微相分离法[13]、自组装法[14]、静电纺丝法[15]等。

拉伸法类似于纺丝加工中的干法纺丝，能够制造连续的单根纳米纤维。但此法要求纺丝液具有相当的黏弹性以承担足够的大变形和拉伸力,这限制了可加工的纳米纤维材料的选择性,而且当前的工艺控制和纤维直径及其分布控制都难以达到要求。

模板合成法使用纳米多孔膜作为模板,可以制造多种原料的纳米纤维或中空纳米管。这种方法主要用于加工导电聚合物、金属、半导体、碳管等。但是这种方法不能制造连续的纳米纤维。

微相分离法的过程主要包括溶解、凝胶化、使用不同的溶剂进行萃取、冷冻干燥,形成纳米多孔泡沫。这个过程程序繁琐,时间也较长,而且当前的工艺控制和纤维直径及其分布控制都难以达到要求。

自组装法是利用单个成分和预先存在的结构自主进行相互作用,形成需要的结构与功能的一个过程。这种方法用于加工连续的聚合物纳米纤维,耗时长,操作性差,工艺、纤维直径及其分布不可控。

综合考虑操作可行性、稳定可控性(包括纤维直径及其分布)、加工材料范围、加工耗时等方面,静电纺丝加工技术成为唯一一种可以制造连续的聚合物纳米纤维的方法,而且由于纳米蜘蛛技术[16]和自由液面静电纺丝技术[17]等的发展,逐步实现了批量化的纳米纤维生产。

13.1.2 静电纺丝装置及原理

早期,聚合物作为纤维成形的前驱体,后来发展到金属、陶瓷、玻璃等材料作为前驱体进行静电纺丝。静电纺丝装置[7]基本由三个部分组成:①供液系统及喷丝头;②高压发生器;③收集装置。

供液系统主要控制纺丝液的步进量,保持纺丝过程的均匀稳定和持续进行。喷丝头或其他喷丝装置,一是通过形状和力的作用约束,决定了聚合物溶液在整个纺丝过程中的动态形状;二是需要构成电极,通常是金属材料,这决定了电场的形成及分布。

高压发生器提供高压静电场,静电力使得聚合物溶液克服表面张力从喷丝装置中喷射出来,同时使射流在运动过程中受到拉伸变细,形成亚微米纤维。

收集装置主要对形成的纳米纤维进行收集和控制。传统的接收装置主要是一块金属极板,得到杂乱无章的纳米纤维毡。后来设计了旋转滚筒、旋转圆盘等收集装置,得到取向的纳米纤维毡。Katta 等[18]把铜线均匀分布在一个圆鼓周围作为收集装置,得到了具有良好稳健性的取向排列纳米纤维。Shuakat等[19]使用环形旋转收集装置得到了连续的纳米纤维纱线。图 13-2 所示为实验室使用的电极垂直排列的静电纺丝装置。

静电纺丝的基本原理就是把高压电源的两极分别加在喷丝装置和收集装置上,形成高压静电场。通常喷丝装置接正极,收集装置接负极或接地。供液装置推动聚合物溶液从喷丝装置中挤出,挤出的端部带电液体在电场力作用下变形,形成 Taylor 锥[20],此时电场力足够大,溶液挣脱表面张力束缚,从

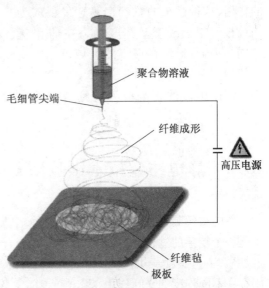

聚合物溶液

毛细管尖端

纤维成形

高压电源

纤维毡

极板

图 13-2 电极垂直排列的静电纺丝装置

Taylor 锥尖喷射出来形成射流。聚合物射流在电场力驱动的运动过程中得到高速拉伸,溶剂挥发,最终固化沉积在接收装置上,形成聚合物纤维。

研究人员对射流提出过多种形成模式。Reneker 等[21]采用高速摄影仪对静电纺丝射流进行拍摄,得到了射流的运动模式,提出了不稳定段射流模型。

图 13-3 所示为连续纺丝过程中端部带电液体形态的动态变化过程[21]。射流在电场中进行拉伸变细,典型路径为两个部分:第一部分为直线段,称为稳定段,直线状射流逐渐拉伸变细,即图 13-3 中 0 ms 时刻的状态;第二部分进入射流的不稳定段[22]。

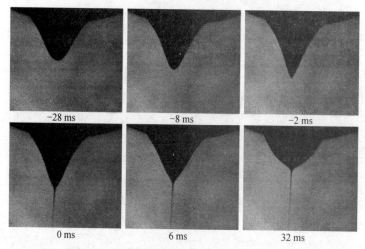

图 13-3 端部带电液体形态的动态变化过程

不稳定段被形象地称为"鞭动段",如图 13-4 所示。高压静电场中射流表面电荷的排斥、动态变化过程中的射流表面张力,以及射流与环境流体的交互作用,都使得射流受到弯曲扰动而产生不稳定运动段。在稳定段射流的末端,射流受到微小的弯曲扰动。受电场力的作用,这种微小的扰动会迅速发展成为一个朝向极板的螺旋线圈。在电场力拉伸和"鞭动"的共同作用下,射流在很小的区域范围内受到极大的拉伸,其拉伸倍数通常在 10 000 左右。这使得不稳定段射流的运动成为得到纳米纤维的重要因素。

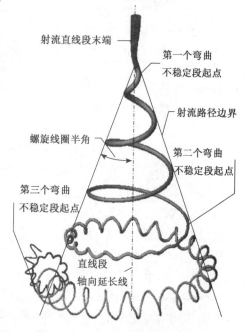

13.2 静电纺丝技术影响因素

静电纺丝装置看起来简单易懂,但静电纺丝加工是一个复杂的过程,其影响因素主要有聚合物溶液性质、工艺参数、环境参数等,而且各影响因素之间存在不同程度的交互作用。

图 13-4 静电纺射流不稳定段示意

13.2.1 聚合物相对分子质量

聚合物相对分子质量决定了聚合物溶液或熔体进行静电纺丝的可纺性能,同时聚合物相对分子质量与溶液黏度、导电性能、介电性能及表面张力的交互作用紧密相关。聚合物相对分子质量大,分子链长,分子链间容易发生缠结,在流变性能上表现为聚合物溶液或熔体有相当的黏度。在电场力拉伸过程中,缠结的大分子链滑移取向,保证了纤维的连续性。如果聚合物相对分子质量较小,分子链间缠结不足,受到电场力拉伸时,射流存在不连续性,形成串珠纤维或难以形成纤维。

13.2.2 纺丝液黏度/浓度

纺丝液浓度主要影响大分子链的缠结情况。高分子溶液的黏度是分子链相对运动时内摩擦的宏观表现。纺丝液的黏度和浓度相互依赖,一定黏度下的分子链缠结是电场力拉伸过程中形成纤维的基本条件。大量研究表明,当聚合物溶液浓度和黏度较低时,分子链间的缠结作用弱,在电场力作用下易被拉开。这类似于纱线中纤维抱合作用较弱时,受到外力时纤维之间易滑脱而分散。最终,分子链团聚,形成串珠。以不同浓度的聚琥珀酰亚胺(PSI)溶液为例:浓度较低时,难以成纤;随着浓度升高,所纺纤维上的串珠逐渐减少,并且形状由球形向纺锤形转变。图 13-5 中,(a)、(b)、(c)、(d)、(e)分别是溶液浓度为 26%、28%、30%、32%、34%时 PSI 纤维形貌及直径分布。

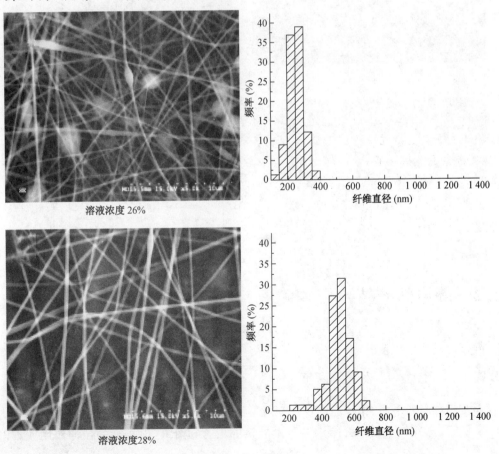

溶液浓度26%

溶液浓度28%

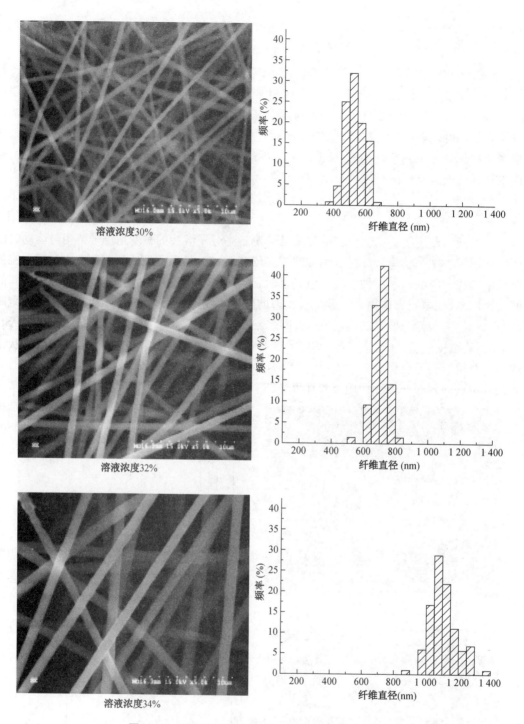

图 13-5　不同溶液浓度时 PSI 纤维形貌及直径分布

13.2.3　导电性/溶液电荷密度

　　静电纺丝的顺利进行,依靠电场力克服溶液表面张力产生射流,同时射流依靠电场力拉伸,得到直径较细的亚微米纤维。对于不导电的聚合物溶液,电场力的拉伸作用就难以实现。通常,电导率低的聚合物溶液进行静电纺丝,由于受电场力拉伸不充分,一般得到串珠纤维。为了改善纺丝液的导电性能,有学者采用在纺丝液中加入盐的措施。

13.2.4　纺丝液表面张力

表面张力是作用在液面上的力,它能使单位质量液体的表面积达到极小,并且与液体的性质、温度、纯度有关。在静电纺丝过程的起始阶段,Taylor 锥就是电场力和聚合物溶液表面张力共同作用的结果。当电场力克服表面张力后,射流喷出。在射流运动过程中,表面张力使得射流中受电场力拉伸作用不充分的部分收缩,形成串珠。

对于纺丝液,若其浓度较小,相对分子质量小时溶剂较多,溶剂在表面张力的作用下使纺丝液收缩而趋于球状。当纺丝液浓度较大时,聚合物大分子链多,与溶剂间的相互作用增强,溶剂分子易分散在大分子链周围,使缠结的分子链分开,这减弱了聚集收缩的作用。利用不同浓度下的表面张力作用,可以调控纺丝溶液的表面张力,实现静电纺纤维形貌的控制。

此外,基于聚合物溶液浓度和表面张力的交互影响,可引入部分表面张力较小的溶剂或表面活性剂,对纺丝液表面张力进一步调控,这有利于形成光滑、无串珠的均匀纳米纤维。

13.2.5　溶剂偶极矩和介电常数

介电性能是指在电场作用下表现出来的对静电能储存和损耗的性质,通常用介电常数和介电损耗表示,是物质分子中的束缚电荷对外加电场的响应特性。聚合物溶液在外加电场作用下,或多或少会产生价电子或原子核的相对位移,造成电荷的重新分布,这称为极化。溶剂的介电性能好,一方面携带电荷能力强,另一方面易在射流表面形成沿射流方向的电荷分布的不对称性。这种不对称性会诱导射流的弯曲扰动,形成不稳定段射流运动,增加射流运动路程,增加拉伸和溶剂挥发,得到直径更小的纳米纤维,减少串珠的形成。

13.2.6　溶剂的饱和蒸气压

在密闭环境中,在一定温度下,与固体或液体处于相平衡的蒸气所具有的压强,称为饱和蒸气压。溶剂的饱和蒸气压主要反映溶剂的挥发特性。在静电纺丝过程中,溶剂挥发诱导射流的运动和固化。如果溶剂挥发过快,则在射流出喷丝头阶段就有聚合物固化,容易堵塞喷丝头,使纺丝难以继续;如果溶剂挥发过慢,则在射流沉积到收集装置上后仍有溶剂残留,这些未挥发的残留溶剂会造成纤维间相互粘连,影响纤维形貌。

此外,溶剂和聚合物溶液黏度、表面张力还存在交互作用。使用不同的溶剂,聚合物大分子链从缠结到分开的作用程度不同。因此,可以将不同特性的溶剂混合使用,达到对纺丝过程和纤维形貌进一步调控的目的。

13.2.7　电场强度/电压

静电纺丝利用高压静电场,使聚合物溶液在电场力作用下克服表面张力挤出喷丝头,形成射流,伴随着溶剂挥发,形成亚微米纤维。这就存在一个临界状态,即电压大到刚好能克服表面张力,此时的电压通常称作临界电压。电场强度决定了静电纺丝过程中从纺丝液到射流所受的静电力。此外,电场强度会影响溶剂的介电性质。一般来说,随着电压的增加,聚合物溶液表面的电荷密度增加,电场力大,拉伸作用强,射流运动速度快,得到的纤维直径细。由于聚合物相对分子质量、溶液黏度等不同,上述有利变化只在一定范围内存在。一旦超过这个范围,分子链受到的拉伸作用过强,分子链间缠结不足,此时表面张力作用明显,射流发生断裂的可能性增加,易得到带串珠的纤维。

13.2.8　接收距离

接收距离主要指喷丝装置到接收装置的距离,它的长短直接决定电场力大小、聚合物射流运动空间大小和时间长短。一般来说,接收距离较短时,在相同电压条件下,电场力大,射流运动速度快,溶剂挥发不完全,得到的纤维可能存在粘连现象,同时电场力过大可能出现带串珠的纤维;接收距离较长时,在相同电压条件下,射流运动速度慢,射流运动不稳定性明显,得到的纤维直径分布较宽。

13.2.9　喷丝头的尖端设计

喷丝头的形状主要影响挤出的末端聚合物溶液形状和喷丝头周围的电场分布。射流形成的起始端是溶液性质、电场等多物理场耦合作用的结果。起初的相关研究主要集中在柱状注射喷头的孔径上。后来,随着静电纺丝装置研究的快速发展,学者们使用多物理场有限元分析软件等方法,设计出越来越多的喷丝头,达到了产量高、适纺性好、不堵塞、易清洁的效果。

13.2.10　收集装置的几何形状及配置

关于收集装置的研究,包括材质、形状、配置状态等。通常,为了形成稳定的电场,接收装置都由导电性能佳的材料制成。通过改变接收装置的表面形状,可以得到不同形貌的纤维毡。使用圆柱滚筒或圆盘配置在运动过程中收集纤维,可以得到取向性佳的纳米纤维膜。

13.2.11　环境参数

影响静电纺丝的环境参数主要包括温度和湿度,湿度的影响尤为重要。升高环境温度,溶剂的饱和蒸汽压升高,溶剂挥发加快。此外,环境温度升高会在一定程度上加快聚合物溶液的大分子链运动,降低黏度,增加导电率。因此,可以通过温度调控提高可纺性能。

湿度对纤维形貌和可纺性的影响很大。当环境湿度较低时,溶剂易于挥发。当环境湿度较高时,水汽易于在纺丝过程中集聚在纤维表面,影响纤维形貌,还会影响溶剂挥发速率,对可纺性能不利。

13.3　静电纺丝应用现状与方向

静电纺的可纺范围已大大拓宽。在工艺方面,对纤维材料结构的控制进一步提高,通过改变喷丝头结构如同轴喷丝头加工空心、核-壳结构的多组分纤维,得到直径较细且分布窄的亚微米纤维,并实现了产业化。在应用方面,在高效过滤、生物医用、智能传感等领域,极具发展潜力(表13-1)。

表 13-1　静电纺丝技术的广泛应用展望[23]

方向	展望	应用
电子器件		● 超级电容器
生物医疗		● 生物传感器 ● 组织工程 ● 药物传递 ● 创伤敷料 ● 可植入电极 ● 神经假体 ● 载药支架 ● 人造心脏瓣膜
能源	✓ 精准控制纳米纤维几何形貌 ✓ 规模化生产纳米纱线 ✓ 调节细胞和组织功能的纳米纤维 ✓ 增强导电性能 ✓ 无机纤维上的有机分子功能化 ✓ 绿色环保静电纺丝技术发展 ✓ 稳定规模化生产纳米纤维	● 光伏电池 ● 燃料电池 ● 电池隔膜 ● 可印刷电子技术 ● 储氢材料
生物技术和环境		● 分离膜 ● 亲和膜 ● 水过滤 ● 空气过滤
其他		● 燃气轮机空气过滤 ● 发动机过滤 ● 个体防护面罩

　　尽管研究人员对静电纺丝做了大量细致的研究工作,取得了相当卓著的成绩,但随着静电纺丝技术的进一步发展和应用领域的拓宽,当前的研究情况相较于实际应用仍显得匮乏,需要进行更丰富、更深入的研究工作。

　　在高效过滤领域,功能性的一维纳米材料因其较大的长径比和高比表面积,特别有利于电、热介质传输,更易于与周围媒介发生交互作用。所以,静电纺纳米纤维集合体应用于过滤,性能更优,过滤效率非常高,能阻隔的颗粒物直径更小(小于 $0.5~\mu m$)。

　　在生物应用领域,静电纺纳米纤维和传统材料相比,比表面积大,能增强细胞、蛋白质和药物的黏附性能;同时可以增强细胞活性,对药物进行封装,控制药物释放速率;可以加工到复杂的宏观结构中。此外,随着静电纺丝技术调控纳米纤维结构的能力增强,模仿动物和人类的多级结构变得相当有前景,能加工很大范围的聚合物,以满足不同的生物医用需求;成本低,能够控制纤维形貌,能大规模生产;通过静电纺丝材料的选择和对纤维取向的控制,可以进一步加强对细胞分化和药物缓释的控制。

　　在智能穿戴领域,有学者将以硫酸为溶剂的聚苯胺溶液电纺于水中,洗去硫酸,可以得到导电聚苯胺纤维。通过化学气相沉积方法,可使静电纺纤维具有良好的导电性能。对静电纺纤维进行涂层、碳化等处理,可以加工具有特定性能的纳米纤维集合体,其在智能穿戴方面具有相当大的应用前景。

13.3.1 静电纺高效过滤纺织品

过去几十年来,随着人类对地球的掠夺式开发,地球环境以惊人的速度在恶化。环境问题,特别是空气和水的污染问题,由于需要长时间治理才能恢复,已成为影响人类社会进步的主要问题。图 13-6(a)、(b)分别为在北京的同一地点随机拍摄的晴朗和雾霾天气下的照片。功能性的一维纳米纤维材料因其在环境应用中的独特优点,得到了学术界和装备制造业的极大关注。静电纺作为目前公认的制造可控直径和形貌的一维纳米复合纤维的最好技术,被广泛用于制造聚合物纳米纤维、陶瓷纳米纤维、碳纳米纤维,应用于空气和水的净化。

现有的空气过滤技术通常采用非织造技术制造纤维膜,去除大气中的微小颗粒。纤维材料应用于过滤,具有良好的过滤性能和较低的过滤阻力。然而,微米级纤维中孔隙的孔径较大,粒径在 $0.1 \sim 0.5\ \mu m$ 的颗粒不能被除去。

静电纺纳米纤维因其较大的长径比和高比表面积,特别有利于电、热介质传输,更易于与周围媒介发生交互作用。所以,静电纺纳米纤维集合体应用于过滤,性能更优,过滤效率非常高,能阻隔直径小于 $0.5\ \mu m$ 的颗粒。此外,静电纺纳米纤维兼有灵敏探测有毒有害气体功能,可应用于过滤领域的检测监测等方面。

目前市场上的口罩等过滤膜产品大多采用经驻极处理的非织造布。通过对比两者性能,发现纳米纤维膜质轻低阻、过滤颗粒范围更广等优势突出(表 13-2)。

表 13-2　纳米纤维膜与驻极非织造布性能对比

指标	纳米纤维膜	驻极非织造布	纳米纤维膜优势
厚度(mm)	$0.02 \sim 0.05$	$1 \sim 1.5$	质轻
面密度(g/m^2)	$1.5 \sim 2$	$120 \sim 150$	
孔径(μm)	$1.5 \sim 2.5$	15	有效阻隔范围更广(花粉、病毒微生物等更小的颗粒物)
纤维直径(nm)	$100 \sim 350$	$1\,000 \sim 3\,000$	
颗粒物	$N_{95} = P_3$	$N_{95} = P_1$	产品应用范围广(油性、非油性颗粒物的过滤性能显著)
过滤效率(%)	$95 \sim 99.9$	$95 \sim 99.9$	相当
过滤阻力(Pa)	$100 \sim 250$	$100 \sim 150$	

图 13-6(c)为多孔膜过滤器示意图,其原理主要是在固体基板上制造多微孔,以阻隔颗粒物。这种过滤器通常孔径很小,能过滤掉较大的颗粒物,并且过滤器的孔隙率很低(通常低于 30%)。因此,这种过滤器的过滤效率较高,滤阻很大。图 13-6(d)所示为商用纤维膜过滤器,主要通过厚的物理屏障和吸附作用捕获颗粒物。纤维膜过滤器通常为多层结构,纤维直径在几微米至几十微米,孔隙率超过 70%。为了提高过滤效率,通常加工得较厚,滤阻相应增加。图 13-6(e)所示为纳米纤维加工的过滤器,空气阻力小,气流通量大,同时过滤效率高,透光性能好。综合地看,随着纤维直径的下降,过滤效果提高。

在水体污染方面,油气勘探和生产活动带来溢油及污染等问题。2010~2015 年间,仅油轮运输方面造成的海洋环境污染溢油就达 33 000 t。在类似海洋这样的环境中,浮在海

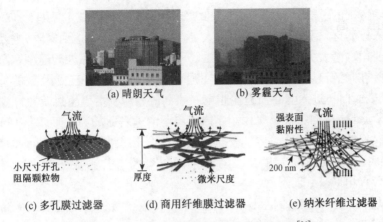

(a) 晴朗天气　　　　　(b) 雾霾天气

(c) 多孔膜过滤器　　(d) 商用纤维膜过滤器　　(e) 纳米纤维过滤器

图 13-6　目前污染空气典例和有关过滤器[24]

洋表面的溢油受风和水流的作用而扩散移动。在移动过程中,溢油会经历一系列的化学和物理改变。

研究清理溢油的方法成为保护海洋环境的关键。有很多技术可以控制溢油,但基本都存在耗时久、能源效率低下、带来二次污染等问题。目前,控制溢油扩散的方法主要包括水栅阻挡、撇去浮油、燃烧去除等。这些技术耗时长、能效低,回收溢油需要消耗更多的能源,同时清理过程中会产生二次污染。在离开海岸的海面上存在湍流的状况下,溢油倾向于分散在海水中,这时水栅阻挡和撇去浮油的方法就不可行。燃烧是去除溢油最经济的方法,但是耗时长,易导致溢油随着湍流分散,并受风向影响。同时,燃烧溢油会产生大量的二氧化碳排放。

吸附材料,如纳米纤维吸附材料,由于其优异的性能,成为控制溢油的一种优选技术。纳米纤维在控制溢油上的出色表现主要依赖于独特的物理和力学性能,以及其兼具的高比表面积和大量微孔。

过滤过程在理论上可分为两个阶段:第一阶段为稳定阶段,其特点是过滤材料对微粒的捕捉效率和阻力不随时间改变,而是由过滤材料的固有结构、微粒性质和气流决定;第二阶段为不稳定阶段,其特点是捕捉效率和阻力不取决于微粒的性能,而是随时间改变而变化。影响因素主要是微粒的沉积、气体的腐蚀、水蒸气的影响等[24]。通常,在过滤颗粒浓度很低的含尘空气过滤中,主要过程为第一阶段。

根据经典过滤理论,在过滤稳定阶段,主要有五种捕集机理:拦截效应、惯性沉积、布朗扩散、重力沉降和静电效应[25]。

根据 GB/T 13554—2008《高效空气过滤器》,高效过滤器是指由滤芯、框架和密封垫组成,按 GB/T 6165—2008《高效空气过滤器性能试验方法　效率和阻力》规定的方法检验,其透过率不高于 0.1%(即过滤效率不低于 99.9%)或对粒径≥0.1 μm 颗粒的计数透过率不高于 0.001%(即过滤效率不低于 99.999%)的过滤器。

13.3.1.1　气体过滤应用

(1)工业除尘应用。尘埃是指空气中存在的直径小于 500 mm 的固体材料。尘埃的来源,除了自然界中的风暴、火山喷发等,还有人类生产、生活活动引起的污染排放。大部分情况下,尘埃是人类呼吸活动的过敏源。长期暴露在煤矿等粉尘行业的工作环境中,可致死。对特定环境尤其是封闭环境进行除尘,尤为重要。纳米纤维越来越多地和传统过滤媒介复合,用于除尘。传统的过滤介质(如玻璃纤维)用于工业除尘,负载量大,但随着过滤过程的进行,粉尘进入过滤材料造成堵塞,滤阻大大上升,过滤流量很快达到极限,进入的粉尘不易清除,材料的使用寿命大大降低。

将纳米纤维网滤料复合在传统滤料上,由于纳米材料多孔且孔径小,大的尘埃可以被阻隔在滤料的外表面而不进入滤料。这些阻隔在表面的颗粒物可以经过反复冲洗或机械处理而除去,保证了滤料结构不因阻塞而发生改变,定期清理表面的粉尘后,材料的过滤性能不发生明显下降,延长了使用寿命。Wang 等[26]设计了三层复合结构的高通量滤膜,分为三层(图 13-7):①底层是传统的直径微米级的 PET 纤维多孔非织造材料;②中间层是用戊二醛交联的防水 PVA 电纺毡;③顶层是将 PVA 交联并有表面氧化的多壁碳纳米管的亲水层。PVA 膜拥有优异的化学稳定性、生物相容性、加工性、高渗透性。通过戊二烯交联和结合多壁碳纳米管,解决电纺 PVA 膜力学性能低的问题。

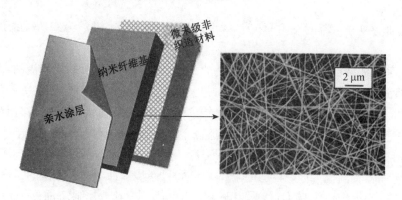

图 13-7　三层复合高通量滤膜

(2) 建筑室内空气过滤。人们大量的生活活动在室内进行。污染物在这些封闭的建筑物内循环,可能会产生严重的健康影响,最常见的被称为"病态建筑综合征"。从住宅、办公楼到医院,空气过滤是保证环境安全和卫生的一个重要要求。在空气循环棘手的医院,要求空气过滤器能够阻挡病毒和细菌随着空气流动而传播,如果室内空气过滤效果不好,那么后果是相当严重的。在这样的要求下,纳米纤维膜应用于建筑室内空气过滤应运而生。由于纳米纤维膜的比表面积大、孔隙率高,在捕捉、阻隔细菌、病毒等颗粒的同时,能保持相当大的通量,这很好地降低了大空间气体过滤的能耗。此外,静电纺纳米纤维膜易于进行功能化处理,达到相应的功能要求,如抗菌等。

13.3.1.2　液体过滤应用

纳米纤维材料用于水处理主要有两个特点:①能耗低;②高孔隙率和连通孔结构带来的高渗透性能。目前,常见的膜技术主要有微滤、超滤、纳滤和反渗透四种。

(1) 饮用水中微米级颗粒和悬浮固体的去除。在水处理中,去除微米级颗粒物和絮状物、细菌等其他悬浮固体颗粒物,是相当重要的。污染水体中的隐孢子虫和贾第虫会引发严重的胃痉挛、恶心、呕吐等症状。现在许多国家缺乏关于去除水体中此类易导致疫情的细菌的强制标准。微滤膜和超滤膜处理成为高效去除水中微尺度颗粒和悬浮固体的有效手段。目前,生产微滤膜和超滤膜的方法主要是相转换法、纺黏和熔喷成纤技术。静电纺作为另外一种可以加工微滤膜或功能化后用于超滤膜的方法,水通量更高,拦截效果更好。

Kaur 等[27]对比了静电纺纳米膜和普通商业膜,发现相同压力下,纳米膜的水通量高于普通商业膜数倍,并且证明纳米膜结构优于相转换法而更加节能。此外,还使用等离子体处理的方法对纳米膜进行接枝处理,接枝上甲基丙烯酸,在不改变纳米膜结构的基础上,功能化膜表面,降低了膜的平均孔径。

Gopal 等[23]通过研究静电纺聚偏氯乙烯纳米纤维膜对直径 $1~\mu m$ 的聚苯乙烯颗粒的过滤效果,发现过滤效率超过 98%。图 13-8 所示为过滤前后的纤维膜 SEM 照片。

（a）过滤前　　　　　　　　　　　　　（b）过滤后

图 13-8　过滤前后的纤维膜 SEM 照片

(2) 污水中重金属离子吸附。重金属污染是指由重金属或其化合物造成的环境污染,主要由采矿、废气排放、污水灌溉和使用重金属超标制品等因素所致。人类活动导致环境中的重金属含量增加,超出正常范围,直接危害人体健康,并导致环境质量恶化。如日本的水俣病是由汞污染所引起的。水体中过量的铅离子会导致严重的肾脏、肝脏、大脑和神经系统损害。其危害程度取决于重金属在环境、食品和生物体中存在的浓度和化学形态。通常通过吸附和过滤处理重金属污染。

电纺纳米膜用于水体重金属污染处理,兼具过滤和吸附功能。高比表面积和孔隙率大的多孔材料拥有杰出的吸附性能。此外,经过功能化处理的纳米纤维膜在水体重金属污染处理上兼具优良的物理和化学吸附性能。如电纺壳聚糖基纳米纤维膜,由于其高亲水性、柔性高分子链结构、作为螯合位点的氨基和羟基等基团数量大,对重金属离子有良好的吸附性能[28]。戊二醛交联的壳聚糖可用于 Zn^{2+} 的吸附[28]。Li 等[29]以戊二醛交联电纺壳聚糖,将 Pb^{2+} 的吸附能力提高 2~5 倍。图 13-9 所示为未改性和改性的壳聚糖 SEM 照片。Ma 等[30]

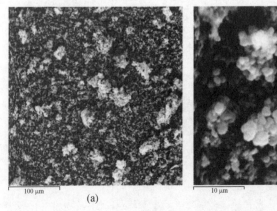

（a）　　　　　　　　　　　　　　（b）

图 13-9　未改性和改性的壳聚糖 SEM 照片[28]

报道了一种电纺二氧化硅核-壳介孔构造的纤维膜,是去除重金属离子更方便有效的材料。

13.3.2 静电纺防护性服用纺织品

防护服通常具有抗渗透、透气、强力高、耐静水压高等特点,主要在工业、电子、医疗、防化、防细菌感染等环境中使用。防护服种类包括消防防护服、工业用防护服、医疗防护服、军用防护服和特殊人群使用的防护服等。除满足高强度高耐磨等穿用要求外,常因防护目的、防护原理不同,防护服的材料范围从棉、毛、丝等天然材料,橡胶、塑料、树脂、合纤等合成材料,到当代新功能材料及复合材料等,如抗冲击的对位芳香族聚酰胺及高强度高模量聚乙烯纤维制品、拒油的含氟化合物、抗辐射的聚酰亚胺纤维、抗静电集聚的腈纶络合铜纤维、抗菌纤维制品等。

静电纺纳米纤维集合体具有高比表面积、高孔隙率、孔径小的特点,在防护服领域,能够在保证透气性的情况下阻隔有毒有害颗粒。此外,静电纺纳米纤维材料体薄质轻,对纺织品进行静电纺涂层处理,在几乎不增加质量的前提下,可以获得强大的防护功能。

13.3.2.1 防毒气防护服

目前,静电纺纤维在防毒气纺织品中的应用主要涉及农药、医用、军事防化等领域。美国陆军纳提克士兵研究中心对细纤维层阻隔气溶胶形式的化学战剂(军用毒剂)渗透开展研究,发现电纺的聚酰胺66、聚苯并咪唑、聚丙烯腈和聚氨酯等纳米纤维材料在水分或水汽输送显著变化的前提下,可提供优异的气溶胶阻隔性能[31]。

13.3.2.2 防水防护服

通常,为了提高静电纺纳米纤维网的强度和耐久度,使用其他材料作为支撑,制成性能优越的复合材料。热塑性弹性体聚醚型聚氨酯材料的抗微生物性好,具有优异的水解稳定性,广泛使用在各类防护服中。Lee 等[32]将电纺聚氨酯纳米纤维网涂覆于传统非织造物上,研究其液体阻隔性能,发现静电纺纳米纤维的介入使得制品在防止液体渗透的同时,具有良好的水蒸气和热传递性能,这极大地提高了防水防护服的穿着舒适性(图 13-10)。

图 13-10 电纺聚氨酯纳米纤维网涂覆于传统非织造物上

13.3.2.3 防紫外防护服

Lee[33]将氧化锌纳米粒子通过静电纺涂层到聚丙烯非织造物上,形成紫外线防护材料。

研究结果表明一层很薄的负载氧化锌的静电纺纳米纤维显著增加了防紫外线范围,紫外线防护系数(UPF)大于40,具有良好的紫外线防护效果,并且保持了良好的空气和水汽输送性能。

13.3.3 静电纺生物医用纺织品

近年来,随着新技术新材料的发展,生物医用产业发展迅速。尽管如此,患者和医疗从业者仍然面临着许多挑战。现代医学发展的一个重要基础是生物医用纺织品。现代生物医用发展对生物医用纺织品的需求,不论在量上还是质上,都有了进一步的要求。

生物医用纺织品的定义随着材料和技术的快速发展不断演变。生物医用纺织品是指植入生物体内或与生物体接触,对生物体进行诊断、治疗、修复、替换病损组织、器官或增进其功能的纤维集合体材料。20世纪末,以纳米科技为首的材料技术的迅猛发展,极速推进了生物医用纺织品的研究与应用。生物医用纺织品进入快速发展时期,催生出药物释放、生物传感、人造器官、仿生材料、智能材料等多学科交叉的新型生物医用纺织品产业。

我国每年有大量的烧烫伤患者,其中严重且烧伤面积较大的,需要更有效的伤口敷料和材料替代自体移植。此外,根据国际骨质疏松基金会发布的《中国骨质疏松白皮书》,截至2009年,我国至少有6 944万人患骨质疏松症,另有2.1亿人的骨质量低于正常标准,存在骨质疏松的风险;50岁以上的人群中,骨质疏松症总患病率为15.7%,随着老龄化社会进程的加快和人口寿命的延长,这一比例将逐步增加。对于骨质疏松症威胁,发展先进的骨愈合和骨组织维护技术和材料是非常必要的。

静电纺作为一种制造纳米纤维的方法,以其突出的表现,在烧伤等创伤敷料、器官修复、骨质疏松治疗等生物医用领域极具潜能。

静电纺纳米纤维在生物医用领域主要有以下特点:

(1) 静电纺纳米纤维的比表面积大,能增强细胞、蛋白质和药物的黏附性能。同时可以增强细胞活性,对药物进行封装,可控制药物释放速率。

(2) 静电纺纳米纤维可以加工到复杂的宏观结构中。随着静电纺丝调控纳米纤维结构的能力增强,模仿动物和人类的多级结构将变得相当有前景。

(3) 静电纺丝技术能加工很大范围的聚合物,满足不同的生物医用需求。两百种以上的聚合物已用于各种应用的静电纺丝加工[34]。

(4) 静电纺的成本低,能够控制纤维形貌,能大规模生产。

(5) 通过静电纺丝材料的选择和对纤维取向的控制,可以进一步加强对细胞分化和药物缓释的控制。

13.3.3.1 组织工程支架

自然界中容易发现生物再生现象。将片蛭切断后,断面能够自动识别,如果切掉的是头部,头部会在切掉的部分再生;如果切掉的是尾部,尾部会在切掉的部分再生。蝾螈的四肢、壁虎的尾部,都有这种再生能力。这种自然存在的神奇能力很早就吸引了研究人员的关注,他们思考:是否可以利用生物技术将人类受损肢体、器官或组织再生,恢复、维持或提高其功能。这催生了利用机体细胞制作受损组织、器官等,并使其恢复自然状态的研究。

组织工程[35]一词在1987年被提出,其含义是:应用生命科学和工程学原理及方法,在认识哺乳动物正常和病理组织结构与功能关系的基础上,研究、开发生物代用品,以修复、维持或改善人体组织和器官的形态和功能。它是生物医学和材料、工程科学交叉融合产生的一种前沿技术和新兴学科。

目前,组织再生工程的方法主要包括自体移植和异体移植[36]。自体移植拥有同样的基因,通常是治疗方法的首选,但是这种方法局限于供体位置,并且受伤创面较大时挑战很大。此外,自体移植的供体位置由于去除了组织,也遭受一定损害。异体移植因为供体和受体的基因起源不同,会产生免疫排斥。

综合考虑,新的组织再生技术旨在创造一个生物相容性好的平台作为组织细胞的临时宿主,在这个平台上,细胞可以依附、增殖、分化成特定的组织,完成需要的修复。这样的一个生物相容性好的平台可以称为组织工程支架,它有助于精确地形成特定的功能组织。

纳米纤维因其结构相似性和相对于细胞活动而言较大的比表面积,特别适合作为组织工程支架。Ko 等[37]详细描述了利用纳米纤维支架进行组织再生的过程,并阐明了支架和细胞的良好结合性、增殖情况、分化情况是衡量纳米纤维支架性能的三个主要方面(图 13-11)。

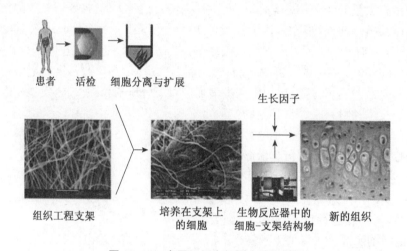

图 13-11　应用组织支架再生组织过程

作为支架的纳米纤维结构通常是多样化的,根据支架的应用,支架纺织品可以通过针织、机织、非织造、编织等多种方式形成。满足特定部位的特定功能,支架纺织品内的二级纳米纤维结构可以是无序排列的,也可以是高度取向排列的。如为了引导细胞沿特定方向生长或者使支架在特定方向具有良好力学性能,其中的纳米纤维结构应是取向的。不同的外科植入物,其结构不尽相同。Ko 等[37]列举了多种组织工程支架结构(图 13-12)。

在组织再生过程中,纳米纤维支架类似于细胞外基质,可以通过形成配合体来固定细胞并影响细胞活性。组织受损时,组织细胞和细胞信号分子会通过血液流动,在受损部位合成细胞外基质,生成新的组织。但是,如果在受损部位缺乏连接组织,组织细胞的完整性较低,对愈合过程是极大的损害。纳米纤维支架的最初功能就是扮演临时的细胞外基质,提供结构支撑,直到自然的细胞外基质重生。这个过程对纳米纤维支架有两个要求:①表面相容性;②结构相容性。

表面相容性要求支架与控制细胞活性的信号因子和组织细胞良好黏附,一般可以通过选择相应的聚合物原料来达到。结构相容性要求支架的结构和形貌与缺陷组织的三维结构

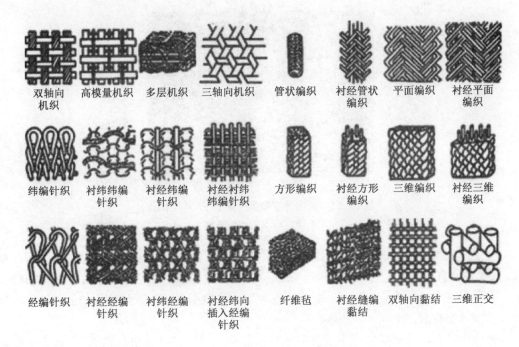

双轴向机织　高模量机织　多层机织　三轴向机织　管状编织　衬经管状编织　平面编织　衬经平面编织

纬编针织　衬纬纬编针织　衬经纬编针织　衬经衬纬纬编针织　方形编织　衬经方形编织　三维编织　衬经三维编织

经编针织　衬经经编针织　衬纬经编针织　衬经纬向插入经编针织　纤维毡　衬经缝编黏结　双轴向黏结　三维正交

图 13-12　多种组织工程支架结构[37]

相似,且能支撑细胞迁移和分化。对于结构相容性而言,静电纺丝技术可以调控纳米纤维集合体的形貌、尺寸、孔隙,可以很好地模拟由蛋白质多糖和胶原纤维组成的天然细胞外基质的紧密的纤维网状结构。

用于组织工程的纳米纤维是高度相容的,因为可以通过静电纺丝加工很大范围的聚合物。如壳聚糖能够帮助血液凝固,因此可以考虑在特定组织中应用[36]。

此外,还需考虑是支架的生物降解性。一般通过选择相应材料来满足该要求。支架的生物降解性是必要的,随着组织的愈合,支架上的纳米纤维会阻碍愈合的进行。

神经肌肉疾病或周围神经损伤会中断肌肉的收缩,通过创建组织工程结构,可以解决这个问题。静电纺丝提供了一种方法来创建可降解的组织支架,用于培养细胞和组织。导电聚合物可以与其他聚合物共混,以提供电流,从而增加细胞附着、增殖和迁移。McKeon等[38]利用静电纺制备了几种不同质量百分比的聚苯胺和聚(D,L-丙交酯)(PANI/PDLA)纤维,证明了制造生物相容性、可生物降解的导电 PANI/PDLA 支架的可行性(图 13-13)。

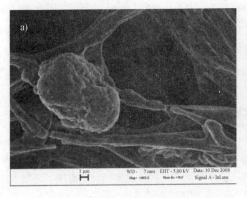
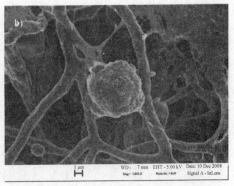

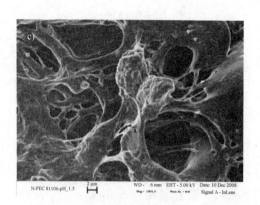

图 13-13 两周后不同质量比的 PANI/PDLA 支架的细胞附着情况[38]

对于皮肤组织再生,适合的组织支架材料包括胶原蛋白、蚕丝、壳聚糖和海藻酸钠。聚(L-赖氨酸)可以促进内皮细胞的黏附,所以有学者加入少量的聚(L-赖氨酸)作为交联剂,用以交联海藻酸钠电纺膜,通过观察发现,交联后的海藻酸钠纳米纤维膜支架的细胞黏附性明显优于未交联的。

角蛋白是在角质形成细胞中发现的主要蛋白质,占表皮细胞的 95%。有学者在电纺聚乳酸纤维中加入从羊毛中分离的角蛋白,发现支架上的成骨细胞的生长繁殖效果更好。

13.3.3.2 药物传递

纳米纤维可以很好地将蛋白质传递到靶组织上,因此可以利用纳米纤维封装和传递药物。利用纳米纤维传递药物的主要特点:①纳米纤维的比表面积大和孔隙率高,这确保了药物负载能力的增强,药物颗粒分散性好,有利于吸收;②通过纳米纤维的结构、尺寸调控,如纤维直径、孔隙率,并与药物机制相结合,进行高度定制。这样,通过静电纺丝工艺参数和材料的选择,可以针对性地控制药物负载量和释放速率。

有效的治疗患病组织的方法是让药物集中到达治疗部位。目前,市场上的药物传递方式可以分为两种:一是通过药物释放至血液中,输送至治疗部位;另一种是在治疗部位定点释放,定点释放的药物一般到达治疗部位或其附近才释放。

众所周知,随血液流通的药物作用往往是全身性的,因此非病变区域也可能受到影响,造成不同程度的副作用,这些副作用在某些情况下可能是严重的。例如,用于癌症治疗的药物可能会导致脱发和体重下降,因为这些药物在无法区分癌细胞或其他快速分裂的细胞情况下,选择杀死快速分裂的细胞。这种药物释放方式对剂量的要求相对严苛,因为剂量不足则难以杀死癌细胞,而剂量过大就可能带来严重的副作用。因此,需要发展新的药物传递技术,更好地控制药物释放位置和释放速率。静电纺丝药物传递技术应运而生。

使用纳米纤维作为药物载体,药物必须能够封装在一定结构的聚合物基质中。这种结构通常取决于药物和聚合物载体的特性,通常分为以下几种:

(1)药物颗粒以物理或化学方式固定在纳米纤维表层,可以通过交联或包埋的方式实现,如海藻酸钠通常和 Ca^{2+} 等二价离子交联。

(2)通过同轴静电纺丝等方法将药物封装在核-壳结构的纳米纤维芯层中。Huang等[39]采用聚己酸内酯为壳,制备了分别以硫酸庆大霉素和白藜芦醇为核的核-壳结构纳米纤维(图 13-14)。其中,壳层为生物可降解吸收材料,其释放时间可由工艺参数控制。随着大量的试验研究,核层材料的选择越来越多,聚乳酸、聚羟丁酯、甲壳素、壳聚糖等,都是良好的药物缓释的核层材料。不难发现这些材料都具有良好的生物相容性和降解性。此外,有学者通过改进同轴静电纺丝技术,如将两轴静电纺改为三轴或多轴,进一步调节核-壳结构,加强了对药物释放的控制。

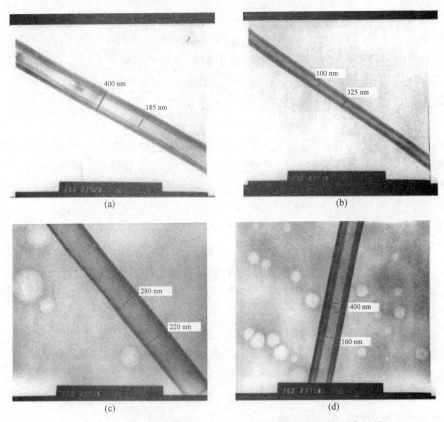

图 13-14 同轴静电纺制的不同核壳厚度的核-壳结构纳米纤维

(3) 药物和纤维聚合物前驱体共混后,电纺成纳米纤维。

(4) 药物以一定方式电纺成纳米纤维,再与其他聚合物纳米纤维以一定结构结合,形成纳米纤维集合体。

因此,根据不同的封装形式,药物释放主要有三种方式:①从纤维表面解吸;②随着纤维的固态扩散;③随着封装材料的生物降解释放。

13.3.3.3 创伤敷料

伤口是指发生在皮肤表面的物理、化学、机械和热损伤或撕裂,是皮肤正常结构和功能的破坏。伤口通常分为两类:急性伤口和慢性伤口。急性创伤如剪切、刺伤等机械作用造成的急性伤口,通常愈合周期在 8～12 周。慢性伤口一般由特定的疾病造成,如糖尿病、肿瘤、严重的生理污染等,通常愈合周期超过 12 周。

创伤敷料是包扎伤口的用品,用以覆盖疮、伤口或其他损伤的材料。最初,人类使用蜂蜜膏、植物纤维、动物脂肪等作为伤口敷料,加快伤口愈合。如今,新材料、新技术的发展加

快了伤口的愈合速度和愈合效果,减轻了病患的痛苦。创伤敷料大致分为三类:

(1) 被动型敷料,即传统敷料,被动覆盖创伤面和吸收渗出物,为创伤面提供有限的保护。

(2) 相互作用型敷料。敷料与创伤面之间存在多种形式的相互作用,如吸收渗出液及有毒物质、允许气体交换,为愈合创造理想环境;阻隔性外层结构,防止环境中的微生物侵入,预防创伤面交叉感染等。

(3) 生物活性敷料(密闭性敷料)。这类敷料可防止创面干燥,又称为密闭性敷料。敷料是采用高分子材料与生物材料经静电纺丝等加工方法制成的组合性敷料,是创伤敷料开发研究的热点。生物合成敷料具有双层结构,外层应用高分子材料,提供相当于表皮的屏障功能;内层选用的主要材料为胶原、几丁聚糖护创敷料和海藻酸钙,具有生物相容性、较好的吸水性、透气性、黏附性和抗菌、止血作用。它既能吸收创面渗液,保证充分引流,又能将渗液部分保留在敷料中,维持一个仿效创面生理性愈合的局部湿润环境,有利于伤口肉芽组织和上皮细胞再生,加速创面愈合。

伤口的愈合是一个特殊的生化过程,需要了解特定伤口的愈合过程,选择相应的敷料。功能性创伤敷料的设计,要根据伤口类型的特点、伤口愈合时间,以及需要达到的物理、机械和化学性能等方面考虑。

不同阶段的伤口愈合情况如图 13-15 所示:(a)中性粒细胞渗透到伤口区域;(b)上皮细胞对创面攻击;(c)上皮细胞完全覆盖创面;(d)早期形成的毛细血管和成纤维细胞消失[40]。

和传统敷料相比,静电纺丝技术制备的纳米纤维集合体具有多孔特征,非常适合伤口分泌液的及时排除,并保持伤口充分与空气中氧气渗透作用,能有效防止细菌攻击,防止感染。此外,静电纺敷料还有以下特性:

(1) 止血性。纳米纤维敷料的多微孔和大比表面积可以促进止血,并且其止血机理源于纳米纤维结构,可以避免使用止血剂。

(2) 吸收性。纳米纤维具有高的体积比表面积,和传统薄膜敷料 2.3% 的吸水性能相比,纳米纤维具有 17.9%～213% 的吸水性能。如果采用亲水聚合物静电纺纳米纤维敷料,能够更加有效地吸收伤口渗出液。

(3) 半透性。纳米纤维敷料的多微孔结构在有效阻隔细菌等颗粒物及保证伤口不受细菌感染的同时,给伤口提供了一个适当的透气透湿微环境,它保证了伤口不会干燥脱水。

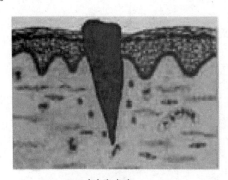
(a) 止血和炎症

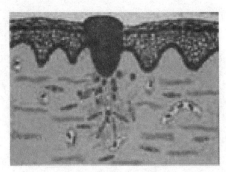
(b) 转移

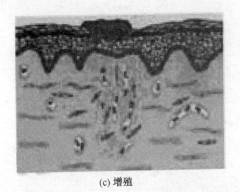

(c) 增殖 　　　　　　　　　　　(d) 重建

图 13-15　不同阶段的伤口愈合情况

（4）接触贴合性。越细的纤维织物越能适应复杂的三维轮廓。纳米纤维敷料的灵活性和弹性,能够保证临床敷料的良好轮廓贴合性,并能够更好地覆盖保护伤口。

（5）功能性。静电纺纳米纤维可以根据不同的治疗阶段,功能化不同药物的活性成分,实现抗菌、血管扩张、携带生长因子和细胞等功能。

（6）无疤痕。使用静电纺纤维作为敷料,可生物降解的纤维支架给皮肤细胞提供更好的生长地图,实现自我修复,减小疤痕产生的可能性。纳米纤维结构具有良好的导电性,可以提高细胞的血液和其他组织液的配伍性,这将促进伤口更好愈合和皮肤再生。

13.4　静电纺丝专利发展情况

林丹丹等[41]对国内外有关静电纺丝的专利申请进行了数据分析和梳理,就技术研发和专利保护情况进行对比研究,阐明了行业技术走向和竞争态势,如图 13-16～图 13-22 及表 13-3 所示。

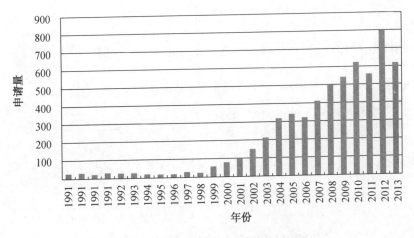

图 13-16　全球静电纺丝技术专利申请情况

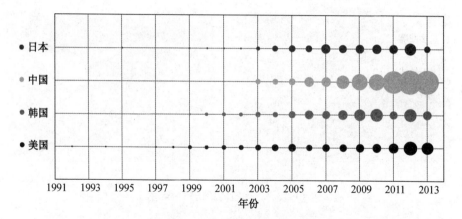

图 13-17　全球静电纺技术专利申请的主要国家 1991～2013 年的申请情况

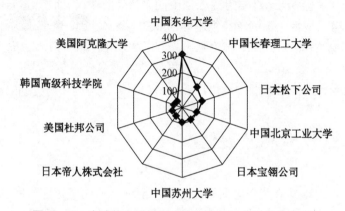

图 13-18　全球静电纺丝技术专利申请量的前十位申请人

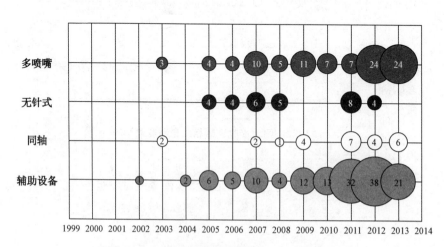

图 13-19　国内静电纺技术相关专利申请情况

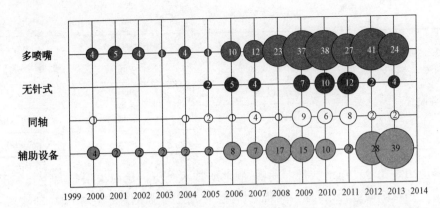

图 13-20　国外静电纺技术相关专利申请情况

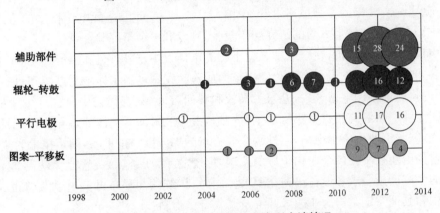

图 13-21　国内接收装置相关专利申请情况

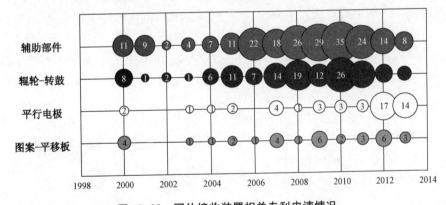

图 13-22　国外接收装置相关专利申请情况

表 13-3　国内外静电纺技术相关专利起始申请年份对比

起始申请年份		国内(年)	国外(年)
喷丝装置	多针尖喷头阵列	2003	2000
	无针喷射	2006	2005
	多孔管状/同轴	2003	2000
	辅助设备	2002	2000

起始申请年份		国内(年)	国外(年)
接收装置	旋转式收集	2004	2000
	辅助设备	2005	2000
	平行电极	2003	2000
	图案-平移板	2005	2000

从静电纺相关专利申请数量上发现,静电纺技术经历了从尚未引起关注到相关专利大幅指数增长和稳定的过程。目前,制备高质量、可加工性强的静电纺基础材料实现批量化、标准化生产,成为静电纺技术发展的重要基石。

从1991~2013年的专利申请量看,中国、美国、日本、韩国是静电纺技术的重要研究国家。但中国在静电纺技术方面的研究起步较晚,其专利申请情况验证了这一点。

从申请人的角度分析,在全球排名前十位的申请人中,美国、日本、韩国多为企业或企业高校联合研发,其技术发展和产业化应用较为成熟。我国创新主体均为高校和科研院所,事实上,国内排名前十的申请人中,九家为高校和科研院所,只有无锡中科光远生物材料有限公司一家企业。由于高校自身不从事生产制造,上述主要创新主体的差异,揭示了我国技术注重理论,缺乏工业化应用视角,应鼓励企业力量的加入以开拓市场,缩短技术的差距。

随着静电纺技术在各个应用领域的发展,传统的单针头电纺装置已无法制备亚微米纤维材料的生产产量要求和设备小型化要求。同时,传统的简易单针头电纺装置也无法加工皮芯结构和其他一定结构的亚微米纤维及其集合体材料。

2006~2007年,无针式喷头和多喷嘴技术发展强劲,将传统静电纺丝技术的喷头单位面积产量提高了一两个数量级。同时出现了一些辅助设备,用以约束射流运动,得到相应结构和直径分布的亚微米纤维材料。

就接收装置而言,国内起步较晚,缺乏相应的研究和保护。接收装置是亚微米纤维沉积的末端点,其相关设计既与静电纺整个过程紧密相关,又决定了亚微米纤维材料的排布结构和收集方式。

整体来看,我国的静电纺设备研究起步较晚,早期研究缺乏成果专利化意识,多由高校和科研机构申请。在生产设备的研究和改进上,缺乏相当的人力、物力、财力支持。欣慰的是,部分高校、科研机构已经着手产学研合作,引进有相当能力的企业参与成果研发和转化,着手专利战略布局,抢占未来国际市场。

参考文献

[1] Formhals A. Process and apparatus for preparing artificial threads:US 1975504[P]. 1934-10-02.

[2] Formhals A. Method and apparatus for the production of fibers:US 2123992[P]. 1938-07-19.

[3] Formhals A. Method and apparatus for spinning:US 2160962[P]. 1939-06-06.

[4] Formhals A. Artificial thread and method of production same:US 2187306[P]. 1940-01-16.

[5] Formhals A. Production of artificial fibers from fiber forming liquids:US 2323025[P]. 1943-06-29.

[6] Formhals A. Method and apparatus for spinning:US 2349950[P]. 1944-03-30.

[7] Greiner A, Wendorff J H. Electrospinning:A fascinating method for the preparation of ultrathin

fibres[J]. Angewandte Chemie-International Edition, 2007, 46 (30): 5670-5703.

[8] Sun Z C, Zussman E, Yarin A L, et al. Compound core-shell polymer nanofibers by co-electrospinning [J]. Advanced Materials, 2003, 15 (22): 1929.

[9] Li D, Xia Y N. Direct fabrication of composite and ceramic hollow nanofibers by electrospinning[J]. Nano Letters, 2004, 4(5): 933-938.

[10] Ondarcuhu T, Joachim C. Drawing a single nanofibre over hundreds of microns[J]. Europhysics Letters, 1998, 42(2): 215-220.

[11] Martin C R. Membrane-based synthesis of nanomaterials[J]. Chemistry of Materials, 1996, 8(8): 1739-1746.

[12] Feng L, Li S H, Li H J, et al. Super-hydrophobic surface of aligned polyacrylonitrile nanofibers[J]. Angewandte Chemie-International Edition, 2002, 41(7): 1221.

[13] Ma P X, Zhang R Y. Synthetic nano-scale fibrous extracellular matrix[J]. Journal of Biomedical Materials Research, 1999, 46(1): 60-72.

[14] Whitesides G M, Grzybowski B. Self-assembly at all scales[J]. Science, 2002, 295 (5564): 2418-2421.

[15] Luo C J, Stoyanov S D, Stride E, et al. Electrospinning versus fibre production methods: from specifics to technological convergence[J]. Chemical Society Reviews, 2012, 41(13): 4708-4735.

[16] El-Newehy M H, Al-Deyab S S, Kenawy E, et al. Nanospider technology for the production of nylon-6 nanofibers for biomedical applications[J]. Journal of Nanomaterials, 2011.

[17] Jiang G J, Zhang S, Qin X H. High throughput of quality nanofibers via one stepped pyramid-shaped spinneret[J]. Materials Letters, 2013, 106: 56-58.

[18] Katta P, Alessandro M, Ramsier R D, et al. Continuous electrospinning of aligned polymer nanofibers onto a wire drum collector[J]. Nano Letters, 2004, 4(11): 2215-2218.

[19] Shuakat M N, Lin T. Direct electrospinning of nanofibre yarns using a rotating ring collector[J]. Journal of the Textile Institute, 2016, 107(6): 791-799.

[20] Wilm M S, Mann M. Electrospray and taylor-cone theory, doles beam of macromolecules at last[J]. International Journal of Mass Spectrometry, 1994, 136(2-3): 167-180.

[21] Reneker D H, Yarin A L. Electrospinning jets and polymer nanofibers[J]. Polymer, 2008, 49(10): 2387-2425.

[22] Theron S A, Zussman E, Yarin A L. Experimental investigation of the governing parameters in the electrospinning of polymer solutions[J]. Polymer, 2004, 45(6): 2017-2030.

[23] Thavasi V, Singh G, Ramakrishna S. Electrospun nanofibers in energy and environmental applications [J]. Energy & Environmental Science, 2008, 1(2): 205-221.

[24] Liu C, Hsu P C, Lee H W, et al. Transparent air filter for high-efficiency PM2.5 capture[J]. Nature Communications, 2015, 6.

[25] Sarbatly R, Krishnaiah D, Kamin Z. A review of polymer nanofibres by electrospinning and their application in oil-water separation for cleaning up marine oil spills[J]. Marine Pollution Bulletin, 2016, 106(1-2): 8-16.

[26] Wang X F, Chen X M, Yoon K, et al. High flux filtration medium based on nanofibrous substrate with hydrophilic nanocomposite coating[J]. Environmental Science & Technology, 2005, 39(19): 7684-7691.

[27] Kaur S, Ma Z, Gopal R, et al. Plasma-induced graft copolymerization of poly(methacrylic acid) on electrospun poly (vinylidene fluoride) nanofiber membrane [J]. Langmuir, 2007, 23 (26):

13085-13092.

[28] Fan L L, Luo C N, Lv Z, et al. Preparation of magnetic modified chitosan and adsorption of Zn^{2+} from aqueous solutions[J]. Colloids and Surfaces B-Biointerfaces, 2011, 88(2): 574-581.

[29] Li Y, Qiu T B, Xu X Y. Preparation of lead-ion imprinted crosslinked electro-spun chitosan nanofiber mats and application in lead ions removal from aqueous solutions[J]. European Polymer Journal, 2013, 49(6): 1487-1494.

[30] Ma Z J, Ji H J, Teng Y, et al. Engineering and optimization of nano-and mesoporous silica fibers using sol-gel and electrospinning techniques for sorption of heavy metal ions[J]. Journal of Colloid and Interface Science, 2011, 358(2): 547-553.

[31] Schreuder-Gibson H, Gibson P, Senecal K, et al. Protective textile materials based on electrospun nanofibers[J]. Journal of Advanced Materials, 2002, 34(3): 44-55.

[32] Lee S, Obendorf S K. Use of electrospun nanofiber web for protective textile materials as barriers to liquid penetration[J]. Textile Research Journal, 2007, 77(9): 696-702.

[33] Lee S. Developing UV-protective textiles based on electrospun zinc oxide nanocomposite fibers[J]. Fibers and Polymers, 2009, 10(3): 295-301.

[34] Shabafrooz V, Mozafari M, Vashaee D, et al. Electrospun nanofibers: From filtration membranes to highly specialized tissue engineering scaffolds[J]. Journal of Nanoscience and Nanotechnology, 2014, 14(1): 522-534.

[35] Langer R, Vacanti J P. Tissue engineering[J]. Science, 1993, 260(5110): 920-926.

[36] Leung V, Ko F. Biomedical applications of nanofibers[J]. Polymers for Advanced Technologies, 2011, 22(3): 350-365.

[37] Ko F K, Gandhi M R. 2-Producing nanofiber structures by electrospinning for tissue engineering [M]. Nanofibers and Nanotechnology in Textiles, Woodhead Publishing, 2007: 22-44.

[38] McKeon K D, Lewis A, Freeman J W. Electrospun poly(D, L-lactide) and polyaniline scaffold characterization[J]. Journal of Applied Polymer Science, 2010, 115(3): 1566-1572.

[39] Huang Z M, He C L, Yang A Z, et al. Encapsulating drugs in biodegradable ultrafine fibers through co-axial electrospinning[J]. Journal of Biomedical Materials Research Part A, 2006, 77A(1): 169-179.

[40] Zahedi P, Rezaeian I, Ranaei-Siadat S O, et al. A review on wound dressings with an emphasis on electrospun nanofibrous polymeric bandages[J]. Polymers for Advanced Technologies, 2010, 21(2): 77-95.

[41] 林丹丹,赵伟,马然,等. 从专利的角度梳理静电纺丝技术发展的脉络[J]. 中国发明与专利,2015(1): 120-124.

附　　录

标准名称	标准代码	适用范围	性能评价
《呼吸防护用品自吸过滤式防颗粒物呼吸》	GB 2626—2006	针对防护对象为产业用人群,用来防护生产作业环境中的非油性粉尘颗粒物及油性颗粒物	将其分成 3 个级别,即 95、99、100,分别为 N95、N99、N100,R95、R99、R100、P95、P99、P100
《医用防护口罩技术要求》	GB 19083—2010	该标准只适用于医用环境,不存在油性颗粒物污染,所以此标准采用的过滤介质为非油性 NaCl 气溶胶,气流量控制在(85 ± 2)L/min,粒径控制在$(0.075\pm0.020)\mu m$	在修订的新标准中,过滤效率项目进一步分级,由过去统一的$\geqslant95\%$,明确为 1 级$\geqslant95\%$、2 级$\geqslant99\%$、3 级$\geqslant99.97\%$3 个级别,且修订的新标准规定此类医用防护口罩只适用于医用环境
《呼吸防护装置颗粒防护用过滤半面罩要求、检验和标记》	EN 149：2001+A1：2009	规定的防颗粒物过滤面罩满足使用者呼吸用防护设备需求,且可多次重复使用,但不适用于逃生	—
《呼吸防护装备》	NIOSH 42CFR84：2008	针对防护对象类型,把防颗粒物呼吸器的过滤元件分为 3 类,即 N、R、P。N 类适用于防护非油性颗粒物,R 与 P 类适用于防护非油性颗粒物及油性颗粒物	过滤效应,可将其分为 3 类:FFP1、FFP2、FFP3。标准要求 FFP1 过滤效率$\geqslant80\%$,FFP2 过滤效率$\geqslant94\%$,FFP3 过滤效率$\geqslant97\%$

抗紫外线性能标准方法比较

测试标准	试用范围	测试条件	样品要求	结果表示	结果评定	标识
AATCC 183	各种纺织品在干态和湿态下的抗紫外线性能	温度(21 ± 1)℃,相对湿度(65 ± 2)%;每 2 nm 记录 1 次	干态和湿态样品至少各 2 块,可剪成直径为 50 mm 的圆形样或 50 mm×50 mm 的正方形样	干态和湿态下不同颜色和结构的样品,分别取样测试,根据公式求出 UPF_{AV}	—	—
GB/T 18830	各种纺织品在干态下的抗紫外线性能	温度(20 ± 2)℃,相对湿度(65 ± 2)%;每 5 nm 记录 1 次	匀质材料:至少 4 块;非匀质材料:每种结构或颜色至少两块。距布边 5 cm 以内的织物舍去	匀质材料:当 UPF 修约值低于试样的最低 UPF 值时,报告试样的最低 UPF 值;非匀质材料:以其中最低的 UPF 修约值报出	当 $UPF>40$ 且 $T(UVA)_{AV}<5\%$ 时,称为防紫外线产品	$40<UPF\leqslant50$,标为 40＋;$UPF>50$,标为 50＋

测试标准	试用范围	测试条件	样品要求	结果表示	结果评定	标识
EN 13758:1	适用于服装面料,不适用于遮阳伞、遮阳篷,不适用于小碎花或不同的组织结构,测试方法及计算、结果表示同 GB/T 18830	—	—	—		
EN 13758:2	适用于提供紫外线防护的服装;主要是关于抗紫外线标识及标签的说明。如干态、湿态或拉伸情况下的抗紫外线性能,$UPF>40$ 且 $T(UVA)_{AV}<5\%$,称为防紫外线产品	—	—	—		
AS/NZS 4399	贴身服装面料、服装和其他防护用品(如帽子),不包括防晒霜、建筑、遮阳用篷布、太阳镜、遮阳伞	温度(20±5)℃,相对湿度(50±2)%;每5 nm 记录1次	至少4块样品,有多种颜色或组织结构的,每个颜色或组织结构都要取到,如果有衬里,一起测试	根据公式求出 UPF_{AV}、标准偏差、UPF 等级	UPF 等级规定	UPF 等级标识要求
UV-Standard 801	服装类及遮阳类纺织品	温度(20±5)℃,相对湿度(65±2)%;每5 nm 记录1次	服装面料、遮阳类纺织品每种状态下至少2块	采用 AS/NZS 4399测试和计算方法,求出每种状态下的 UPF 值	—	UPF 等级标识要求
BS 7914	紧贴皮肤的服装面料,不包括帽子、防晒衣、遮阳伞及其他纺织面料	温度(20±5)℃,相对湿度(65±2)%;每5 nm 记录1次	4块样品,对于非匀质材料,每种颜色或组织结构需要至少2块样品,样品在测试前需预调湿16 h	测试方法和计算方法同 GB/T 18830,再利用公式 $P=1/UPF$ 求出 P	—	—